中国传统服饰技艺研究实践

中国文物学会纺织文物专业委员会第六届学术研讨会论文集

主　编　王亚蓉

副主编　王树金　赵娜

中山大学
SUN YAT-SEN UNIVERSITY

· 广州 ·

出版社

图书在版编目（CIP）数据

中国传统服饰技艺研究实践：中国文物学会纺织文物专业委员会第六届学术研讨会论文集 / 王亚蓉主编；王树金，赵娜副主编 . —广州：中山大学出版社，2024.6

ISBN 978-7-306-08063-9

Ⅰ . ①中…　Ⅱ . ①王…　②王…　③赵…　Ⅲ . ①服饰文化—中国—文集　Ⅳ . ① TS941.12-53

中国国家版本馆 CIP 数据核字（2024）第 060646 号

出 版 人：王天琪
策划编辑：廖丽玲
责任编辑：廖丽玲
封面设计：林绵华
责任校对：梁嘉璐
责任技编：靳晓虹
出版发行：中山大学出版社
电　　话：编辑部　020-84111996，84110283，84111997，84113349
　　　　　发行部　020-84111998，84111981，84111160
地　　址：广州市新港西路 135 号
邮　　编：510275　　　　　　传真：020-84036565
网　　址：http://www.zsup.com.cn　　E-mail:zdcbs@mail.sysu.edu.cn
印 刷 者：广州市友盛彩印有限公司
规　　格：787mm×1092mm　1/16　　　16.25 印张　　　328 千字
版次印次：2024 年 6 月第 1 版　　　2024 年 6 月第 1 次印刷
定　　价：88.00 元

序

　　近年来，纺织考古学作为一门实验考古学，越来越引起社会各界的关注。这一方面是因为纺织考古人多年来在古代纺织品、服饰的出土清理、修复保护、复原复织等方面所进行的探索性实践获得了公众的认可，另一方面，社会各界的关注也向代表中华优秀传统文化的物质载体——服饰文化、服饰工艺的提升与创新提出了新的社会需求和文化需求。

　　纺织考古学并不仅限于对古代纺织品、服饰工艺技术层面的修复保护、复原复织的实验，更在于通过深入了解服饰所反映的人类行为方式、思想观念等的技术性分析和理论性阐释，达到推进中国古代服饰工艺现代化转型的"古为今用"的目的。由此来看，纺织考古学虽然是一门崭新的学科，但至少已有两个方面的实践积累。

　　一是对于作为传世文物和出土文物的重要历史遗存——纺织品类及各类服饰资料的研究性实践。利用出土和传世纺织品对中国古代纺织技术进行研究，不仅是技术史研究的一个重要领域，也是纺织考古学学科方法论体系建设的关键环节。从20世纪50年代起，沈从文正式转入文物研究后，便将纺织品和服饰文化列为主要研究对象，著有《中国丝绸图案》《龙凤艺术》《中国古代服饰研究》等一系列汇集研究成果的著作。他不仅注重对服饰形式结构和纺织技术的研究，而且在方法上提倡会通工艺各门类，将丝绸工艺史和金属工艺史的发展结合到社会史、制度史的分析中来。一方面，他坚持研究纺织技术不单要有渊博的专业知识，也要有丰富的古代社会生活知识，如此才能"把我国历史上三千年间不同时代、不同阶层的服装制度变化发展，当时物质生产和社会生活的关系，以及和其他工艺技术的相互影响，作较广泛深入的探索和分析"（王亚蓉《沈从文小记》）。另一方面，他坚持"古为今用"的原则，坚持工艺研究要担当社会责任。关于这一点，从他在文学作品中注重描写手工业者在生产中对于生命的表达上便可看出。20世纪六七十年代，博物馆学家宋伯胤、考古学家夏鼐在织机复原实验及养蚕、织物织法、染色等方面的研究，也都为纺织考古学积累了方法层面和技术实践层面的宝贵经验。

　　二是对考古纺织品的出土、清理、检测、修复、复原、保护、复织等方面的技术性实践。作为沈从文晚年的助手，王㐨、王亚蓉不仅对于《中国古代服饰研究》的出版、中国社会科学院历史研究所（今更名为古代史研究所）古代服饰研究室（今古代文化史研究室前身）的创建、中国古代服饰史学科体系的构建等起到重要的裨助作用，而且二人单独或共同参与或主持了从周代到清代诸多墓葬（主要包括河南三门峡西周晚期至春秋早期虢国墓、湖北荆州江陵马山一号战国楚墓、江西靖安东周大墓、湖南长沙马王堆汉墓、河北满城汉中山王刘胜墓、北京大葆台汉墓、新疆民丰尼雅东汉墓、北京老山汉墓、陕西法门寺唐塔地宫、江西赣州慈云寺塔北宋文物、辽宁叶茂台辽墓、湖南沅陵元墓、河北隆化鸽子洞元代洞藏文物、明定陵、北京石景山清代武官墓等）出土纺织品的发掘、保护修复、研究与部分复织工作。1971年，王㐨在参与修复阿尔巴尼亚羊皮书的交办任务时，主导发明了桑蚕单丝网·PVB加固技术，此后该技术被广泛运用于长沙马王堆汉墓丝绸、帛画，扶风法门寺出土唐代丝绸及赣州慈云寺塔天宫出土经卷等修复工作中。这类技术发明和修复复织经验对于当前纺织考古学学科体系构建的意义不言自明。

从以上学术史略陈中不难看出，对于纺织工艺和服饰修复、复织工艺的技术性研究和提升，其价值和意义不仅在于服饰文化本身，更在于它体现了服饰在"济国家之缓急，敷生民之日用"的济世利物层面的文化价值。2023年4月，中国文物学会纺织文物专业委员会联合深圳技术大学举办的第六届"中国传统服饰技艺——我的研究实践"学术研讨会，便很好地继承了纺织考古学的这一传统。从这次研讨会所提交的论文来看，所关注的时代从汉至清，内容涉及纺织、编织、染色技术，出土纺织品的检测、清理、复原、保护技术，以及服饰史个案，兼及一些理论性的、体系性的思考，可以说是一次非常具体而富有成效的研讨会。具体而言，这些文章研究的侧重点在于以下五个方面：

一是对于服饰技术的研究和探讨，更侧重于复原实践。如《扎滚鲁克斜纹编毛绦横缀裙复原研究》一文，以新疆扎滚鲁克墓地出土的一件斜纹编毛绦横缀裙为例进行复原研究，从其组织结构、纹样规律、编织技艺等方面对手编工艺进行分析与实践，并利用传统植物染色方法对其色彩进行复原。《明吴氏墓压金云霞翟纹霞帔织物的复织研究》一文对代表明代超高丝织技艺水平的八经循环四经链式绞罗进行分析研究，认为苏州市锦达丝绸有限公司对该霞帔织物从制作工艺、组织结构以及上机装造等方面经过三年多的反复实践，终于复织成功，对于探索古代纱罗组织结构范畴和完善纱罗组织系统的研究有着重大意义。

二是从博物馆收藏、保护和博物馆学的视角出发，对纺织品的修复、清理技术及相关理论展开讨论。如《民族服饰博物馆馆藏北魏素绢裤的修复及保护研究》一文，对北魏素绢裤进行病害检测，并针对素绢裤系带上墨书痕迹问题制订了无损高光谱分析技术的修复方案。《对一件出土明代棉制袍服的清理和形制分析》一文，从对一件明墓出土棉制袍服的清理清洗入手，通过对织物保存现状和污染物成分的分析，采用物理清洗、化学清洗和超声波清洗相结合的方法，还原其本色，同时还采集了袍服结构的相关数据，分析并模拟复原其形制，为研究明代民间袍服形制结构演变提供实证参考。《纺织品文物包装在预防性保护中的适用性》一文，则结合国际先进的文物保护理念——预防性保护理论，指出传统包装的局限性和无包装的风险性，通过对纺织品文物包装的目的、原则及相关问题的探讨，进一步说明文物包装在纺织品预防性保护中的重要性。

三是对染色相关技术的分解。如《染绿之黄》一文，采用Box-Behnken试验设计方法，对栀子、槐花、黄檗、黄栌和柘木五种染黄植物，通过改变提取液浓度、染色温度、染色时间、明矾用量等因素的水平值进行试验，并拟合公式，从而印证了古籍中选取黄檗与槐花用于染绿是劳动人民反复观察实践的经验性总结。《汉代纺织品色彩初探——以遣策、衣物疏所见色彩字为中心》一文，以汉墓遣策、衣物疏中与纺织品相关的色彩文字为重点，从色相、明度、饱和度三要素入手，对汉代纺织品色彩进行了科学描述和体系归纳，并在此基础上考察了当时纺织品色彩的特征和与之相应的汉代染色发展情况。

四是从中外文化交流史的角度，对丝绸之路上代表性的物质载体——丝绸及其纹样展开探讨。如《巴尔米拉出土汉代丝织品及其他》一文，对叙利亚的罗马统治时期遗址巴尔米拉（Palmyra）20世纪30年代发掘出的汉代丝织品的相关检测研究进行了梳理，认为巴尔米拉丝织物是至今葱岭以西发现的最大宗汉代丝织物，对了解汉代丝绸西运后的面目极为重要，勾勒了当时东西贸易交流图景。《云冈石窟装饰图案整理、研究与设计实践》一文通过对云冈装饰图案进行历史分期，分析其早、中、晚三期图案发展演变的规律，并将这种融合外来文化以形成本民族装饰特色的理念运用于现代设计的表达中。

五是从风俗史、医疗史等角度，对服饰文化与时代风俗、医疗保健的关系进行跨学科研究。如《宋代女子首服"盖头"考释》《平江明代钟粉真墓出土纺织品研究》《传统中医文化视域下的宋代儿童服饰研究》等文，着眼于时代特征、丧葬风俗、医疗保健的视角，阐释服饰与时代、与医学、与民俗日常的关系。

当然，就目前纺织考古的学科体系建设而言，无论是传统服饰技艺的研究实验，还是梯队建设、理论建设、话语建设，以及传统元素的创造性转化和文化引领力的创新性发展，都仍然处于爬坡阶段。但是"不积跬步，无以至千里"，我们相信，这次"中国传统服饰技艺——我的研究实践"的论文结集，在自我检视过往经验的同时，也必然会促使我们在今后的技艺实践中倾注更多的生命的表达，"织绣"出更加锦丽的华章。

郭中玉

2023年12月

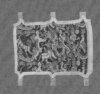

目录

扎滚鲁克斜绞编毛绦横缀裙复原研究

陈誉佳　孔得秋　王越平 [①]

提要：绞编技法是一种古老的手工编织技法。本文以新疆扎滚鲁克墓地出土的一件斜绞编毛绦横缀裙为例进行复原研究，从其组织结构、纹样规律、编织技艺等方面对手编工艺进行分析与实践，并利用传统植物染色方法对其色彩进行复原，最终得到实物。研究表明，该文物的复杂编织显花技术体现了先民们不凡的编织水平；成熟的羊毛染色工艺使该裙色彩丰富艳丽；大胆的色彩搭配是强烈的民族风格和民族审美的展现。本文主要研究如何通过染色与编织得到斜绞编毛绦横缀裙的完整复原效果，希望为今后绞编技法的深入研究提供理论与实物参考。

关键词：绞编结构　斜绞编　毛绦横缀裙　植物染色　复原

在新疆的考古史上，出土了大量极具民族特色且绞编技术精湛的毛纺织品。根据考古资料记载，发掘的最早的绞编织物出土于荥阳青台村新石器时代仰韶文化遗址，距今约有5630年的历史。[②]另一件为约公元前3400年的野生葛编织物[③]，同样采用绞编组织。随着手工编织技术的发展，绞编技法应用日益广泛，从新疆小河墓地出土的草编篓[④]、山普拉墓地出土的织花毛绦带[⑤]到新疆和田克里雅汉代遗址出土的一件红地毛编绦缀裙残片等[⑥]，绞编编织物应用于新疆人民的日常生产生活中，编织工艺日益精美，色彩与纹样的变化体

---

①　陈誉佳、孔得秋、王越平，北京服装学院。通讯作者：王越平。

②　张松林、高汉玉：《荥阳青台遗址出土丝麻织品观察与研究》，载《中原文物》1999年第3期，第10-16页。

③　南京博物院：《江苏吴县草鞋山遗址》，载《文物资料丛刊》1980年第3期，第1-2页。

④　新疆文物考古研究所：《2002年小河墓地考古调查与发掘报告》，载《边疆考古研究》2004年第00期，第372页。

⑤　新疆维吾尔自治区博物馆、新疆文物考古研究所：《中国新疆山普拉》，新疆人民出版社2001年版，第36页。

⑥　赵丰：《纺织品考古新发现》，艺纱堂\服饰出版（香港）2002年版，第21页。

现出颇具特色的民族风情与新疆人民的审美观念。成熟的手编工艺推动了当地简单编织工具的产生，虽然这对手编工艺造成了一定的冲击，但精美复杂的斜绞编工艺很难被机器取代，因此这一绞编技法得以流传。

本文选择新疆扎滚鲁克墓地出土的一条具有代表性的斜绞编毛绦横缀裙进行复原研究。绦，是一种用毛、丝线织造或编织而成的窄幅织物①，一般幅宽小于30 cm的称为绦带。此裙由斜编毛绦带与数条多彩斜绞编毛绦带相间横向缀织而成，几种花色相间隔，有序排列，形成五色斑斓的杂花横缀裙，故称其为斜绞编毛绦横缀裙②。本文分析其色彩与纹样，了解当时新疆民族特色与审美；研究复原其染色及编织工艺，感悟先民智慧，希望可以将这一古老的编织技法系统而全面地呈现。

一、斜绞编毛绦横缀裙考古信息

（一）扎滚鲁克墓地介绍

扎滚鲁克古墓群发现于1930年，地处塔里木盆地，位于新疆维吾尔自治区且末县托格拉克勒克乡扎滚鲁克村，由1—5号墓地组成。斜绞编毛绦横缀裙出土于3号墓地，属于扎滚鲁克墓地二期文化，延续时间七八百年，年代主要是春秋—西汉时期。③

由于扎滚鲁克墓葬群所处且末地区纬度较低，气候干燥，故出土了大量保存良好的不同种类的毛编织物，多为日常用品，主要分为五类：毛编织帽、编织毛绳、鞭鞘、系扎的毛带和服饰的毛绦边饰。当时的且末地区是由若干农牧并举的绿洲组成，畜牧养殖业是当地的经济主导④，毛编物大多以粗羊毛或羊绒为原料，经编织或缝合而成，使用平纹、斜纹、缂织、编织等组织结构，品种繁多，工艺精湛。其中，由各种编织绦带缝合缀织而成的裙子

---

① 《应用于古代服饰中的绦带及其研究》，载《服装历史文化技艺与发展——中国博物馆协会第六届会员代表大会暨服装博物馆专业委员会学术会议论文集》，2014年，第64-69页。

② 信晓瑜：《公元前2000年到公元前200年的新疆史前服饰研究》，东华大学，2016年。

③ 王博、鲁礼鹏、徐辉鸿等：《新疆且末扎滚鲁克一号墓地发掘报告》，载《考古学报》2003年第1期，第89-136页。

④ 郭物：《新疆史前晚期社会的考古学研究》，上海古籍出版社2012年版，第1部分（导言）。

为之前少见。扎滚鲁克墓葬群中缀织裙出土多达55条①，可见当时手工编织工艺已发展相当成熟并独具民族特色。

（二）斜绞编毛绦横缀裙介绍

缀织裙为扎滚鲁克墓葬群大量出土的毛编织物，可见其是一种当时极为流行的半身裙装，依其缀织结构可分为横缀裙和纵缀裙，横缀裙又根据其材料分为毛褐横缀裙和毛绦横缀裙。本文进行复原研究的斜绞编毛绦裙残片于1985年出土于扎滚鲁克3号墓地，目前收藏于新疆维吾尔自治区博物馆（图1）。该裙由黄色斜编毛绦、菱形格纹斜绞编织毛绦、水波纹斜绞编织毛绦三种手工编织花色毛绦带有序排列并横向缝缀连结而成，因此属于斜绞编毛绦横缀裙。作为众多出土的横缀裙之一，该裙色彩明朗，多以天空、草原、河流等自然元素为依托，搭配协调；纹样由菱形纹和水波纹组成，较为繁复，灵感可能来自当时草原人民对自然美感的观察与理解，具有强烈的民族风格，不论是从艺术还是从技术角度来说，都具有极高的研究价值。

图1　扎滚鲁克出土的斜绞编毛绦裙残片②

二、传统编织技法的结构特点分析

（一）斜编组织

斜编技法最初是以竹编的形式表现出来的，其组织结构可以分为平纹、

① 新疆博物馆文物队：《且末县扎滚鲁克五座墓葬发掘报告》，载《新疆文物》1998年第3期，第11页。

② 新疆维吾尔自治区文物事业管理局：《新疆文物古迹大观》，新疆美术摄影出版社1991年版，第45页。

重平纹、斜纹、双层组织等（图2）。斜编组织是依靠两组经线斜向交叉编织形成，两组经线相互交叉后其实就可视作一组经线和一组纬线，因此，经纬组织结构的原理对此仍然适用。[①]从出土实物看，斜编技法为当时最普遍流行的手编技法之一。

图2　斜编组织[②]

（二）绞编组织

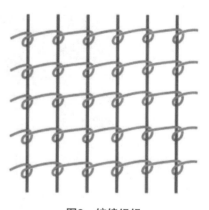

图3　绞编组织

绞编法也是一种古老的编织技法。在许多篱笆、竹筐等制作中往往采用这种编法，它采用两个系统的纱线相互垂直进行编织，系统内的各根纱线相互平行。编织时其中一组纱线在与另一组纱线的相交处进行左右绞转（图3）。[③]这种结构看起来与绞经组织相似，但绞编结构中一组纱线只允许向一个方向进行绞转，与绞经组织有所区别。绞编组织变化很多，可以通过绞转位置的变化形成规则的花纹，达成显花的目的。

（三）斜绞编组织

斜绞编组织又称为斜绞复合组织，系统内的纱线斜向排布，采用绞编和

①　赵丰：《中国古代的手编织物》，载《丝绸》1990年第8期，第25–27页。

②　李影：《新疆出土斜编毛织物研究》，东华大学，2017年。

③　马金燕：《中国早期手工编织的发展源流和技术分析》，青岛大学，2010年。

斜编相联合的方式进行编织（图4）。系统内的纱线每两根为一组，在与另一系统的两根纱线相交处，交替沉浮和相绞。与斜编组织、绞编组织相比，斜绞编组织更为复杂和精美，在利用斜编组织规律的编织结构的同时，通过绞编组织原理变换纱线颜色、绞转位置或绞转次数形成规则的花纹，编织形成图案精美的显花组织斜绞编织物。

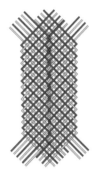

图4　斜绞编组织

三、斜绞编毛绦横缀裙复原研究

（一）斜绞编毛绦横缀裙技术分析

1. 裙子结构分析

此件斜绞编毛绦横缀裙展开宽120 cm、长29 cm，共由14根黄色斜编毛绦、7根菱形格纹斜绞编毛绦以及6根水波纹斜绞编毛绦横向相间缝缀连结而成，穿着时围绕在腰上即可[①]。绦带通过编号排列，其中第1、3、5、7、9、11、13、15、17、19、21、23、25、27根是黄色斜编毛绦，宽0.6 cm、0.8 cm、1 cm不等；第2、6、10、14、18、22、26根是菱形格纹斜绞编毛绦，宽1.3 cm、1.4 cm、1.5 cm不等；第4、8、12、16、20、24根是水波纹斜绞编毛绦，宽1.2 cm、1.3 cm、1.4 cm不等。排列方式如图5所示。

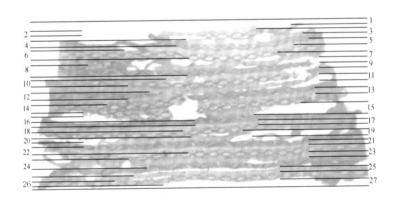

图5　出土斜绞编毛绦横缀裙绦带排列方式分析

---

① 新疆维吾尔自治区博物馆：《古代西域服饰撷萃》，文物出版社2010年版，第27页。

2. 毛绦带色彩、纹样分析

此条斜绞编毛绦横缀裙涉及米白、蓝、橘黄、红、酱紫、棕等6种颜色。由于合成染料发明于19世纪下半叶[①]，在此之前的所有颜色都取自天然原料，因此该裙采用植物染料染色，由其色彩之丰富可看出在该时期染色技术已经发展到相当成熟的阶段，浸染、套染及媒染技术精湛。[②]

本实验对两个涉及纹样分别做出以下分析。

（1）菱形格纹纹样

菱形格纹纹样由蓝、白、红三色毛纱编织而成，由内而外分别为红、白、红、蓝四个菱形由小至大依次排列，形成连续的以蓝色为边界的菱形图案，并且在其上下方镜像对称排列着1/2菱形图案，形成菱形格纹纹样，如图6所示。

图6　菱形格纹意匠图

（2）水波纹纹样

水波纹纹样由蓝、橘黄、红、酱紫四色毛纱编织而成，蓝色作为底色，橘黄、红、酱紫三色折线长短不一依次排列，形成形似水波纹的图案，如图7所示。

图7　水波纹意匠图

3. 毛绦带编织工艺分析

通过对考古资料的查阅以及对出土相关文物的分析进行结构对比，结合

---

① 侯纯明：《化学史话》，中国石化出版社2012年版。
② 李玉芳：《几种常见中国古代天然植物染料的分析鉴定研究》，北京科技大学，2020年。

近代尚存于各地的编织方法概述可知，本条斜绞编毛绦横缀裙采用两种手编方法，由2/2黄色斜编毛绦带、多彩菱形格纹斜绞编毛绦带和水波纹斜绞编毛绦带编织缝缀而成，其中显花斜绞编工艺较为复杂，具有极高的科技研究价值，编织技法皆在上文有所阐述。

在编织工具的选择上，资料记载大部分手编织物由平铺式与吊挂式两种方法编织而成。[①]此条斜绞编毛绦横缀裙由于年代过于久远，已经无法考证该实物在编织时使用的编织工具与编织方法，通过对此裙的组织结构分析及以上两种方式的资料阐述，本文选用吊挂式（图8）对织物进行复原研究，即把准备的纱线垂吊在横杆或圆形物体上，纱线下端一律以石制或陶制的重锤使经向纱线张紧。本实验用一根纱线代替横木固定经纱的一端进行实验编织。

图8　吊挂式

（二）斜绞编毛绦横缀裙复原过程

1. 色彩复原

（1）材料准备

为了最大限度达到实物复原效果，本研究选择100%羊毛纱线，纱支为8.8 Nm/2的中粗羊毛纱为染色原料，根据待复原的米白、蓝、橘黄、红、酱紫、棕等6种颜色，准备茜草、红茶、蓝靛泥、槐米、黄檗、紫草等6种古代常用的植物染料，并通过一系列的追色实验，确定染色色彩，对原色的羊毛纱线进行染色。

（2）染色实验

本研究分别进行了6个染色实验：米白-红茶染色实验、蓝色-靛蓝染色实验、橘黄-茜草与槐米套染实验、红色-黄檗与茜草套染实验、酱紫-紫草与茜草套染实验、棕色-茜草铁媒染色实验。

此实验每种颜色对应毛纱足量，并在水中80 ℃、30 min条件下进行预处理后晾干。此外，染色实验的浴比均为1∶50，染色前染液pH调为4（靛蓝染液除外）。本次实验涉及的植物染料（靛蓝除外）均采用水煎法，即沸水温度下在恒温振荡器中煮1 h。最终染色结果见表1。

---

　　① 陈维稷：《中国纺织科学技术史》（古代部分），科学出版社1984年版，第23—24页。

表1　染色实验结果

复原色彩	米白	蓝色	橘黄	红色	酱紫	棕色
实物图片						
L^*值	68.77	31.07	57.92	36.04	24.3	34.23
a^*值	4.59	−2.25	18.24	33.17	8.99	8.07
b^*值	20.02	−23.16	47.12	19.22	5.24	8.40
c^*值	20.54	23.27	50.53	38.33	10.41	23.27

2. 纹样复原

（1）斜编毛绦带

黄色斜编毛绦带由Z捻的并股纱线编织而成，为2/2斜编组织［图9（a）］。编织操作由一人完成，首先布经线，从左至右共9根，分别套于固定的横线上［图9（b）］，分为左右两组，左边5根，右边4根，将右边一组的毛线依次向左方向以2/2的方式与左侧毛线进行挑压，出现在最外侧的两根毛线再依次分别向下转折以2/2的方式继续进行挑压［图9（c）］，重复此单元步骤编至120 cm，修剪边缘即可。

（a）2/2斜编组织结构　　　　　（b）布经　　　　　（c）实际编织

图9　斜编毛绦带的编织

（2）菱形格纹斜绞编毛绦带

菱形格纹斜绞编毛绦带用蓝、白、红三色中等粗S双捻纱线编成，为斜绞编组织。编织操作：布经，从左至右共32根毛线，两根为一组套于固定的横线上。中间四组红色，左右两侧由外到内对称排列蓝、红、白各2组毛线［图10（a）］，根据纹样将毛线按从里到外、从左至右的顺序进行1/1交叉绞转即出现1/2的菱形格纹图案，将左右两侧毛线与相邻毛线绞转完成左右两侧1/4的菱形格纹图案，具体编织结构如图10（b）所示，重复上述步骤可得到图10（c），编至120 cm并修剪毛边即完成。

（a）布经　　　　　（b）菱形格纹斜绞编组织结构　　　　（c）实际编织

图10　菱形格纹毛绦带的编织

（3）水波纹斜绞编毛绦带

水波纹斜绞编毛绦带用蓝、橘黄、红、酱紫四色S双捻纱线编成，同样采用斜绞编组织。编织方式依纹样的变化与菱形格纹毛绦带略有不同，水波纹毛绦带共20根经线，布经，从左至右共10组毛线，两根为一组套于固定的横线上［图11（a）］。三组酱紫、两组橘黄、两组红色、三组蓝色，将三组蓝

（a）布经　　　　　（b）水波纹斜绞编组织结构　　　　（c）实际编织

图11　水波纹毛绦带的编织

色毛线依次与右侧的几组毛线进行绞转，并在其绞转之后再与酱紫色毛线绞转形成转折，转折过后的酱紫色毛线先与右侧几组绞转，再从外向内与相邻毛线继续绞转，至此形成1/4水波纹图案，接下来继续对几组毛线进行规律绞转。由于绞转技术较为复杂，需注意绞转方向及绞转颜色，具体编织结构如图11（b）所示，重复编织可得到图11（c），编至120 cm修剪毛边即完成。

3. 裙子复原

复原用的缝纫线是棕色。取一根稍长的毛线，将编织完的毛绦带按复原织物的绦带顺序排好依次穿入其中，再将毛绦带两两拼缝，如图12所示。

图12　拼缝后的毛绦带

最终得到复原实物如图13所示，整体色彩搭配所体现的风格一致。在毛绦裙的尺寸结构上，因菱形格纹毛绦带比原实物的绦带要略宽一些，所以整体上的宽度也相应宽一些，但长度一致。此外，因参考资料有限，无法确定原实物的腰头处理方式，所以在编织过程中根据穿入绳线的方式进行处理，最终完成斜绞编毛绦横缀裙的复原。

图13　斜绞编毛绦横缀裙复原实物

小　结

本文以扎滚鲁克墓出土的斜绞编毛绦横缀裙为研究对象，通过绞编技法研究、色彩与纹样复原、毛绦横缀裙结构分析等，进行了绞编文物综合复原研究，得到以下认知：

一是文物中的毛绦裙采用了斜编组织和斜绞编组织两种结构，其中斜绞编组织属于显花斜编复合组织，根据图案效果将纱线颜色的变换与不同的绞转结构相配合，进行不固定的绞转变换，呈现出水波纹与菱形格纹两种不同的显花效果。由于其编织过程容错率极低，工艺较为复杂，需要熟练的手编技巧，可见当时"编"的技术已经达到了较高的水平。

二是该文物由米白、蓝、橘黄、红、酱紫、棕等6种颜色组成，均由天然植物染料染成，并运用套染技术，从其丰富的色彩可以看出，当时的羊毛染色工艺已经相当成熟，同时先民通过色彩的搭配来表达审美，颜色取自自然，表达为自然，体现当时新疆绿洲居民以自然为生、与自然同乐的民族风格，极具民族特色。

三是毛绦横缀裙结构分析表明，该裙由18条幅宽较窄的手工编织毛绦带连缀在一起，形成整幅效果；不同色彩纹样的编织毛绦带搭配协调，给人强烈的视觉冲击，明艳的色彩搭配具有强烈的装饰风格，这种彩色毛绦带缝合半身裙是当时新疆人民对美的追求和体现，穿着风格风靡一时。

民族服饰博物馆馆藏北魏素绢裤的修复及保护研究

闪雅洁　贾汀　贺阳[①]

摘要： 北京服装学院民族服饰博物馆藏有一件北魏时期素绢裤，本文通过科学有效的方法对此件素绢裤进行病害检测，并制订相应的修复方案。在实施修复保护工作后，发现了残存于素绢裤系带上难以辨认的墨书痕迹，尝试使用无损的高光谱分析技术对墨书痕迹进行处理，从而达到文物保护与文字信息增强的目的。

关键词： 北魏素绢裤　病害检测　修复保护

北魏素绢裤（下文简称素绢裤）馆藏编号为MFB9918。鉴于北魏时期服饰文物存世较少，而此件丝织品文物保存相对完整，更加凸显其弥足珍贵，且裤子形制结构特殊，具有鲜明的民族特征，从目前国内外的出土文物来看，仅见一件此形制丝织品文物，因此，对此件丝织品文物的研究工作也具有重要意义。由于文物受到了微生物、水、病虫害的侵袭，笔者对其开展了抢救性保护修复工作，随后发现了残存于系带上的墨书痕迹，但字迹难以辨认，需将模糊影像进行清晰化处理，以达到文物保护与信息提取的目的。在此借鉴了有机质文物修复所使用的高光谱分析技术，此技术已成功运用于书画文物，且可达到无损状态。目前暂未检索到此信息增强技术在纺织品墨书上的运用，作为首次实践探索，特在此进行方法、经验的实践总结。

一、文物基本信息

（一）文物信息采集

素绢裤的材质为平纹绢，一条裤腿围合成管状，另一条裤腿不缝合，布

---

①　闪雅洁、贾汀、贺阳，北京服装学院。通讯作者：贾汀。

料有重叠，裤管可开合（图1），裤通长140 cm，宽86 cm。[①]笔者对文物进行了拍照记录并绘制款式图，保存文物的原始信息。

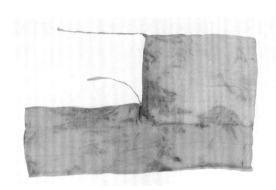

图1　素绢裤正面

（二）显微镜组织结构测量数据

由于纺织品长年埋藏地下，经线挤压变形，针对此类纺织品，一般测量正投影下纱线宽度，简称投影宽。在此选取三个及以上纺织品相对平整的部位进行记录，测量数据显示该织物纱线细密，整体织造均匀、平整、无疵点。裤口缝线为0.3 cm，裤口缝线间距0.36 cm，裤口缝线投影宽0.076 cm。面料织造系数不仅反映了当时的织造技术水平，也可作为补缝开线、复制文物、研究织物缝纫特点的参考数据。

二、保存现状与评估

（一）文物保存环境

素绢裤存放于北京服装学院民族服饰博物馆5号库房中，博物馆工作人员在进行文物点库时发现，此件文物因长期埋于地下，受到了微生物、水、病虫害的侵袭，纺织品存在不同程度的污染、破裂、皱褶、脱丝等现象，加之出土后环境的骤变对纺织品的保存更加不利、保存织物的库房条件不佳等因素，致使病害现象处在继续发展的状况中。为此，亟须对此件文物进行科学有效的保护。

---

① 闪雅洁、贺阳：《北魏素绢裤的造型结构研究与应用设计》，载《设计》2020年第18期，第96–99页。

（二）病害取样与科学检测

1. 病害编号

笔者经初步观察后，将病害进行简单分类，依次编号后拍照，并记录病害位置。

2. 病害取样培养

显微镜下可确定文物有病害污染，具体的污染类型无法判断，需进行进一步的科学检测。病害取样的步骤为：灭菌棉签蘸无菌水、病害位置取样、标记培养皿、密封培养皿、取样位置拍照留底。在对素绢裤进行霉菌污染物取样后，最终选取了编号为2、3、4的病害进行取样分析。在实验室霉菌培养箱中以温度28 ℃、湿度70%进行培养，培养时间为7 d。

1周后，霉菌代谢产生的色素把培养基染成了褐色。结合文物取样处的颜色分析，文物上的污染物很可能是霉菌代谢产生的霉斑，对丝织文物的危害主要是由霉菌生长过程中代谢产生的色素造成的，霉菌的类型需进一步做分子生物学鉴定。随后，将腰带上的霉菌取样，进行菌种分离鉴定。

菌种进行分离并纯化后，呈现出蓝绿色，插片培养下的菌丝体呈白色。在显微镜下观察其形态，发现菌丝具有分枝，呈帚状，孢子呈球形，有些为串珠状结构，基本符合文献描述。[1]根据形态学特征鉴定此菌样主要为橘青霉，橘青霉本种的分生孢子面呈现典型的蓝绿色，并产生大量的黄色渗液滴。

3. 结晶盐检测

在素绢裤的织物板结部位，还零星分布有白色颗粒状污染物。在此，借助红外显微光谱仪来检测物质成分，将不同位置产生的光谱段与数据库中各种物质的光谱段做对比，经光谱库比对确认为$CaSO_4$（石膏）成分。

4. 病害及保护措施

根据素绢裤的病害类型，绘制病害图。此外，除编号8（脱丝）外，对编号依次进行显微镜照片记录，确定病害种类。通过显微镜观察，初步确定病害的种类有5类，分别为霉渍、褶皱、经纬线变形、结晶盐、脱丝，并提出技术保护建议。

---

[1] 孔华忠：《中国真菌志（第三十五卷）青霉属及其相关有性型属》，北京科学出版社2007年版，第121-124页。

（1）霉渍

藏品正面编号为1的位置有大块黑褐色污染，显微镜下可见丝线已板结。技术保护建议为：①熏蒸消毒；②棉签蘸取无水乙醇局部清洁；③表面活性剂清洗。

（2）褶皱

藏品正面编号为6的位置有折痕，除此之外整体折痕分布较多。技术保护建议为：回潮后冷压。

（3）经纬线变形

藏品正面编号为5的位置出现经纬线变形的情况，显微镜下可见其变形严重。技术保护建议为：局部整形理顺织物经纬向。

（4）结晶盐

藏品背面编号为6的位置有结晶盐，显微镜下可见丝线被结晶盐破坏。技术保护建议为：物理法棉签蘸取或镊子剥离。

（5）脱丝

藏品正面编号为8的位置有脱丝现象。技术保护建议为：保存掉落的丝线。

三、文物的修复流程

（一）预处理修复补配材料

文物右裤腿侧缝处开线，需补配相似缝线进行缝补。原缝线投影宽0.076 cm左右，由于纺织品长埋地下，纤维受到损害，缝线捻度、光泽度有些许变化，可还原缝线原状态进行补配。色光要求与文物差距不能太大，也要遵循可识别原则，故选择深一点的配线。丝线强度、弹性上需给予原织物支撑和保护，又不损坏文物本身。选取好的新丝线需经过染色、做旧、老化等预处理流程，方能使用。

（二）具体修复的操作步骤

1. 消毒灭菌

使用环氧乙烷消毒后释放48 h残留物质。

2. 表面清洁

（1）物理除尘

使用博物馆专用吸尘器垫衬丝网除尘。

（2）局部清洁

霉渍去除：棉签蘸取无水乙醇局部清洁。棉签沿着织物纤维的走向轻轻滚动粘除，在此过程中，织物下需衬垫吸水滤纸，棉签粘取污染物的过程中，每清理一处都需更换新的棉签，防止清除过程中造成二次污染。

结晶盐去除：用镊子、自制竹刀及医用消毒棉签剥离表面结晶盐。

（3）清洗

采用局部清洁的方法将霉渍与结晶盐去除后，继而采用清洗的方法，去除渗透于纺织品纤维内部的污染物。先进行斑点实验，确认面料无褪色及劣化现象，后在清洗槽中加入去离子水，水温控制在20 ℃左右，加入弱酸性表面活性剂，轻轻放入文物，用软刷轻轻刷除复合型有机质污染物。在纺织品比较糟朽的部位要包裹电力纺清洗，防止加剧织物损害程度。

（4）漂洗

漂洗2～3次，每次文物静置水中10～15 min，后用软刷轻轻刷洗，在纺织品比较糟朽的部位要包裹电力纺清洗，至表面活性剂完全置换，直至pH测试为中性。

3. 阴干与整形

首先，在无紫外线照射环境下，用滤纸吸水至无水光状态，于丝网架上阴干，半干半湿时铺平藏品进行初步整形。

然后，理顺织物丝路，采用物理冷压的方法整形。整体整形后，局部效果未达到理想状态，进一步局部回潮整形，方法如上采用冷压法。

最后，让织物自然干燥，采用阴干法，防止紫外线光照并控制室内温湿度。在适当的部位压放玻片，纺织品即达到平整状态。

4. 缝补开线

取预处理好的丝线，采用原针法、原针距缝制开线处。

（三）文物保存

修复后将文物平整放置，需要减少折叠，需折叠的地方加衬棉棒。包装箱使用无酸瓦楞纸盒，放置适量的调湿剂及防虫剂。文物存储在密闭、防虫霉、干燥的环境中，严格控制存储环境湿度为55%～65%，温度为18～20 ℃，避免紫外线光照。

四、墨书研究

（一）修复后墨书的发现

修复工作完成后，文物上的病害得到了有效去除，织物变得平整富有光泽。在整体整形步骤中，原本褶皱的两条系带被整理平顺，从而发现了系带上的墨书痕迹。墨书作为重要的文字信息，是研究古代社会物质文化生活的活化石，因此，墨书的发现具有重要意义，同时也体现出文物保护修复对研究工作的积极作用。

（二）高光谱分析技术的应用

素绢裤因受到微生物、水、病虫害的侵袭，墨书难免漫漶，不能直观进行读取，在显微镜等仪器观察下，也未能看清墨书的字迹，故需对墨书进行相对清晰化处理。通过向业内多位专家请教，笔者最终拟定了可行性方案，尝试借鉴已成功增强有机质文物信息的案例，运用高光谱分析技术对系带上难以辨别的墨书痕迹进行增强处理。

高光谱成像技术本身具有光谱响应范围广、波段多、分辨率高、信息表达精细、"谱像合一"等优势，[1]且不直接接触文物，对文物没有损害，已运用于壁画、书画的信息提取与分析，可获得相应的颜料信息、病害信息、隐藏信息等，利于文物信息的收集及制订合理的保护修复方案。目前已有成功增强清代书画上墨书、印章信息的案例。[2]此外，对于距今近千年、内容漶不可识的画作，也可通过高光谱成像技术对作品内容进行增强显示与颜料识别，以利于特征信息的提取。[3]

在进行此项工作时，初探效果不佳，但经过多次光波波段的调整及尝试后，获得了较为清晰的增强图像。而纸张与丝绸的材质不同，结果与效果也会有区别，作为首次在纺织品上的尝试，对素绢裤墨书的清晰化处理也需要

---

① 芦鑫：《基于高光谱数据的壁画信息提取与分析》，北京建筑工程学院硕士学位论文，2012年，第1页。

② 武望婷、张陈锋、高爱东、闫旭东、侯妙乐、马燕、任静怡：《基于高光谱技术对一幅清代画信息提取研究》，载《文物保护与考古科学》2017年第4期，第45–52页。

③ 丁莉、杨琴、姜鹏、徐小蕾、罗旭东、张洋：《基于高光谱成像技术的中国古代书画研究——以中国国家博物馆藏〈职贡图〉（北宋摹本）为例》，载《中国国家博物馆馆刊》2022年第7期，第148–159页。

在摸索中前进。

1. 主成分分析

针对素绢裤上含有墨书信息的两条系带，共采集9幅高光谱影像，原始图像1040个波段，经过图像矫正、波段裁剪后保留940个波段数据参与运算。

通过对获得的9景真彩色影像进行主成分分析（principal components analysis，PCA）正变换，集中有用信息后输出第1～5波段影像，并将特征值大、图像清晰的三个波段进行影像合成。通过与真彩色影像比较，影像01、05、06上具有墨书痕迹，PCA正变换后的影像对墨书痕迹存在着不同程度的增强效果，如图2（1）（2）（3）所示。

（1）真彩色影像01与PCA变换后1、2、3波段合成影像

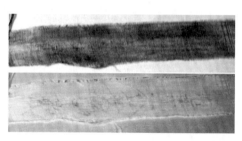

（2）真彩色影像05与PCA变换后1、2、3波段合成影像

（3）真彩色影像06与PCA变换后1、2、3波段合成影像

（4）影像01波段运算后结果

图2　墨书信息增强效果

2. 波段运算

主成分分析后，选取系带墨书、绢布背景等区域中的几个点，得到高光谱成像数据，确定墨书痕迹分离的最佳波段为880波段，从而得到近红外波段影像。最终结果仍为影像01、05、06上有墨书痕迹，其中影像01经过波段运

算后清晰化效果相对较为明显，如图2（4）所示。

3. 密度分割

在近红外波段影像的基础上设置不同阈值，对影像01、05、06的墨书痕迹区域亮度值进行观察。由于墨书痕迹与背景区域的亮度过于接近，造成密度分割后的效果并不是很理想。

4. 其他方法

尝试支持向量机（support vector machine, SVM）分类、神经网络分类、高斯高通滤波等方法对墨书痕迹进行信息增强处理，效果均不明显。

5. 总结

笔者通过多种方式对采集到的9幅高光谱影像进行相对清晰化处理，发现影像01、05、06上具有墨书痕迹。相较于其他方法，影像01通过波段运算处理后的墨书更为清晰（图3），影像05、06经过主成分分析处理后的墨书信息增强效果较佳（图4）。

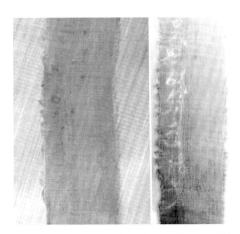

图3　系带原图与影像01波段运算处理后效果对比

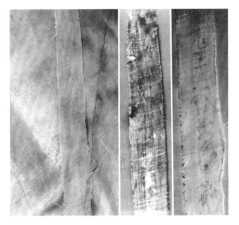

图4　系带原图与影像05、06主成分分析处理后效果对比

（三）墨书的文字信息解读

在服饰文化交汇融合的历史背景下，素绢裤的造型结构特殊，文字信息也呈现出时代特征。经北京大学多位教授分析，素绢裤系带墨书由两种文字

组成。由于该素绢裤为北朝时期的文物，一条系带书汉字，另一条系带上所书或为梵文，暂处于存疑状态。因此，对于文字信息的提取与解读部分，还需尝试进一步检测分析，得出最终结论。

小　结

科技的进步以及文物保护意识的提高，为丝织品文物的科学保护与修复实践提供了更多可能。笔者通过对北魏素绢裤的信息采集以及霉菌、结晶盐的病害检测，制订了相应的修复方案，并针对性地移除了文物上的病害，达到文物保护的目的，也便于日后的研究、展览等工作。

此外，此次文物修复的意义还在于发现了素绢裤系带上十分珍贵的文物信息——墨书。文字提取工作是文物保护及研究的重要途径，作为高光谱分析技术在纺织品墨书上的初次尝试，我们在对文物无损的状态下，以数字化的方式保存了绢布系带的光谱信息，并采用多种方式对墨书信息进行了相对清晰化处理。通过将主成分分析、波段运算处理后的影像与原图对比来看，原本难以辨认的墨书痕迹得以显现，墨书痕迹增强效果较为明显，为纺织品墨书信息提取与增强工作提供了一种实用方法。

致　谢

感谢首都博物馆闫丽专家团队对素绢裤霉菌的病害取样及检测分析提供的帮助；感谢中国矿业大学赵恒谦教授对结晶盐物质成分检测提供的帮助；感谢北京建筑大学吕书强专家团队、首都博物馆武望婷教授对系带墨书的高光谱成像数据采集及分析处理提供的帮助；感谢北京大学荣新江等多位教授对墨书文字信息解读部分提供的帮助；感谢修复过程中提供帮助的民族服饰博物馆的各位老师。

对一件出土明代棉制袍服的清理和形制分析

罗曦芸　吴思洋①

摘要：本文概述对一件明墓出土棉制袍服的清理清洗，依据织物保存现状和污染物成分，进行揭展除味和清洗平整。首先，采用物理清洗、化学清洗和超声波清洗相结合的方法，基本去除织物上所有污染物，还原棉织物原本白色效果。然后，对污染物进行分析检测，其主要元素成分有碳、氧、钙、磷以及少量硅元素。最后，进一步采集袍服各结构部位尺寸数据，分析领、袖部位以及独特的"摆"部位褶裥方式，分析其形制结构特点，通过局部结构模拟复原，展示"摆"的裁剪缝制工艺。本文不仅为清洗后袍服的平整和修复保护提供依据，也为研究明代民间袍服形制结构演变提供实证参考。

关键词：明墓　出土服饰　纺织品清洗　工艺

一、文物基本情况

该件袍服出土时处于团缩饱水状态，上面无颜色花纹及其他装饰。主要病害除了不可逆皱褶、残缺，有大片污染物黏附于织物内外表面上。袍服采用纯棉布制作，组织结构为平纹，经纬密均为210—220根/10 cm。通过显微观察，纱线带S捻，粗细不匀且毛羽较多。宋元以来，棉花在长江流域的普遍种植使服饰面料发生变化，棉布成为民间主要衣料，棉制袍服为儒生士庶居家常服，从该袍服的出土环境和形制以及缝制特点分析推测其为未穿用的殓服。

二、清理清洗整形

（一）揭展和除味

从冷藏柜中取出封存的衣物包裹置于清洗池中，去除表面保鲜膜，逐层揭展折叠（图1）。织物褶皱严重，有多处残破，无颜色、花纹及其他装饰，表面沉积有大量坚硬白色固体和黑褐色污染物，严重影响织物本体外观清洁度。遵循安全性和最小干预原则，采用流水浸泡除味。

---

① 罗曦芸、吴思洋，上海博物馆。

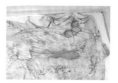

图1 饱水袍服出土和揭展后

（二）物理清理

浸泡过程中，用软毛刷顺着织物经纬方向轻刷污染部位至无污水渗出，用竹签小心揭开粘在一起的部位，用镊子夹除与织物结合不甚紧密的污染物，夹碎剔除颗粒物，同时收集掉落的混合污染物，分析样品。

污染物主要形态有黑褐色和白色颗粒物两种，经扫描电镜能谱分析和拉曼光谱分析表明，黑褐色污染物主要元素成分有碳、氧、钙、磷，以有机污染物为主，推测钙元素来源于土壤中沉积钙盐，磷来源于动植物微生物分解产物。白色污染物主要元素成分有碳、氧、钙以及少量硅元素，以无机污染物为主，拉曼光谱分析中发现其主要成分为碳酸钙（图2）。

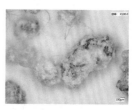

（a）褐色污染物 （b）白色污染物

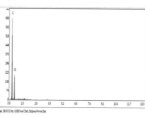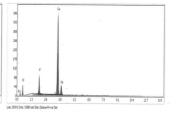

（c）黑褐色污染物扫描电镜能谱分析

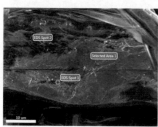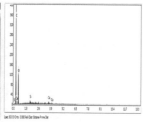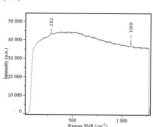

（d）白色污染物扫描电镜能谱和拉曼光谱分析

图2 污染物形态和分析

（三）化学清洗

浸泡过程中，对于大部分污迹难以用物理方法去除，适当提高水温和在浸泡液中添加洗涤剂，可使织物纤维上部分污染物脱落。还有些特别厚重污染部位，利用脱脂棉蘸取柠檬酸和柠檬酸钠溶液敷在污染处，观察污染物颜色逐渐变淡至可接受程度，立刻移除脱脂棉，用清水清洗至近中性。浸泡清洗过程中需定期更换浸泡液，防止滋生病菌，洗液酸碱性维持近中性。

（四）超声波清洗

对局部顽固污染物尝试超声波清洗，将织物移置超声清洗池中，或采用低功率便携式超声器局部清洗。为预防清洗中刮伤织物，选用头部形状为圆球形的超声器，小心间歇操作，随时调节功率和观察织物状态，避免连续强洗使织物表面起毛甚至损坏。通过上述清理清洗过程，织物上污染物基本可全部去除。

（五）平整

织物整体清理清洗完成后置于丝网架上自然晾干，在其回潮率比较高、强度适中时移至修复台上进行整形，此时纤维的柔韧性最佳，纤维状态舒展，便于重新调整纤维经纬向排列组合形成稳定结构。在展平过程中，按衣物原本形状整理好，对于褶皱较多且较深的织物，需添加一定外力使其定型（图3）。

图3　清理清洗过程

三、形制简析

明代袍服种类繁多，形制上有通裁与上衣下裳连属之分。结构变化反映在领型、袖型和"摆"的细微处：领型有直领、盘领、交领、竖领、方领；袖型有大袖、窄袖、直袖等，也有以袖身造型得名的，如琵琶袖；明代袍服的"摆"位于左右开衩两侧，分向外出摆、褶摆、无摆，形状有圆摆、直摆等。该件袍服衣长129 cm，通袖长244 cm，前后袍身通裁，衣身宽松，交领右衽，为通裁型交领袍，为男士特有品类（图4）。

正面腋下前后片缝合处与右衽上分别缀三条系带对应系结，左侧腋下内侧和小襟上缀一条系带系结，以此稳定衣身。背面拼缝处有一条未贯通的未缝合长开口，衣身下方有开衩，有折叠襞积固定于袍两侧内形成褶摆。明代袍服依据有无"摆"和是否出"摆"区别称谓，有直裰、直身、道袍等，直裰无"摆"，后两者均有"摆"。加内摆为道袍，加外摆为直身，以此推断该件袍服应为道袍。[①]开衩处增加面料打褶，既保证了活动的便利性，又遮挡了内衣裤，可外作外衣、内作衬袍。道袍流行于明中晚期之后，非儒生专用，亦非礼服，各阶层皆可穿着，其流行变化体现在暗摆的结构、衣身长短、袖子宽窄上，多为儒生、士庶居家常服。

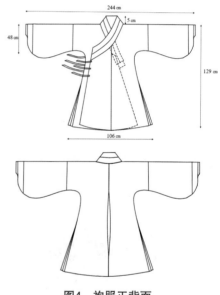

图4 袍服正背面

四、结构简析

该件道袍采用幅宽56 cm棉布两幅，为左右衣片平面正裁制作，以肩部为轴前后衣身对称裁剪后于袖下腋下对应缝合，共由衣身右片、衣身左片、大襟、小襟、袖子、接袖、衣领以及摆片和后背补片等九个部分缝接形成（图5）。袍服衣领、系带和后背补片细部如图6所示。

---

① 董进：《Q版大明衣冠图志》，北京邮电大学出版社2011年版，第302—303页。

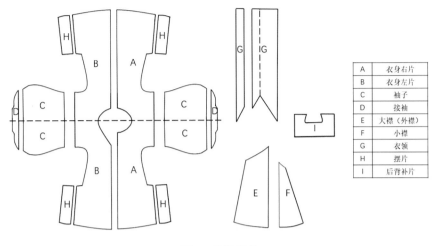

图5 袍服裁剪

A	衣身右片
B	衣身左片
C	袖子
D	接袖
E	大襟（外襟）
F	小襟
G	衣领
H	摆片
I	后背补片

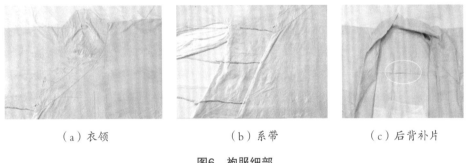

（a）衣领　　　　　　（b）系带　　　　　　（c）后背补片

图6 袍服细部

衣身边缘及袖口边缘只向内折叠，未用针线锁边。推测该件服装可能未用作日常穿着使用过，为陪葬用殓服。

（一）交领

该道袍交领部总领长约为119 cm，由一宽一窄两段拼合而成。领部从内里小襟近上缘部分起始，绕领口延伸到外层，与大襟上缘缝合，并在尾部固定第一根系带。领起始部分插入一小片三角形拼接布片，与小襟衔接得更自然。纵向两块布片的拼接缝线处均分正面领宽，宽布片的剩余布料向后翻折，折叠后使整个领子变为双层，更显硬挺厚实（图7）。这种拼接裁制方法可能有节约布料之意，但更多的应是利用缝线装饰，凸显细微变化，使领部更具质感，增添美观性。

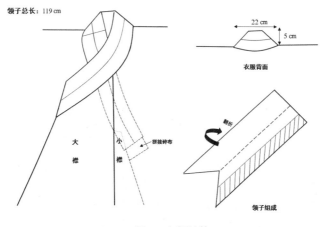

图7 交领结构

（二）琵琶袖

明代袍服衣袖主要有直袖、大袖和琵琶袖多种形式。琵琶袖一般为大袖小口，袖底呈弧形，以形状似琵琶而得名。该件袍服袖幅宽大，袖型流畅，用于袖身的布料可能受幅宽限制由两段拼接形成。大袖窄口的设计既便于手部活动，又可防风保暖，美观实用。袖口未另外接缘边，在边缘处向内折叠两次，形成宽度为1.5 cm的整齐收边，翻开可以看到细小的针孔痕迹，说明有用针线固定过（图8）。

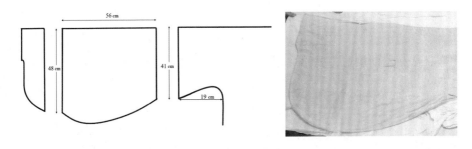

图8 琵琶袖结构

（三）内褶摆

这件道袍与常见道袍的相同之处是衣身两侧有开衩，通过拼接布片打褶形成内褶摆；不同之处在于制作工艺不同，常见道袍开衩位置多起始于两侧腋下，虽有多种结构，但大部分都是从前片拼接布片折叠后固定于后片衣身内侧，形成封闭的内褶摆。这件道袍开衩位置选择在两侧腋下近底部，前后衣片在开衩位置向外延伸13 cm左右，延伸部分均分三段折叠，外缘拼接约2倍宽布料对折后与开衩点缝合形成一个大褶裥，顶角处折叠后向内旋转与衣片延伸段内褶裥（图中红虚线）缝合形成大小两个内褶固定于同侧衣片上（如图9a）。从里面看，两侧开衩处里层顶端通过添加补片连接固定前后片褶裥形成开放型内褶摆（图9b）。为进一步了解制作工艺，利用白棉布模拟复原褶摆，效果如图9c。

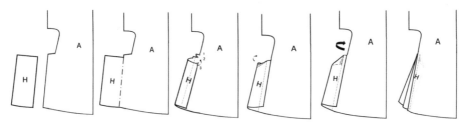

（a）拼接补片折叠旋转固定于同侧衣片

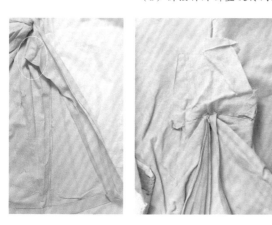

（b）前后片褶用布片连接形成开放的内褶摆

（c）模拟复原开放型内褶摆

图9　袍服摆的结构

结　语

出土纺织品清理清洗是对其保护过程中的重要环节，可借助各类表面活性剂和化学试剂，利用其具有降低污染物界面张力和与部分污染物成分络合原理，达到较好清洗效果，也有借助超声波空化作用清除顽固污染物的案例报道。但由于不同地域墓葬中出土纺织品在文物材质和保存状况、被污染程度和污染物组成、织物组织和是否染色等方面存在较大差异，在清洗材料和清洗方法筛选上仍然需要不断地探索和实践，本文仅为出土污染纺织品清理清洗方法选择提供参考。

袍服是明代具代表性的男士服饰之一，传承唐宋之制也不断发展创新。明代墓葬出土袍服的织造方法、结构数据、剪裁工艺、利用方式等信息蕴含着这一时代不同地域和不同社会阶层的文化元素，是了解服饰文化理念和分析解读袍服形制发展的重要资料。从分析该件道袍形制结构的实践中，可见古人智慧博大精深，同时也感悟纺织品文物保护不仅是珍视脆弱织物为其去除病害恢复原貌，也担负传承中国服饰文化和发展的责任和使命。

明代布甲工艺及复原研究 ①

——以杭州工艺美术博物馆展明布甲为例

李春雨 ②

摘要：明代布甲是甲叶位于甲衣内部，以甲钉连接布面和甲叶的铠甲，特殊的连接和制作工艺与前代铠甲以绳串联、密集叠压的方式有极大不同。笔者以杭州工艺美术博物馆展明布甲为例，探究明代布甲的制作工艺，并对其进行复原研究，从中总结并讨论了布甲工艺的优越性以及明代铠甲的规模化生产。

关键词：明代布甲　制作工艺　复原　生产

中晚明火器的大量使用，战争方式的改变以及钢铁冶炼技术和棉纺织业的发展，使一种外覆布面，内衬铁叶，表面以甲钉连接两者的甲衣得到广泛使用，目前学界对它的研究非常少见。经过笔者的考证，此类甲衣在明代有专门的称谓——布甲，目前所知明代布甲存世实物仅8件。为了更好地了解明代布甲的制作工艺，笔者以杭州工艺美术博物馆③展的明代布甲实物为例进行测绘和复原研究。

一、杭州工艺美术博物馆展明代布甲概述

杭工博所展明布甲（图1、图2），由皇甫江先生收藏，2009年在馆内展出至今。该甲衣在明代称为布甲，是明代中后期被广泛运用于实战中的铠甲。甲衣前后绣祥云海涛四爪蟒纹，由布面和甲衣内部的甲叶组成，二者以铆钉连接。不同于甲片在外、以线绳串联而成的中国传统铠甲，布甲甲叶位

---

①　本文为国家社科基金艺术学一般项目"明代军戎服饰研究"（项目编号：21BG115）、教育部服务国家特殊需求博士人才培养项目"中国传统服饰文化抢救传承与设计创新人才培养"（NHFZ20220008）的阶段性成果。

②　李春雨，北京服装学院。

③　杭州工艺美术博物馆（杭州中国刀剪剑、扇业、伞业博物馆），行文为求简洁，不述全称，以下简称杭工博。

于甲衣内部，彼此独立地与布面铆接，与前代铠甲在制作和工艺上存在较大差异，更适合批量化生产与加工，制作、修理更加简便。

图1　杭州工艺美术博物馆展明布甲正面（笔者拍摄）

图2　杭州工艺美术博物馆展明布甲背面（笔者拍摄）

杭工博展甲衣为无袖对襟马褂式，衣长70.2 cm，胸围124 cm，肩宽42 cm，袖笼深29 cm，下摆长134.4 cm，两侧开衩12.5 cm，重3.314 kg。门襟有布纽襻5个，长约2.4 cm，正面、背面腋下均有4个竖向布纽襻，长度相同，可能是连接臂缚之用。前胸左右片最后一排铆钉下有2个竖向布纽襻，作用不明，甲衣未见纽扣，或已遗失。甲衣内部嵌有甲叶，前、后片均六属（疑有掉落），左右肩分别缀2片甲叶。甲衣六属之外，还有1排铆钉装饰。用边长为1.3 cm左右的矩形小垫片，以上排2片，下排1片的形式，模拟甲片上的铆钉排列，铆钉穿过布面和小垫片后固定，不再缀甲叶，从甲衣外部看，与缀有甲片的铆钉无异，起装饰和迷惑作用，笔者称之为装饰钉（图3）。该文物保存状态良好，除少量甲叶掉落及肩膀处甲叶粘连外，布面较为完整，结构清晰，是典型的明代布甲形制。根据图像与文献资料推断，布甲从明朝一直延续到清朝仍在使用，是八旗甲胄的直接来源。随着火器的进一步发展，出于行动便利等需求，乾隆时期下令裁去布甲内里甲叶，布甲逐渐演变为后世熟悉的八旗盔甲。[①]可以说，布甲是中国古代最后的铠甲形式，因此，对布甲结构工艺进行研究十分必要。

---

① 《清实录·高宗纯皇帝实录》（卷之五百二十六），中华书局2012年版，第15235页。《高宗纯皇帝实录》载："乾隆二十一年……旧例兵丁之甲，俱用铁叶、布面、绣花，应改为绸面，加钉制造，铁叶、绣花概行裁去。"可知乾隆二十一年后的新式甲衣中已去除甲叶。

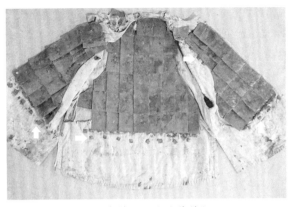

注：白色箭头指向为装饰钉。

图3　杭州工艺美术博物馆展明布甲内部（笔者拍摄）

二、杭州工艺美术博物馆展明布甲制作工艺

布甲是以棉布等纺织品为面料，与甲叶相结合的铠甲形制。甲叶是有重量的，布面和甲叶如何结合？这种结合方式对二者又有哪些要求？甲衣如何同时保证结合的牢固性和自身的防御能力等？这些都是明代布甲留给今人的布甲制作工艺问题，为了更好地了解明代布甲的制作工艺，下面以杭工博展明代布甲为例，对其制作工艺进行探讨。

（一）明代布甲结构分析及布面制作

目前所见明代布甲均为无袖圆领对襟马褂式，但具体到服饰结构上，杭州工艺美术博物馆展明布甲（以下简称杭工博布甲）与山西博物院藏明布甲（以下简称山博布甲，图4）略有差异。杭工博布甲为6片式，前后共4片（前面2片，后面2片），肩部2片。两肩拼接有长方形布片，在拼接线上均有甲钉和甲叶，甲叶从领口开始排列（图5）。山博布甲为4片式，前后各2片，每片侧面分别拼接梯形布片，前后片不连属，用两条带子连接，另外，肩部直接缝合，无甲叶及甲钉，也没有杭工博布甲的连接结构，肩部无甲叶及甲钉，甲叶从领口下

图4　山西博物院藏明布甲
（来源：山西博物院）

5 cm左右开始排列（图6）。这种结构更加古老，防护面积更小。因此，笔者推测，山博布甲的年代当早于杭工博布甲。

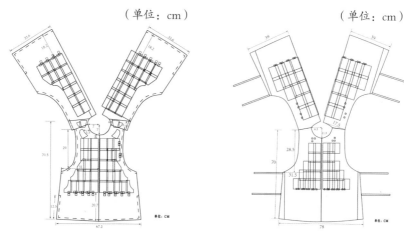

图5　杭工博布甲结构（笔者绘制）　　　图6　山博布甲结构（笔者绘制）

　　杭工博布甲肩膀拼接有两块布的结构与传统服饰的剪裁有明显不同，这可能与布甲是实战铠甲，对于服装的贴体要求更高有关。人体的肩部从脖颈连接手臂，呈现向下的弧形，山博布甲前后片的直接缝合会导致布甲肩部成直线，不贴体，影响防护效果。杭工博布甲肩部多出2片布来连接前后片，出现了肩斜，这种方式更加贴合肩部的弧线，防护效果更佳。此外，杭工博布甲前片比后片窄2 cm，这种结构是前代所没有的，结合士兵活动方式分析，人体手臂向前摆动幅度较大，而较少向后摆动，这种动作需要给前胸、手臂更多活动空间，倘若这个位置缀有坚硬的甲叶，可活动的空间便缩小了，为了不影响手臂向前伸展，袖窿线往内收是较为简单易行的方式，这反映了杭工博布甲的制作工艺和防护效果相较以前的布甲有了改善，考虑得更周全。

　　明代布甲的布面为手工织造棉布。杭工博布甲，甲衣布面为三层，外层为细棉布，内两层为粗棉布。其中，前片第二层为深蓝色粗棉布，第三层为本色粗棉布；后片第二、第三层为本色粗棉布，包边为斜料细棉布。布甲对布面材质要求较高，因为要钉挂甲叶，需要棉布具有较高的尺寸稳定性、强抱合力，使纤维网不容易下垂或扯断，严密的组织结构和高经纬密度能使布面不会因为金属的重量向下拉扯，从而保证经纬线的稳定和甲叶牢固。随着明代纺织业的发展，棉布产量和技术得到了极大提升，成为当时最经济适用又符合以上条件的布料。明代军用棉布多为民间家庭织造，幅宽为一尺八[①]，约61.2 cm[②]，能满足布甲的布面使用要求。

综上，明代布甲是无袖对襟马褂式，其肩部、后背均有拼缝。杭工博布甲使用了肩斜，比中国传统十字形结构更加贴体。袖窿线内收的设计也为士兵争取了更多活动空间，使甲叶可以在肩膀处和领口往下加以镶嵌，增强对薄弱处的防护。布甲所用棉布多为家庭生产，其布幅较窄，因此明代布甲后片均破开接缝。从布面的结构来看，杭工博布甲充分考虑了钉挂甲叶与士兵活动的需求，体现了古人制衣造物的精妙。

（二）明代布甲甲叶、甲钉的制作

明代布甲甲叶是以钢制成，当时熟铁和低碳钢没有明显区分。《涌幢小品》记述了遵化铁冶厂的情况："熟铁由生铁五六炼而成。"[③]这种五六炼而成的熟铁，实际上已并非熟铁而是低碳钢。唐顺之《武编》记载明代炼钢多用生铁合熟铁炼成，十斤生铁只能炼成三斤优质的低碳钢。铁的折损高者消耗十分之九，低也有七分之六。[④]从铁的耗损来看，这种方式炼成的可能是今天的低碳钢。

明代灌钢法是将生铁片盖在捆紧的熟铁薄片上，使熟铁容易吸收生铁铁液而熔化制钢。明代中期，苏钢冶炼法开始用人工钳钳住熔化的生铁板左右移动，使熔化下滴的高温的生铁液均匀地淋入疏松的熟铁的空隙中，不但起了均匀的渗碳作用，而且熟铁中存留的液滓也发生强烈氧化作用，从而使渣铁分离，得到优质钢材。[⑤]《武备志》载："炼钢，每斤计银二钱，可作甲叶；计银三两，可作好刀。"[⑥]可见在明代，甲叶大体是用钢制作。

关于甲叶的锻打，明代有热锻和冷锻两种工艺。热锻是在高温下进行

---

① 〔明〕《申时行·明会典》（卷三十），中华书局1988年版，第221页。"定各处折纳绢布则例，……白棉布每匹长三丈一尺，阔一尺八寸。"

② 丘光明：《中国历代度量衡考》，科学出版社1992年版，第104页。据朱载堉《律吕精义》载："裁衣尺与宝钞纸外齐，今测中国历史博物馆完整之明宝钞39张，纸边平均长为34.015 cm。"34.015 cm × 1.8=61.227 cm。

③ 〔明〕朱国桢：《涌幢小品》（卷四），上海古籍出版社2012年版，第79页。

④ 〔明〕唐顺之：《武编（三）》（卷五），广州出版社2003年版，第223页。

⑤ 杨宽：《中国古代冶铁技术发展史》，上海人民出版社1982年版，第265页。

⑥ 〔明〕茅元仪：《武备志》（第三册）（卷一百五），国家图书馆出版社2013年版，第312、331页。

的，将炼好的钢铁再次放入炉中加热至一定程度，提高金属塑性，降低变形抗力，使之易于流动以便于锻造。《武备要略》中记载的造盔甲法采用的可能是热锻：用好闽铁一百斤，北方用煤炭，南方用木炭作为燃料冶炼后进行锻打。含碳量和杂质越低，制钢或锻打也就越方便。锻打成型后，用钢剪刀裁剪，初步打磨，然后保温回火消除内应力，就可以直接用于盔甲制作。同时还可以模锻，即将冶炼好的钢铁放入模型中进行锻打，这种方式十分适于制作甲片。钢铁的冷锻是在室温状态下进行的，也可以使用模具进行锻打，制成的甲片质量好，尺寸精度高。宋代《梦溪笔谈》载："凡锻甲之法，其始甚厚，不用火，冷锻之，比元厚三分减二乃成……"[①]可知在冷锻过程中钢铁会不断变薄，去除杂质从而提高了甲片强度。明代《武编》载："庆历元年，太常丞田况言，今贼甲皆冷砧而成，坚滑光莹，非劲弩可入。"[②]可见冷锻的工艺在明代甲胄制作过程中也一直使用。

由于不能对杭工博布甲甲片进行金相学分析，无法从科学实验的角度判断其锻造工艺，结合文献材料分析，笔者认为杭工博布甲甲片可能是冷锻而成。马文升在《成造坚利甲以防边患事》的奏疏中谈道："务将甲叶冷锻数百锤，使之十分坚固，掷地有声，方为得法。"[③]这里提到的是青布铁甲甲叶为冷锻而成，由于青布铁甲是布甲的种类之一，笔者推测，杭工博布甲甲片的制作工艺与此相似，或许也是冷锻而成。

甲钉是连接布面和甲叶的重要部件，从实物来看，明代布甲甲钉多为铜制。笔者对杭工博布甲的甲钉数据测量如下：钉帽的直径为8.9 mm、9.6 mm、9.7 mm，杆直径为2.1 mm、2.0 mm、2.2 mm、1.9 mm。可能是用铁质模具，将铜液浇铸于模具内，冷却后形成甲钉，尺寸的细微差别可能是模具长期使用磨损所致。

甲叶、甲钉是制作明代布甲必需的金属材料，也是布甲防御力的保证。明代布甲甲叶可能为冷锻的低碳钢，甲钉为铜质，以模具浇铸成型。二者与布面相结合，形成典型明代布甲。为了对布甲制作工艺进行深入研究，笔者对明代杭工博布甲实物进行复原，拟进一步明晰布甲制作工艺中的一些问题，并借此验证文献记载的相关内容。

---

① 〔宋〕沈括：《梦溪笔谈》，中华书局2009年版，第164页。

② 〔明〕唐顺之：《武编（三）》（卷五），广州出版社2003年版，第241页。

③ 〔明〕马文升：《马端肃奏议》（卷八），清文渊阁四库全书本，第154页。

三、杭州工艺美术博物馆展明布甲的复原

笔者以杭工博布甲作为复原对象，此次复原的目的在于了解布面形制、甲叶尺寸、结构、排列以及甲叶和布面连接工艺，对甲面的刺绣不予复原。杭工博布甲内嵌甲叶81片，有明显裁剪痕迹，应为钢剪或铡刀裁成。本次复原，尽力使材料与明代布甲保持一致性，甲叶采用普通碳素结构钢Q235C，含碳量为0.06%～0.22%，属于低碳钢。布面采用手工织粗布、细棉布，这种布的纱支条干更接近明代棉布，缝线使用普通白棉线。

甲衣中使用最多的甲叶规格称为常规甲叶，其他甲叶在此基础上变形而来。经测量，杭工博布甲常规甲叶长宽为86.5 mm×61.6 mm、85.5 mm×59.9 mm等不同尺寸，厚度为0.8～0.9 mm，孔径为1.9～2.2 mm，甲钉头直径为8.9～9.7 mm。出于准确和制作多方面考量，笔者常规甲叶取86 mm×60 mm大小，孔径取2.2 mm。孔位坐标如下：孔1为（26.4，64.8），孔2为（43.8，64.8），孔3为（43.8，39.3）（图7）。甲钉使用仿古铜甲钉，甲钉头直径取1 mm，杆直径取2.2 mm。此次复原的重点在于1∶1还原甲衣的裁剪、缝纫和制作工艺，尺寸上力求精确，甲叶排列和结构力求准确，对缺失甲叶进行科学合理补充。下面介绍具体复原过程。

（单位：mm）

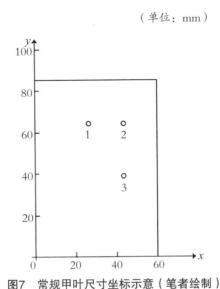

图7　常规甲叶尺寸坐标示意（笔者绘制）

（一）制作模型

由于甲衣的制作、甲叶的排列和连接较为复杂，为了保证复原的准确顺

利，必须先做样衣进行模拟。样衣布面使用白坯布，只做一层，甲叶用卡纸代替，甲钉用图钉模拟。主要目的在于确认甲衣的大小、形制以及甲叶的排列、孔位、形状等。依照杭工博布甲甲叶排列，从下至上分别以A—G依次编号，可知甲衣一共六属，肩部分别还有2片异形叶，表1说明了每属排列情况，虚线填充部分表示原物遗失笔者后补，算上之后甲叶共84片。图8为甲叶排列情况，图中最后一排小方格是小垫片，由于布甲最后一排甲钉是装饰钉，并不连接甲叶，因此在甲衣内部用小垫片支撑甲钉，加上前文提过的D、E属为对称而增加的装饰钉也以小垫片固定，小垫片合计53片。

表1　甲叶每属排列情况（笔者绘制）

编号	常规形态	常规的镜像形态	中间2孔	异形片	侧面2孔	合计
A	7	7	2	2	1	19
B	6	5	2	4	0	17
C	4	3	2	4	0	13
D	2	2	3	5	0	12
E	2	2	3	5	0	12
F	2	2	1	2	0	7
G	0	0	0	4	0	4
总计	23	21	13	26	1	84
小垫片			—			53

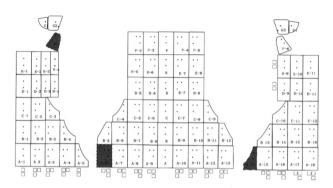

图8　甲叶排列情况（笔者绘制）

甲叶的排列以后中缝、前开襟为轴，不完全对称。不对称的地方如D、E属左前边比右前边少了1块甲叶，左边甲叶比右边宽。从外部看，其甲钉是对称的，因为前左片内部D-9、E-9旁边用小垫片固定了4个装饰钉（图9）。工匠有意识地在甲面修正了这个不对称，制作时当按照文物本来的样貌进行还原。由于肩部甲叶粘连，出于文物安全的考虑，没有打开肩部甲叶，其内部结构无从知晓，最后以正面甲钉的排列和其他博物馆藏布甲结合分析，按比例计算出G排甲叶的形状、大小和孔位信息绘制成图。

图9　左前片装饰钉（笔者拍摄）

下面开始制作模型，首先将白坯布裁剪后缝制，用纸片模拟甲叶进行排列。从下往上固定甲叶，后片甲叶共六属，每属从下至上分别有9片、9片、7片、5片、5片、5片。最中间甲叶位于后片接缝处，以上下两个甲钉固定。后片大部分甲钉是三孔固定，孔位以后中缝为轴，坐标左右对称。异形片一般位于每属两侧，后片的异形片为B-5、B-12，C-4、C-9。前片的异形片较多，包括A-5、A-14，B-4、B-13，C-3、C-10，D-2、D-3、D-4、D-9、D-10，E-2、E-3、E-4、E-9、E-10，F-1、F-6，G1、G2、G3、G4，集中分布在每属边缘，用图钉穿过布面和甲叶，弯折钉杆部分进行固定，装饰甲钉则穿过小垫片后固定进行模拟。甲叶制作完后，检查是否有遗漏或疏忽的地方，模型制作完成（图10）。

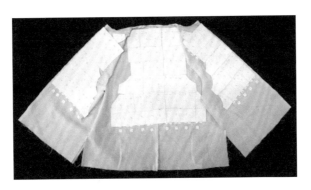

图10　模型（笔者制作）

（二）制作成衣

甲衣为3层布，尺寸一致，每层6片，共18片，布面尺寸如图11所示。先将布料缩水2次，衣衫正裁，裁片放缝量为1 cm，绲边斜裁，宽度为4.4 cm。

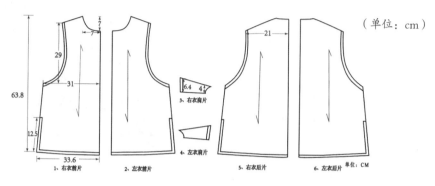

图11　布面尺寸（笔者绘制）

具体缝纫过程如下：后左右片3层棉布分别缝合后重叠（图12）；前后左右片与左右肩缝合（图13）；前后片侧襟缝合，留出开衩长度。由于甲衣前片袖窿向内收，肩片与前片缝合时产生2 cm左右余量（图14），领口部分向

图12　三层棉布缝合（笔者拍摄）

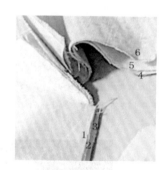

图13　六层棉布缝合（笔者拍摄）

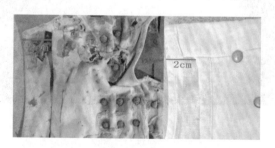

图14　文物肩部结构及复原（笔者拍摄）

内扣缝纫包边，门襟与领口同。袖缘、底襟、开衩都采用细棉布斜裁绲条，前后包边1.2 cm。

甲衣的纽襻为手工缝制，使用作为面料的细棉布斜裁成1.2 cm宽的布边，布边纵向缝合后翻折为宽0.5 cm的长条。将长条裁剪成7 cm后对折，留出纽扣长度2.4 cm，剩余1.1 cm再次对折后两端缝于布面。门襟的扣子在1/3处、2/3处的位置再次缝上针线，袖笼及其他部分在1/2处缝一道，扣眼制作完成。杭工博布甲、山博布甲的实物纽扣均只保留了纽襻，笔者推测纽扣的材质为铜扣，主要依据为李雨来藏布甲（图15）上的盘纽为金属、象牙材质，因此，本次复原笔者采用素面实心铜扣，将铜扣穿入布制襻脚，用针线固定，穿着时套入布制纽圈中（图16）。

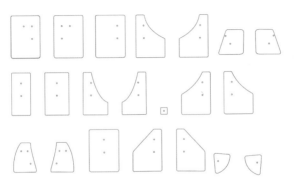

图15　象牙、金属纽襻（来源：李雨来藏品，琥　　图16　扣入纽襻（笔者制作拍摄）
璟明拍摄）

（三）制作甲叶、甲钉

杭工博布甲的甲叶共21种类型（图17）。数字化后，激光切割打孔，用锤子敲击出一定弧度以制成甲叶。前文所述甲叶排列和模型确认无误后，在布的正面做甲钉定位点，以确定布面和甲叶孔位对应。

图17　甲片种类（笔者绘制）

杭工博布甲的甲钉头的直径大小为9.5～9.9 mm，孔径为1.9～2.5 mm，因此，钉头直径中位数应为9.7 mm，钉杆直径应为2.15 mm。考虑到市面上没有这种型号的甲钉，笔者采用钉头直径为10 mm，杆直径2.5 m的圆头实心铜钉（图18），经过砂纸或锉刀打磨，缩小改造为钉帽直径10 mm、杆直径2.2 mm的甲钉，与文物规格类似的甲钉制作完成（图19）。

图18　改造前圆头实心铜钉（笔者制作）

图19　改造后的甲钉（笔者制作）

（四）制作甲衣

甲钉的钉杆从外部穿过布面、甲叶孔位，到达甲衣内部。在甲衣外部的甲钉头垫一个圆底座（图20），内部的平面以带有圆凹陷的手敲杆抵住（图21），用锤子敲打成半圆形固定。最后一排比较接近腰部，只有甲钉，内部并未挂甲叶，为小垫片固定的装饰钉。不同于前代盔甲甲叶串连成形，明代布甲每片甲叶各自独立钉在布面上，方便制作、保养和修复。甲叶依次安装上去，确认排列和位置无误后，布甲制作完成（图22、图23、图24）。

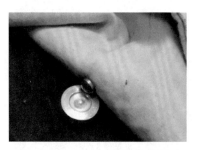

图20　甲衣外部的甲钉头和圆底座
（笔者制作拍摄）

图21　甲衣内部敲平钉杆
（笔者制作拍摄）

　　图22　正面（笔者制作）

　　图23　背面（笔者制作）

　　图24　内部（笔者制作）

四、从复原看明代铠甲生产制作

　　在复原杭工博布甲的过程中，笔者发现许多甲叶存在闲置孔位（图25），部分甲叶之上还钉有小垫片（图26），类似的现象在其他布甲上也有，这对于切割钻孔而成的甲叶来说无实际意义且浪费材料。因此，笔者推测该甲叶不是原装，而是从旧甲衣上拆解而来。如D-1、C-1，甲叶中间存在闲置的孔，说明这些甲叶可能是从其他布甲背面的甲叶上拆解而来。甲叶在拆解时的拉扯容易使甲叶撕裂或孔径变大，如A-15、B-13甲片上有金属撕裂的痕迹，A-18上用小垫片进行了修补（图26），或在甲叶另一头打孔以增加使用率。由上可推测杭工博布甲经过修理，许多甲叶是从其他甲衣上拆解后组装而成。[1]这种方式在明代比较普遍，既方便修理，又节约成本。

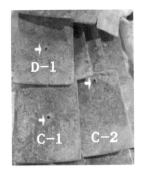
　　图25　甲叶上闲置的孔（笔者拍摄）

　　图26　甲叶上的小垫片（笔者拍摄）

　　拆解甲叶需要不同甲衣之间甲叶尺寸差别较小。杭工博布甲与山博布甲

---

　　① 该观点来自琥璟明先生的指导。

甲叶尺寸相似，在一定程度上可以互为替代，这似乎可以看出明代铠甲生产具有统一标准。《明熹宗实录》载："修理旧甲，岁以三万副，应营操换布不换铁叶，外解本欠精工，更加绣蚀。宜改修理为成造，取旧甲锻炼，更省煤炭……外解盔甲腰刀弓箭每副约价八两或改折或照新式造办加工加料倍尝坚利，每一副可增为二副。"[①]

可见在明代用旧甲拆解、修理、锻炼、成造十分普遍，其节约成本可达50%，这在杭工博布甲实物中得到了印证。宋代《翠微先生北征录》中论述制甲之严谨时载："小有不便，则拆去甲叶而遗弃不收；大有所妨，则割去全段而抛掷不顾。"[②]前代札甲，由于在甲叶四周钻孔，以绳串联，一旦破损或不合体，甲叶只能遗弃浪费。而布甲孔位集中，如有所碍可用垫片加固或换一侧重新钻孔，有利于甲叶的重复利用和规模化、标准化生产。《明会典》载："洪武十六年，令造甲每副，领叶三十片，身叶二百九片，分心叶十七片，肢窝叶二十片，俱用石灰淹里软熟皮穿。"[③]可见明代官方对盔甲不同部位的甲叶制作制定了相关标准，甲叶的标准化生产和旧甲叶的重复使用，降低了布甲的制作成本，节约了布甲的制作时间。

综上，杭工博布甲有较多拆解重组的痕迹，笔者推测甲衣为重复利用的甲叶组装而成。结合文献、实物可见明代甲衣已形成规模化、标准化生产。另外，通过明代盔甲与传统札甲的工艺比较，可知布甲相当省时省力，其成造、拆补、修理工时较传统铠甲大幅度减少，生产效率极大提升，这与布甲特殊的连接方式有着密切的关系。杭工博布甲的复原，使笔者对布甲制作工艺的优势有了更为深入的理解。

结　语

明代布甲是以布为面里，内嵌甲叶，用甲钉固定的甲衣。中晚明火铳等火器的大量使用，与冷兵器时代相比，对盔甲的防御要求有所改变，对士兵的轻装移动要求更高，布甲与传统札甲相比，体量轻，成本低，防御效果

---

① 《明熹宗实录》（卷十五），"天启元年十月戊辰朔孟冬享"条，国立北平图书馆红格钞本，第761页。

② 〔宋〕华岳：《翠微先生北征录》（卷七），海南国际新闻出版中心、诚成文化出版有限公司1995年版，第60页。

③ 〔明〕申时行：《明会典》（卷三十），中华书局1988年版，第970页。

好，突显出各方面的优势，因此，在中晚明的战争中得到广泛使用。笔者以杭工博所展明布甲为例，探讨了明代布甲的形制、工艺等，并对其进行复原，从中可见布甲的制作方式，甲叶之间替代率极高，形成了规模化生产，这极大提高了明代铠甲的生产效率。当然，文中言及尚有不足之处，例如对甲衣上的刺绣龙纹未及复原，而材料的限制使笔者对穿着者身份未能充分讨论，这些问题有待后面继续研究。

致　　谢

感谢著名收藏家皇甫江先生、杭州工艺美术博物馆的张璐女士、山西博物院郭志勇、逯斌先生以及琥璟明先生在布甲测绘复原方面给予的支持和帮助！

故宫博物院藏清宫靴鞋的修复保护方法研究

曲婷婷 ①

摘要：清代宫廷穿戴服饰均有礼典制可遵，在等级森严的宫廷内，形成尊卑有序、上下有别的服饰制度。其中靴鞋的使用也不例外，它在宫廷服饰体系中占有着重要的地位。本文介绍了故宫博物院收藏的三类典型靴鞋的工艺特点，重点阐述了这三类靴鞋的修复保护过程，探索了针对这三类靴鞋采用的不同的修复手段及方法，研究了针对不同类别靴鞋的形制特点所采取的修复方法，对日后靴鞋类文物的修复及保存提出指导与建议。

关键词：清代宫廷　靴鞋　花盆底　旗鞋　保护修复

故宫作为明清两代的皇宫，有着悠久的历史，并遗留下大量的珍贵文物。故宫博物院收藏的靴鞋种类丰富，数量很多。这些靴鞋在漫长的历史保存过程中，受到了不同程度的因素影响，如环境、人为等，出现了老化、脏污、褪色、变形、褶皱、破损、开线等诸多问题。这些问题的产生会缩短靴鞋类文物的保存寿命，加速文物信息的丢失，同时也会影响展览的效果，因此，对靴鞋类文物的修复保护有着重要的意义。

靴鞋类文物病害中有些是自然规律、不可逆的，无法通过修复保护的手段复原，比如纤维老化、褪色。但有些诸如脏污、变形、褶皱、开线等病害，可以通过科学的修复保护，使靴鞋类文物恢复到相对健康的状态，从而延长靴鞋类文物的寿命。如何针对不同工艺的靴鞋科学地筛选最合适的修复方法，如何针对不同类型的靴鞋制作适合的支撑物，如何保存各种不同类型的靴鞋，将在本文中逐一探讨。本文挑选了三件故宫博物院藏具有代表性的不同种类的靴鞋进行修复研究（表1）。

---

①　曲婷婷，故宫博物院。

表1　靴鞋基本信息表

文物名称	图片	年代	来源	级别	类型	修复方法
①杏黄色缎补莲花尖底靴	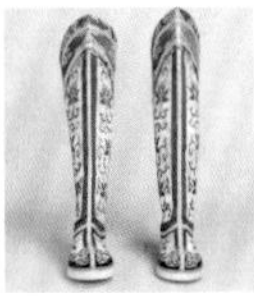	清-康熙	旧藏	二级	靴子	物理除尘法 针线修复法
②雪灰色缎绣竹蝶纹花盆底女夹鞋		清-乾隆	旧藏	三级	花盆底鞋	物理除尘法 针线修复法
③旗鞋		清	旧藏	未定级	平底鞋	物理除尘法

一、靴鞋的种类及特征

（一）靴鞋的种类

满族曾是游牧民族，由于生活的需要，满族妇女均为天足。入关以后，后妃除继续穿着传统的靴子以外，更多的时候穿着绣鞋。满族绣鞋面多为缎绣、绸绣，花色多样，一般与服饰相呼应。鞋的款式根据鞋底的形状分为高底鞋、花盆底鞋、元宝底鞋、厚底鞋和平底鞋。[①]鞋面、鞋跟多以各色料石、丝绦、累丝绦、流苏装饰。

（二）靴鞋的形制特征

1. 靴子

《清稗类钞·服饰类·朝靴》载："凡靴之头皆尖，惟着以入朝者则方。或曰沿明制也。"[②]清代靴子有方头靴和尖头靴。方头靴，即方头上翘，带靴靿。尖头靴，即尖头，带靴靿。尖头或方头靴子又有厚底和薄底之分，

---

① 殷安妮：《故宫织绣的故事》，故宫出版社2017年版。
② 〔清〕徐珂：《清稗类钞·服饰类·朝靴》，中华书局1986年版。

亦有高勒和矮勒之别。形制为千层底，无左右之分，靴勒及膝。[1]靴面为素缎或暗花缎，有单一色的青色靴，也有多色缝拼的彩色靴，青色靴的靴帮与靴勒均为单一青色。彩色靴的靴帮与靴勒不同色，靴帮为石青色，极少数为青色，但靴勒颜色丰富。靴面以各式刺绣装饰，或为妆花、织金缎。风俗掌故笔记《听雨丛谈》，在"绿压缝靴"条有对皇帝用靴的解释：御用尖靴，皆绿皮压缝（其柔细如绸）。亲郡王亦准用绿压缝靴，惟靴帮两旁少立柱耳。清代人穿靴要配穿相适宜的高勒袜，袜勒为刺绣或妆花、织锦。靴勒的里子为素缎或素绸，为穿着时顺滑，但脚底部分为细棉布，以便穿着时增加摩擦力。故宫旧藏文物"杏黄色缎补莲花纹尖底靴"属于尖头薄彩色靴，绿皮压缝为一道，没有立柱耳（图1至图3）。

康熙时期，鞋的功用与靴同样在典制的范畴内。乾隆朝开始，女鞋发生了质的变化，取而代之的是样式新颖、绣工精美的旗鞋。从此，女靴的穿用逐渐减少。

图1　靴子正面　　　　图2　靴子侧面　　　　图3　靴子局部

2. 花盆底鞋

花盆底鞋上敞下敛，呈倒梯形花盆状，采用厚实的原木为底，鞋底高5～15 cm，最高的可达25 cm左右，史称高底鞋、花盆底鞋（图4）。[2]旗鞋由鞋底和鞋身组成，鞋底按其形状的不同，可分为马蹄底、花盆底、船底、平底共4种。马蹄底上细下宽、前平后圆，其外

图4　花盆底鞋侧面

①　阮卫萍：《故宫博物院藏清宫靴子穿用者的判断》，载《故宫博物院院刊》，2016年。

②　袁仄：《中国服装史》，中国纺织出版社2005年版。

形及落地印痕皆似马蹄，因此而得名。

据夏仁虎《旧京锁记》载："旗下妇装……履底高至四五寸，上宽而下圆，俗谓之花盆底。"根据不同的出席场合，其鞋底的高度也有区别：一般的有三到四寸，高的可达六七寸，矮的也有一两寸。清代特别盛行这种鞋，这种鞋的高跟木底极为坚固，常常是鞋面破了，而鞋底仍完好无损，还可再用。追溯其起源有三种说法：第一，认为满族妇女爱穿旗袍，置高底，可使旗袍不拖地，又不暴露双脚；第二，认为满族妇女为了增其身高，表现女性的婀娜多姿，故置高底；第三，满族自古就有"削木为履"的习俗，满族妇女上山劳动为防蚊叮，同时避免鞋底遭泥湿，故习惯在鞋底部附木块，后发展为花盆底鞋。

故宫旧藏文物"雪灰色缎绣竹蝶纹花盆底女夹鞋"鞋底为盆底状，由木头制成，外裱一层白色棉布。鞋帮与鞋跟之间压一道织金缎边，鞋里衬白布，木鞋底下缝百纳布鞋掌（图5）。清代另外还有两种旗鞋，鞋底的形制分别为外裱白绫和涂白粉，俗称"粉底"。鞋帮上以蝴蝶和竹子的刺绣纹样为装饰。蝴蝶是爱情的象征，蝴蝶一生只有一个伴侣，寓意爱情甜蜜美满。鞋尖处采用金鱼的造型。金鱼取意金玉满堂，金鱼与藻纹的组合装饰[1]，"玉"与"鱼"谐音，"堂"与"塘"谐音，组成金玉（鱼）满堂（塘）图案，象征富贵吉祥。鞋口上钉以淡绿色花朵形透明料石做装饰。鞋面材质为粉色真丝缎，上面绣蝴蝶和竹子图案（图6）。鞋子表面施以多种刺绣针法，如用辑线绣的轮廓线，钉金绣的装饰线，贴片绣的金鱼图案（图7），以及多处采用的钉金绣，综合起来使其整体效果惟妙惟肖。

图5　花盆底鞋鞋底　　　图6　鞋面刺绣装饰　　　图7　鞋头金鱼造型

3. 平底鞋

高底旗鞋多为十三岁以上的贵族中青年女子穿着。老年妇女的旗鞋，多

① 李杰：《满族花盆底鞋刺绣纹样的研究》，载《中外鞋苑》，2017年。

以平木为底，称为平底鞋，其前端着地处稍削，以便行走。随着年龄增长，鞋底高度逐渐降低，一般老年或劳动妇女，多穿鞋底稍矮的鞋或平底鞋。

图8　旗鞋侧面

　　表1中的"旗鞋"装饰风格较为朴素。鞋面、鞋口包边材质均为斜纹棉，鞋里材质为平纹棉，鞋底材质是质地较硬的纸壳。鞋面用简单的刺绣花纹做装饰（图8）。

二、靴鞋的修复与保护

　　靴鞋类文物具有三个方面的价值，即历史价值、科技价值和艺术价值。正是因为负载了这些价值，对靴鞋类文物的保护和修复才有了意义。[①]最大限度地保留文物的价值是文物保护和修复所秉承的原则，对文物原状做最小的有效干预是文物修复所遵循的理念。同时，修复时应保留可识别性修复痕迹及可逆性操作，以便后续的修复、保管及研究人员可更好地掌握其修复状况，可逆性修复是为日后有更好的修复解决方案时可随时更换不受影响。这就要求对靴鞋类文物的修复应结合具体情况来选择科学合理的修复方法和修复材料。

1. 伤况成因及分析

　　靴鞋类文物在历经百年之后，普遍存在着褪色、脏污、老化、变形、褶皱、破损、缺失等诸多问题。"杏黄色缎补莲花纹尖底靴"整体存在着老化、褪色和尘土问题，最突出的问题是靴帮及靴靿表面绣线多处开线。开线的主要原因是金线和钉金线的老化。金线老化问题严重，多根金线出现金箔层脱落，线芯裸露的情况（图9、图10）。

图9　靴子脱线修复前　　　　　　图10　靴子修复前局部

―――――――――

① 屈峰：《一件紫檀嵌粉彩瓷片椅的修复研究》，载《故宫博物院院刊》，2017年。

"雪灰色缎绣竹蝶纹花盆底女夹鞋"的病害有两方面：一是鞋面的尘土附着和白色鞋底霉斑污染；二是鞋尖金鱼造型的结构线及鞋面的装饰线的绣线和金线开线、脱落问题（图11、图12）。

图11　花盆底鞋修复前　　　　　　　图12　花盆底鞋开线局部

表1中的"旗鞋"鞋面脏污严重，多处磨损且局部破损严重。鞋底附着大小不一的泥土颗粒，并且弯曲变形相当严重。鞋后跟位置有裂口，局部有面料缺失，露出里层面料（图13、图14）。

图13　旗鞋正面修复前　　　　　　　图14　旗鞋侧面修复前

2. 除尘、清洗方法的合理选择

靴鞋类文物中脏污是最普遍的病害，靴鞋类文物表面大多有浮尘覆盖。浮尘主要来自大气中的悬浮颗粒物，长期附着并沉积在靴鞋纤维表面及缝隙中，给其带来不利影响。[1]灰尘自带的酸碱性会使靴鞋纤维老化，同时其携带的霉菌孢子、微生物在生长过程中分泌的含有酶和有机酸的霉斑会对靴鞋织物表面造成不可逆损伤等。靴鞋类文物除尘清洗方法在不断地实验、更新和发展，现以使用的两种方法为例，对靴鞋类文物除尘清洗方法的合理选择加以探讨。

---

① 陈杨：《清代宫灯配饰的保护修复研究》，载《故宫博物院院刊》，2019年。

（1）机械除尘法

这是靴鞋类文物除尘的第一步，利用除尘设备对靴鞋表面进行清理。此方法可以应用于纤维状态较好的靴鞋，因此，通常选用此种除尘方式进行整体和初步的清理。根据不同类型的靴鞋结构、材质以及老化程度来选择相应的吸头和辅助材料。在使用吸尘器去除表面浮尘之前，要确定织物组织结构、纤维的强度，然后再确定具体的实施方式与步骤。

"雪灰色缎绣竹蝶纹花盆底女夹鞋"选用博物馆专用吸尘器小号羊毛刷头进行除尘，同时配合使用软毛刷和文物除尘布。对鞋面装饰物及金线使用医用无菌棉签除尘清理。

经过除尘清理的不断实验，除尘设备也在不断地更新和发展。根据"杏黄色缎补莲花纹尖底靴"的立体结构和贴布绣的装饰特点，以及灰尘附着在靴靿表面凸起的莲花图案缝隙间的情况，应用真空负压液态过滤除尘设备（图15）进行除尘清理。这种设备是以水和乙醇溶液作为过滤媒质，灰尘、细菌等污染物在被吸入液瓶时，即被溶解、锁定在水中，各种微生物在通过乙醇溶液瓶时被过滤消毒。通过水打湿尘土从而避免吸尘时细小灰尘的溢出；通过水和乙醇净化吸入气体，也可避免不洁净的空气引发吸尘过程中对文物的二次污染。直接接触文物的吸头的直径只有3 mm，可以将隐藏在贴画布缝隙间的浮尘吸出。

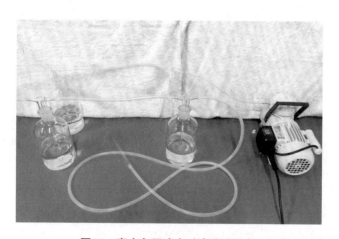

图15　真空负压液态过滤除尘设备

（2）湿擦法

湿擦法词语来源于"damp dabbing"一词，这是一种利用潮湿的材料去除纺织品文物上脏污的方法，多用于清除吸尘器设备无法去除的污迹。

1）霉斑的清除。"雪灰色缎绣竹蝶纹花盆底女夹鞋"鞋底外裱的白棉布上面污迹斑斑，通过体式显微镜放大100倍后观察确定为霉菌。霉菌产生的色素污染了鞋底的白布，因此在鞋底上呈现出大团的污渍。这种情况使用机械除尘法没有任何效果。同时根据这双花盆底鞋的材质及各方面的不确定因素，也不能采取湿洗法。因此，采用相对安全的湿擦法来进行祛霉工作。鞋底材质为白色平纹棉布，纤维强度较好，满足使用湿擦法的条件。酒精的挥发速度快，在湿擦过程中不会留下印记，因此，不会造成二次污染。使用75%浓度的酒精作为潮湿除尘棉签的溶液，可以极快挥发以减少溶液在纤维上停留的时间。结合使用吸水纸吸潮，可加速酒精的挥发（图16、图17）。

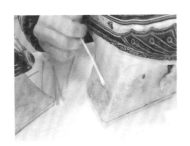 

图16　花盆底局部湿擦　　　　　图17　吸水纸吸潮

2）顽固污迹的清除。表1中"旗鞋"的尘土污渍附着在鞋子表面的纹理中。由于旗鞋有两种及以上材质和颜色，不适用于清洗，因此，对这只旗鞋选用相对安全的湿擦法。选用去离子水作为潮湿除尘棉签的溶液。首先在鞋里不明显的位置进行局部湿擦实验，实验效果理想，在不损害原面料纤维的情况下，有效地祛除了表面尘土及顽固污渍。在进行湿擦的过程中，纤维表面水量迅速增多，极易与污渍结合，在纺织品表面产生水渍，因此，在擦拭的过程中要结合使用吸水纸做好吸水（图18、图19）。

图18　旗鞋鞋底修复前　　　　　图19　旗鞋鞋底修复后

3. 针线修复法的应用

针线缝补技术是一种传统的具有可逆性和可再处理性的修复技术，是一种相对安全的修复方法。这种修复技术是对靴鞋类文物的一种物理操作，其修复部位可在将来需要时拆除，恢复文物的原状，是目前国内外广泛使用的一种修复手段。针线修复法适用于清理后具有一定强度并且能够承受缝纫力度的靴鞋类文物。在靴鞋类文物修复保护中使用的修复针法有很多种，常用的有跑针法、铺针法、带针法、缭针法、回针法、交叉针法、锁边针法、鱼骨针法等。每种针法的使用需要结合靴鞋类文物的实际伤况而定。

"杏黄色缎补莲花纹尖底靴"金线脱线处非常多，遍布靴帮、靴靿前后中缝处，靴底绣花处以及贴绣莲花内部的轮廓线。有些金线整条脱散，老化很严重，还有一些已经断成半根，并且表层金线脱落，线芯裸露在外。通过前期检测发现，这双靴鞋面料的纤维强度很好，可以用针线修复法来进行修复。根据金线的粗细选择适合的钉金线，鉴于该靴鞋的金线非常细，选用单根生丝作为钉金线。使用生丝线的优势在于它单根纱很细，并且颜色为半透明状，钉在靴鞋上是"隐形"的效果，用它作为钉金线的修复效果非常理想（图20、图21）。

图20　脱散金线修复前

图21　脱散金线修复后

"雪灰色缎绣竹蝶纹花盆底女夹鞋"的开线问题主要分为两部分：一是金线开线，二是绣线开线。选用钉金绣针法对开线处进行修复，使用生丝作为修复材料。

在针线修复操作前，需要将脱散的金线按照原位置摆放回去，然后采用钉金绣针法按照原金线轨迹钉回原处（图22）。由于靴鞋类文物使用的面料都是浆过的多层面料叠

图22　花盆底鞋针线修复操作

合，因此有一定的厚度和硬度，这就加大了针线修复操作的难度。

4. 整形、支撑物的制作

靴鞋类文物是立体文物，因其造型特殊，需要制作适合的支撑物对其内部进行填充支撑，如支撑不当或没有支撑，会使靴鞋产生褶皱甚至变形等病害。这是靴鞋类文物日后保存的需要，更是文物展览的需要。因此，为靴鞋类文物制作合适的支撑物十分重要。为靴鞋类文物制作支撑物要根据每件靴鞋文物的结构特征量身定制，做到每个细节都有支撑。有些靴鞋由于支撑不够已经产生了变形问题，面对出现这种情况的靴鞋，首先要对它进行整形修复，待其变形的形态恢复到自然形态后，再为其制作支撑物。

内部支撑材料主要采用真丝面料，内部使用蓬松棉作为填充（图23）。将靴子的内部支撑分解为两个部分：一是鞋底内部空间位置，因为是尖头靴，故在做支撑物时要考虑到尖头处内部的空间问题。因此，制作好的支撑物有一个尖头凸起的位置，为的是填充尖头靴靴头空间（图24）。二是脚踝处的空间，这个位置的特殊之处在于它承接着靴鞋底与靴靿的连接。因此，根据这个空间的特点，连接靴鞋底那端制作支撑物时要能与靴鞋底的支撑物衔接上，连接靴靿位置那端要扁。靴靿和靴帮根据文物自身情况需要，以及考虑到最大限度地保护文物原本的状态，不需要制作填充物进行填充保护。

 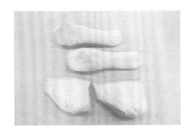

图23　支撑物制作材料　　　　　图24　靴鞋内部支撑物

"雪灰色缎绣竹蝶纹花盆底女夹鞋"鞋身由于温湿度变化及储存不当已造成变形，通过物理回潮法，使其达到微潮的状态，让鞋身面料的纤维恢复弹性与韧性。用可塑性较好的棉花配合使用吸水纸团作为鞋内支撑物，用来填充鞋内部做鞋的整形材料。静置待鞋全面干透，将内部支撑物取出，这双女夹鞋整形过程结束。

制作女夹鞋内部支撑物，要确保符合两个条件：一是要与女夹鞋内部形态足够匹配；二是选用内部支撑材料要绝对安全，不会对女夹鞋造成二次损伤。制作女夹鞋内部支撑需要三个步骤来完成：①鞋头支撑制作；②鞋面支撑制作；③鞋底支撑制作。首先，制作材料采用无酸纸板，根据旗鞋内部结构特点，画出纸样打板，再进行裁剪；然后，选用无酸胶水将纸板粘合起来；最后，静置干透，放置于鞋内部（图25、图26）。

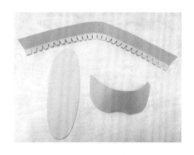

图25　花盆底鞋支撑材料　　　　图26　花盆底鞋支撑后效果

　　"旗鞋"的整形步骤为：首先，使鞋子整体回潮，让其处于一个微潮状态，以便进行下一步整形工作。其次，选用吸水纸作为支撑物，因为吸水纸本身较柔软，可塑行性好。再次，将吸水纸团成适合鞋楦的形状塞进鞋子里面，将整个鞋子完全撑起。团成团的吸水纸，纸张褶皱卷曲会自然形成弹性，作为鞋内支撑的力度适度并且随形，不会给鞋子造成压力。由于鞋底为纸壳材质，因此回潮后可塑性很强。最后，静置待其完全干透，整形工作完成（图27）。

图27　旗鞋支撑物

小　结

　　这三双靴鞋在修复保护前都经过了充分的调研、分析和研究，以及仔细的验伤、清理和材料准备；在修复当中结合具体情况，采用恰当的材料、原工艺对靴鞋存在的各种情况的病害都进行了相应的修复与保护，取得了较好的修复预期效果（表2）。经过修复保护后，这三双靴鞋的浮尘问题、褶皱问题、霉菌问题以及脱线和开线的问题，都得到了修复，修复效果理想（图28至图30）。

表2　修复效果评价

修复方法		使用范围	伤况类型	实际效果评估
除尘/清洗法	机械法	①②③	脏污、尘土	浮尘全部清除，修复效果理想
	湿擦法	②③	脏污、霉迹	脏污及尘土清除效果较好，霉迹清除效果一般
针线修复法		①②	脱线、开线	脱线、开线问题全部解决，修复效果好
制作支撑物		①②③	变形	①②③支撑效果均非常好 ①支撑材料：蚕丝面料+蓬松棉 ②支撑材料：无酸纸板 ③支撑材料：吸水纸

图28　尖底靴修复后　　　图29　花盆底鞋修复后　　　图30　旗鞋修复后

　　在进行文物修复保护前，要对文物进行科学的检测分析，通过科学的仪器设备，对文物的伤况、结构、染色成分、工艺手段以及糟朽程度等进行分析与专家会审后，制订出科学的、适合的方案，再着手进行实际的修复操作，力求最大限度地维护文物的安全。

　　在修复保护过程中，根据原文物面料情况尽可能地选择与原文物在材质、外观、手感、颜色等方面接近的面料或纱线作为补配材料。多数情况下选用的是天然蚕丝纤维面料。根据所选的不同纺织材料，选用的缝线也有区别，现多选用天然纤维生丝和熟丝线。

　　由于纺织品文物相对较脆弱，因此保存条件至关重要。这三件靴鞋出现的病害都或多或少与储存的环境有关，其中环境中不稳定的温湿度变化是导致靴鞋产生问题的一个重要因素。因此，在保养与保存过程中需注意以下四个方面内容，以使文物得到更好的保护：

　　1）靴鞋类文物是立体结构的文物，要制作内部支撑物来进行保护，以保证在后期的保存中不会产生变形的问题，同时要注意在制作支撑物时的材料选择。

2）在日常的展陈维护中，避免光线亮度过高及照射时间过长，需要注意展出时间长度及出展频率。

3）在库房存放时，选择无尘库房，控制温度在15～25℃，相对湿度在45%～55%，保持文物处在恒温恒湿状态。

4）使用博物馆专业吸尘器及超细纤维除尘布配合柔软的毛刷定期进行除尘，同时要做好防虫、防霉变工作。

纺织品文物包装在预防性保护中的适用性

冯雪琦　司志文 [①]

摘要： 近年来，我国博物馆事业得到了蓬勃发展，文物保护事业的需求日益凸显，国际先进的文物保护理念也在我国得到了引进和推广。本文结合预防性保护理论，指出传统包装的局限性和无包装的风险性，通过纺织品文物包装的目的、原则及相关问题的探讨，进一步说明文物包装在纺织品预防性保护中的重要性。

关键词： 纺织品文物　包装　预防性保护

一、前言

纺织品文物因其自身材质的性质，极易受到外界环境因素的不良影响。那么，如何才能行之有效地创建一个适宜的最佳环境，使纺织品文物在提拿、存放、展示、包装、运输等各个环节中能最大限度地规避受损因素？包装虽可作为纺织品文物预防性保护中不可或缺的重要组成部分，却一直没能得到足够的重视。本文旨在结合预防性保护理念，通过对传统包装和预防性保护中包装的比较，具体阐述为纺织品文物量身定制合理的包装是纺织品预防性保护最为重要和必要的环节。

二、预防性保护对纺织品文物的必要性

（一）纺织品文物的特性

纺织品文物的特性及其保护措施的制定，都是由其材质所决定的。我国纺织品文物的主要材质可分为天然动物纤维和天然植物纤维两类。

最为常见的天然动物纤维有丝纤维和毛纤维两种，其主要成分均为蛋白质。中国是养蚕大国，蚕丝的强度较高、弹性恢复能力较强、吸湿性能佳，

---

① 冯雪琦，大连博物馆；司志文，中国社会科学院考古研究所。

因此，对丝纤维的使用有着悠久的传统。早在距今4700多年的钱山漾遗址就出土了一些精制的丝织品残片和丝带、绳，可见丝织物在我国纺织品文物中占据的重要地位。天然毛纤维品种也极为丰富，最常见的是羊毛纤维。羊毛纤维带有天然的卷曲，其横截面近似圆形，虽然强度低，但弹性恢复能力佳，其吸湿性能也极佳。

天然植物纤维，由于其主要成分是纤维素，又称为纤维素纤维。常见的天然植物纤维主要是棉纤维和麻纤维。棉纤维是带有天然扭曲的扁平带状物，横截面有中腔，强度高，吸湿性好，但弹性较差。而麻纤维因种类不同，其形态结构略有不同，但其主要特性与棉相似，均为高强低伸纤维，具有很好的吸湿性能。

由于蛋白质纤维和纤维素纤维均属于高分子有机质材料，材质的特性导致其很容易受到不良环境因素的影响。只有最大限度地防止环境因素对文物的破坏，使纺织品文物能够长久保存下去，才能有针对性地对文物进行预防性保护。为此，国家文物局《博物馆文物保存环境质量研究标准》中，在大量资料和实验数据的基础上，提出了我国博物馆文物保存环境质量标准和标准分级的设想和建议，其中，纺织品文物的环境标准见表1。[①]

表1 博物馆文物保存环境质量标准和标准分级（上海博物馆）

环境因素	标准		
光	应该避免阳光直射，照度≤50 lx 紫外线强度≤75 μW/m²		
温度	（19～24）±1℃		
相对湿度	（50～55）±5%RH		
空气污染物	一级	二级	三级
$SO_2/(\mu g \cdot m^{-3})$	1	10	20
$NO_2/(\mu g \cdot m^{-3})$	5	10	20
$O_2/(\mu g \cdot m^{-3})$	2	10	25
颗粒物/$(\mu g \cdot m^{-3})$	75		

① 国家文物局博物馆与社会文物司：《博物馆纺织品文物保护技术手册》，文物出版社2009年版，第146页。

环境因素	标准
二氧化碳/10^{-6}	2.5
羧基化合物/$(g \cdot mm^{-1})$	0.1
甲醛/10^{-9}	4.0

（二）对纺织品文物进行预防性保护的必要性

因自身材质特性和外部环境因素，纺织品文物发生劣化、损害乃至消失是一个必然的、不可逆的过程。为了将文物所包含的信息真实地流传下去，必须对其进行保护。这就迫使文物保护工作者们开始将工作重心转向预防性保护，即防患于未然，尽量防止或降低文物将来发生劣化和损害的可能性，避免产生干预性修复的需求，达到最小干预的目的。

美国文物保护协会（American Institute for Conservation of Historic and Artistic Works，AIC）对预防性保护的定义如下："一种经由制定文物保护策略及实施保护措施以尽可能地阻止文物腐蚀或损坏的方法，主要包括适宜的环境条件，文物存放、展示、包装、运输以及使用过程中采取的相应措施，霉菌虫害的控制，紧急情况的应对措施以及对文物的复制。"[①]由此可见，预防性保护是一个长期的、延续性的过程。在这个长期的过程中，创造一个良好环境，才能达到适宜文物保护的要求，最终达到保护文物的目的。

预防性保护的概念是在1830年罗马的一次国际会议上首次提出的，预防性保护理念及其重要性现已逐渐为我国文物保护工作者所认知。但是，作为一种跨学科行为，预防性保护在我国的发展还不够完善，在很多方面并未得到充分应用。文物保护工作者们往往只重视空间环境内温度、湿度、光照、大气污染、有害微生物和昆虫等因素，忽视了与文物直接接触的衬垫、包装材料所构成的微环境对文物的影响。包装的材质和形式不适宜，例如选择了容易挥发有害气体的包装材料，可能导致材料自身成为污染源，对直接接触的纺织品文物造成腐蚀。因此，对于比其他类文物相对"娇嫩"的纺织品文物而言，能够在空间环境和接触环境中进行调节和缓冲的就是文物包装，这也是预防性保护中不可或缺的重要环节。

---

① AIC Definitions of Conservation Terminology, http://cool.conservation-us.org/waac/wn/wn18/wn18-2/wn18-202.html, WAAC Newsletter, Vol.18, 1996.

三、包装

（一）包装的原则

对纺织品文物进行包装的原则是，在考虑到纺织品文物包装材料和形式的安全性、实用性、美观性、环保性等方面的同时，还要保持文物的原有状态，不可因其他不良因素对文物再次造成损害。

（二）传统包装与预防性保护包装的对比

我国最早的纺织品出现在新石器时代晚期，在距今5000～7000年前。纺织品文物分为传世纺织品和考古发掘出土纺织品两大类。传世纺织品保存下来的居多，都是一些人们在日常生活中使用的物件，大多为服装、服饰、家庭装饰以及一些礼仪用品，如卤簿仪仗之类。为了延长其使用时间，古人自有其保存的方法，从《红楼梦》中即可管中窥豹。在第七十四回《惑奸谗抄检大观园，矢孤介杜绝宁国府》中，晴雯"将箱子掀开，两手提着底子，往地下一翻"，探春"命丫鬟们把箱一齐打开，将镜奁、妆盒、衾袱、衣包，若大若小之物，一齐打开，请凤姐去抄阅"，可见当时的衣物、服饰多被折叠后放在箱子或包袱布内。明清时期的衣箱多为木制，为了坚固，箱盖与箱体四角拼缝处多用铜面叶包裹，并錾刻云纹或如意纹，可以上锁。对于日常使用的纺织品，古人虽然会将其置于衣箱或衣包内进行包装保存，但却不知衣箱上常用的铜包角，在湿润的环境下极易生成铜锈，对纺织品造成损害；衣物折叠放置也易生成褶皱，时间久了最终会导致纤维断裂；放置于衣包中的纺织品，临时存放尚可，若时间长了则因承受外力的能力差，对外界的温湿度变化基本没有阻隔作用。而考古发掘出来的纺织品，由于受泥土和地下溶液的侵蚀，大部分呈现不同程度的炭化或糟朽，有的甚至已无保存价值。这也足以证明，纺织品文物所处微环境不同，保存状况也会发生明显变化。

纺织品文物的保存状况受两方面因素的影响：一是内在因素，可使其自然老化；二是外在因素，如温湿度的变化、光照的时间过长、粉尘的污染、包装材料及形式的安全性不足，都可加速其酸化、脆化、老化，最终损毁。所以，要给纺织品文物创造一个最佳的微环境，包装材料及包装形式的选择尤为关键。

（三）包装的形式

纺织品文物的预防性保护是具有延续性的，在存放、展示、包装、运输等环节都需要进行保护。预防性保护包装亦是如此。不同的环境和使用方向，可能导致包装的方法、形式和材料千差万别。在实际操作中，需要根据具体情况分析，选取最适用的方法。下面是四种最常见的包装。

1. 临时性包装

适用环境：考古现场，针对考古发掘现场提取的纺织品文物的包装。

包装目的：采取临时性的保护措施，尽可能减少环境对出土纺织品文物的影响，最大限度地保留出土文物本身带有的各项信息。对于纺织品文物要考虑到预防其污染物对其他文物的影响的问题。

包装要求：临时性包装的重点在于减少微环境温湿度变化、防震、忌叠压、避光保存，可将其放置于密封性好的容器中。容器需由不与文物发生反应的惰性材料制成且不透光，在容器内部铺垫柔软的减震材料。[①]考虑到饱水文物在运输中水的震荡对织物的影响，应做出相应排水及运输过程中析水的吸水处理。

2. 运输时的包装

适用环境：避免运输中的颠簸与震荡。

包装目的：采取科学合理的包装方法，最大限度地保持文物的原有状态，确保纺织品文物在运输过程中完好无损。

包装要求：运输时的包装由外包装箱和内包装箱（盒）两部分组成。需要根据纺织品文物的类型、质地、形状、大小制作内包装箱（盒）。将纺织品文物用无酸纸包裹后，置入用防震材料预留出足够空间的无酸纸盒内，文物周围需要用防震材料固定好，防震材料需细密、柔软、弹性好，例如珍珠棉。为更好地保护纺织品文物，防震材料上通常都包裹一层预脱水和脱浆的未染色棉布。无酸纸盒内放置防虫剂和干燥剂等。饱水文物在运输中的包装要有相应的吸水物的填充，既要起到对析出液的吸取作用，又要考虑到过厚对文物的压力，在适当的位置适度应用吸水海绵、吸水棉布等一层或多层，根据具体状况做出相应的处理。

外包装箱的箱体材料应为经过高温处理的木板。箱体内除了防震层，还需有防水层。防震层应选用质地柔韧、弹力好的高密度吹塑板和泡沫材料，

① 孙杰、郭金龙、付永海：《考古遗址现场中多种有机材料的保护问题》，载马里奥·米凯利、詹长法主编《文物保护与修复的问题》，科学出版社2005年版。

厚度应为2～5 cm；防水层应选用0.05 mm以上的塑料布。在无酸瓦楞纸板制作的内包装箱和外包装箱之间必须用防震减压的填充物填实，不能留有空隙。最后对外包装箱进行封箱。[①]

3. 展示时的包装

适用环境：展陈、研究。

包装目的：采取科学合理的包装方法，防止环境可能对纺织品文物产生的危害。

包装要求：对文物展陈进行包装保护时，首先需要根据文物的类型，制订包装方案，并且在包装方案中尽量规避环境或包装形式对纺织品文物可能产生的不良影响。纺织品文物可大致分为平面类和立体类两种类型（表2）。

表2　展示时的包装

包装类别	小型纺织品文物		大型纺织品文物	
	平面类	立体类（帽子、手套等）	平面类	立体类
展示时的包装	平摊置于展柜内，使纺织品纤维得到最大限度的放松	对文物进行内支撑，改善和预防皱褶	在文物背面加一层衬底后，用纬可牢尼龙搭扣（VELCRO）改善因自重产生的张力对文物的破坏[②]	使用衣架或辅助支架，用棉布和填充材料进行包裹，减少张力的破坏

4. 库房内的包装

适用环境：库房。

包装目的：采取科学合理的包装方法，抵御环境可能对纺织品文物产生的伤害。

包装要求：制订库房内纺织品文物的包装方案时，要点在于尽量维持环境稳定、规避环境因素对纺织品文物可能产生的不良影响（表3）。

---

① 国家文物局博物馆与社会文物司：《博物馆纺织品文物保护技术手册》，文物出版社2009年版，第148页。

② 徐文娟、吴来明、解玉林：《无酸纸的发展及其在文物保护中的应用》，2009年S1期，第77–78页。

表3　库房内的包装

包装类别	小型纺织品文物		大型纺织品文物		
	平面类	立体类（帽子、手套等）	平面类	立体类	
				质地较好	质地较差
库房内的包装	平摊置于用预先清洗过的本色棉布或聚乙烯泡沫薄板铺垫的无酸瓦楞纸盒中	对文物进行内支撑后，放置于无酸瓦楞纸盒中	使用预脱水和脱浆的未染色棉布或丝织物制作成卷轴，将文物随卷轴卷起后，在外层再用棉布或丝织物卷上一层用于避光防尘，置入无酸瓦楞纸盒中	使用衣架或辅助支架，需用棉布和填充材料进行包裹，减少因自重产生的张力对文物的破坏	平摊置于预先进行铺垫的无酸瓦楞纸盒中，在折叠或可能产生皱褶的地方放置由柔软的棉布或丝织物制成的圆筒，阻止皱褶的生成

（四）包装材料

包装材料是防止温湿度、光照、灰尘等外在因素对纺织品文物损害的第一道防线，通常与文物直接接触。材料的不稳定和有害程度会直接对文物本身造成污染，所以包装材料的选用非常重要。常见的包装材料有以下五种。

1. 无酸纸

因其酸碱性为中性或偏弱碱性，不会因为酸性物质的迁移对文物造成酸性损害，同时能对酸性气体侵蚀纺织品文物起到缓冲作用。无酸纸通常是作为衬板或包装盒使用。

2. 未染色的棉布、丝绸或亚麻布

通常和弹力棉或珍珠棉一起使用，将弹力棉或珍珠棉包裹起来，作为支撑物或缓冲材料使用。选用未染色的材料可以避免染料对纺织品文物产生污染。通常在使用前，要对棉布、丝绸或亚麻布进行预缩水，避免因湿度变化对织物产生影响；将其脱浆，防止浆料对纺织品文物产生污染，或是成为害虫和有害微生物的营养源。

3. 珍珠棉

珍珠棉又称为EPE珍珠棉，是一种新型环保包装材料。它由低密度聚乙

烯脂经物理发泡产生无数的独立气泡构成，其柔软性和缓冲性佳，导热率很低，隔热性很好，隔水防潮、耐腐蚀、耐气候性优越，亦具有很好的抗化学性能，能够在生产过程中加入防静电剂和阻燃剂，常作为缓冲材料使用。

4. 聚酯薄膜

聚酯薄膜是一种高分子塑料薄膜，无色透明，有光泽，刚性、硬度和韧性高，耐摩擦，耐高温和低温，耐化学性好，耐潮，通常用于阻挡灰尘。

5. 弹力棉

弹力棉弹性好、强力高，可生产为具有阻燃性和抗菌功能的产品，常用于纺织品文物内支撑的填充物。

四、纺织品文物包装的相关问题

包装是文物保护的重要组成部分。随着预防性保护理念的更新与推广，纺织品文物行之有效的包装也将会得到更多的重视。但是，从我国大部分地区纺织品文物保护存在的问题来看，明显对纺织品文物包装的重视程度不够。近几年来，虽然预防性保护的理念和重要性逐渐被我国的文物保护工作者所认识，理论性也在不断增强，研究空间环境的人员逐渐增多，但真正研究文物安全包装形式及材料的还是屈指可数，又因为纺织品文物的包装是一门交叉学科，它需要物理、化学、材料科学等多学科的支持，所以纺织品文物包装的规范化是必要的。

与此同时，我国包装材料行业的某些产品的安全性并不能达到文物保护的要求，一些材料还需从国外进口，在国产材料不能满足需求的情况下，展贮一体化是十分必要的，即展示和收藏合一，既避免了不必要的操作对文物造成的损伤，又可以节约成本、降低费用。

结　语

文物是不可再生的，为了能够将纺织品文物本身所包含的信息长久保存下来，必须对其进行预防性保护。纺织品文物包装，在预防性保护中是重要和必要的环节，它能够最大限度地阻止纺织品文物在所处的微环境中发生损害，具有非常广阔的应用前景。

染绿之黄[①]

潘锐锐　　王佳　　李彩　　张雨晴　　刘欣　　赵娜　　王然[②]

提要：选用栀子、槐花、黄檗、黄栌和柘木五种染黄植物，采用Box-Behnken试验设计方法，改变提取液浓度、染色温度、染色时间、明矾用量等因素的水平值进行试验，通过测色仪测试了所染丝绸的L^*、a^*、b^*值，并得到显著性较好的拟合公式，使用遍历计算方法获得各植物所染黄色的色彩范围。结合色彩混合原理，阐明了黄檗或槐花同靛蓝套染，更容易能够得到明度与饱和度较高的绿色。说明古籍中选取黄檗与槐花用于染绿，是劳动人民反复观察后的总结。

关键词：植物染色　套染　染绿　试验设计　色彩范围

一、引言

绿色在中国传统色中属于五间色之一，虽没有正色那样端庄、肃穆，但仍被广泛接受和喜爱。由于天然绿色素在空气中不易稳定存在，故鲜有可直接染绿的植物，服装服饰中的绿色大多通过蓝色和黄色套染而成。在古代染色技艺中，蓝色一般通过靛蓝染色实现，可染出黄色的植物种类很多，较为常见的有栀子、槐花、黄檗、黄栌、柘木、姜黄等。从理论上讲，这些植物与靛蓝进行套染后都能染得绿色，但在相关传统染色技法古籍与文献中，染绿所用黄色植物多集中于黄檗和槐花，如《天工开物·彰施》中记载"大红官绿色槐花煎水染，蓝淀盖……""豆绿色黄檗水染，靛水盖……"[③]；清代《内务府全宗档

---

①　本文系国家社科基金中国历史研究院重大历史问题研究专项"中国考古研究专题"项目"秦始皇陵出土青铜车马内饰纺织品的研究与复织"（项目编号：21@WTK0033）的阶段性成果。

②　潘锐锐、王佳、李彩、张雨晴、刘欣、王然，北京服装学院材料设计与工程学院；赵娜，中国社会科学院考古研究所。

③　宋应星：《天工开物》（涂绍煃刊本）。

案染织局簿册》记载宫廷染绿也是用黄檗和槐花同靛蓝套染[①]，吴慎因在《染经》中也提到"老法（染绿）最早用靛兰打底，中间用槐米黄"。

我国古代染色技法是劳动人民聪明才智的结晶，蕴含着丰富的科学知识，采用黄檗与槐花染绿幕后可能有其科学道理。本文选取栀子、槐花、黄檗、黄栌和柘木五种染黄植物为对象，试图通过对不同染黄植物色彩范围的研究，来了解古代匠人应用黄檗与槐花染绿的原因。

二、实验

（一）实验材料

真丝缎，100%桑蚕丝，克重130 g/m²；栀子、槐花、黄檗、黄栌与柘木。

（二）实验方法

采用Box-Behnken试验设计方法，根据以往实验数据，确定栀子、黄檗、黄栌、柘木染色过程考察因素与水平见表1，槐花染色过程考察因素与水平见表2。

表1　栀子、黄檗、黄栌、柘木染色过程考察因素与水平

因素	提取液浓度A/（g·L⁻¹）	染色温度B/℃	染色时间C/min
水平1	1	30	30
水平2	2.5	60	45
水平3	4	90	60

表2　槐花染色过程考察因素与水平

因素	提取液浓度A/（g·L⁻¹）	染色温度B/℃	染色时间C/min	明矾用量D/（g·L⁻¹）
水平1	1	30	30	1
水平2	2.5	60	45	3
水平3	4	90	60	5

---

① 王业宏、刘剑、童永纪：《清代织染局染色方法及色彩》，载《历史档案》2011年第2期，第125-127页。

　　染色后，使用Datacolor 500型测色仪，依照CIE1964标准观测者条件（D65光源，10°视场），测试染色后样品的$L*$、$a*$、$b*$值，其中$L*$表示色彩的明度，$a*$正值表示偏红、负值表示偏绿，$b*$正值表示偏黄、负值表示偏蓝。

三、结果与讨论

　　根据Box–Behnken试验设计方法，栀子染色试验结果见表3。

表3　栀子染色试验结果

序号	提取液浓度 A/（g·L^{-1}）	染色温度 B/℃	染色时间 C/min	$L*$	$a*$	$b*$
1	2.5	90	60	74.5	16.4	80.3
2	4	60	30	72.6	25.0	88.1
3	2.5	60	45	73.9	23.7	87.7
4	4	60	60	71.7	26.3	89.0
5	4	90	45	71.8	18.7	82.2
6	2.5	60	45	73.2	24.3	87.6
7	2.5	90	30	75.1	18.1	83.7
8	1	60	60	78.8	15.8	80.5
9	1	90	45	79.7	11.6	73.3
10	4	30	45	77	19.4	81.8
11	2.5	30	60	77.4	19.1	81.4
12	2.5	60	45	72.7	24.5	87.4
13	2.5	60	45	74.3	23.1	87.8
14	1	30	45	80.2	15	75.5
15	2.5	30	30	77.7	18.3	80.4
16	2.5	60	45	74.4	23.2	87.9
17	1	60	30	79.6	15.5	79.6

　　依据表3中的数据，对栀子染色进行拟合，得到式（1）至式（3）：

$$L*=94.56-3.74A-0.24B-0.20C-0.03AB-1.33\times10^{-3}AC-1.83\times10^{-4}\times BC+0.65A^2+2.21\times10^{-3}B^2+2.18\times10^{-3}C^2 \quad\cdots\cdots\cdots（1）$$

$$a* = -14.57 + 6.72A + 0.67B + 0.32C + 0.01AB + 0.01AC - 1.36 \times 10^{-3}BC - 1.10A^2 -$$
$$5.68 \times 10^{-3}B^2 - 2.82 \times 10^{-3}C^2 \quad \cdots\cdots\cdots\cdots\cdots\cdots\cdots\cdots\cdots\cdots\cdots\cdots\cdots\cdots\cdots \text{（2）}$$

$$b* = 42.24 + 9.16A + 0.89B + 0.17C + 0.01AB + 7.78 \times 10^{-4}AC - 2.42 \times 10^{-3}BC -$$
$$1.47A^2 - 6.84 \times 10^{-3}B^2 - 3.43 \times 10^{-4}C^2 \quad \cdots\cdots\cdots\cdots\cdots\cdots\cdots\cdots\cdots\cdots\cdots \text{（3）}$$

对式（1）至式（3）进行显著性检验，见表4所示，p值均小于0.05，因此拟合得到公式均具有较好显著性。

表4　栀子染色拟合公式显著性检验

参数	平方和	自由度	均方根	F值	p值
$L*$	130.41	9	14.49	28.96	0.0001
$a*$	280.41	9	31.16	18.85	0.0004
$b*$	353.94	9	39.33	56.16	< 0.0001

同上所述，对黄栌进行染色试验，根据实验结果进行拟合，得到式（4）至式（6）：

$$L* = 96.61 - 3.11A - 0.10B - 0.03C \quad \cdots\cdots\cdots\cdots\cdots\cdots\cdots\cdots\cdots\cdots\cdots \text{（4）}$$
$$a* = -9.48 + 0.86A + 0.05B + 0.01C \quad \cdots\cdots\cdots\cdots\cdots\cdots\cdots\cdots\cdots\cdots \text{（5）}$$
$$b* = 34.06 + 3.07A - 0.10B + 0.02C \quad \cdots\cdots\cdots\cdots\cdots\cdots\cdots\cdots\cdots\cdots \text{（6）}$$

柘木染色得式（7）至式（9）：

$$L* = 90.89 - 2.73A + 0.23B - 0.20C - 0.02AB + 4.44 \times 10^{-3}AC + 2.22 \times 10^{-4}$$
$$BC + 0.21A^2 - 2.46 \times 10^{-3}B^2 + 1.59 \times 10^{-3}C^2 \quad \cdots\cdots\cdots\cdots\cdots\cdots\cdots\cdots \text{（7）}$$

$$a* = -7.38 + 1.37A + 0.06B + 0.01C \quad \cdots\cdots\cdots\cdots\cdots\cdots\cdots\cdots\cdots\cdots \text{（8）}$$

$$b* = 3.35 + 17.66A - 0.35B + 1.00C - 0.02AB - 6.67 \times 10^{-3}AC - 6.11 \times 10^{-4}BC -$$
$$2.29A^2 + 3.12 \times 10^{-3}B^2 - 9.94 \times 10^{-3}C^2 \quad \cdots\cdots\cdots\cdots\cdots\cdots\cdots\cdots\cdots \text{（9）}$$

黄檗染色得式（10）至式（12）：

$$L* = 95.89 - 1.51A - 0.06B - 0.04C \quad \cdots\cdots\cdots\cdots\cdots\cdots\cdots\cdots\cdots\cdots \text{（10）}$$

$$a* = -0.52 - 3.36A - 9.72 \times 10^{-4}B - 0.22C + 5.56 \times 10^{-3}AB + 0.09AC + 2.78 \times 10^{-4}BC$$
$$\cdots\cdots\cdots\cdots\cdots\cdots\cdots\cdots\cdots\cdots\cdots\cdots\cdots\cdots\cdots\cdots\cdots\cdots\cdots\cdots\cdots\cdots \text{（11）}$$

$$b* = 107.17 + 1.74A - 0.79B - 2.05 \times 10^{-3}C - 0.02AB + 0.15AC + 1.56 \times 10^{-3}BC -$$
$$1.29A^2 + 5.41 \times 10^{-3}B^2 - 5.57 \times 10^{-3}C^2 \quad \cdots\cdots\cdots\cdots\cdots\cdots\cdots\cdots\cdots \text{（12）}$$

槐花染色得式（13）至式（15）：

$$L*=93.53-2.29A-0.07B-5.56\times10^{-3}C+0.05D\cdots\cdots\cdots\quad(13)$$

$$a*=-0.11-0.42A-0.13B-4.44\times10^{-4}C-1.12D+2.78\times10^{-3}AB-$$
$$0.01AC+0.042AD+8.33\times10^{-4}BC+1.85\times10^{-18}BD+1.67\times10^{-3}CD+0.15A^2+1.04\times$$
$$10^{-3}B^2-4.44\times10^{-5}C^2+0.10D^2\cdots\cdots\cdots\quad(14)$$

$$b*=5.82+5.22A-9.83\times10^{-3}B+0.49C+1.29D-0.02AB+0.04AC+7.40\times10^{-16}AD-$$
$$4.22\times10^{-3}BC-2.50\times10^{-3}BD+4.17\times10^{-3}CD-0.85A^2+1.62\times10^{-3}B^2-4.01\times10^{-3}C^2-$$
$$0.09D^2\cdots\cdots\cdots\cdots\cdots\quad(15)$$

针对试验所得15个公式，对提取液浓度为1～4 g/L、染色温度为30～90 ℃、染色时间为30～60 min、槐花所用明矾浓度为1～5 g/L进行遍历计算，使用Python编程，将计算得到的不同染色植物所染得的颜色范围，在CIE1976L*a*b*均匀色彩空间中作图，如图2所示。

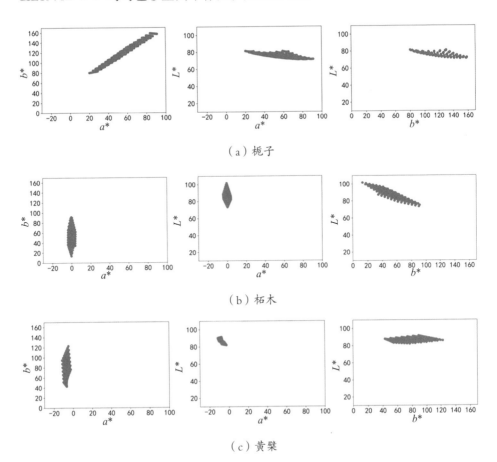

（a）栀子

（b）柘木

（c）黄檗

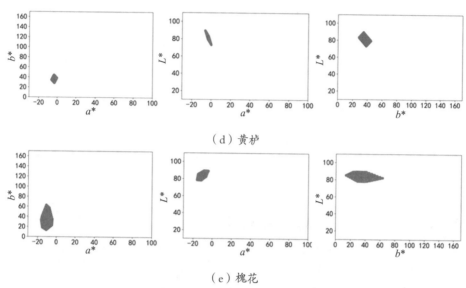

（d）黄栌

（e）槐花

图2　计算得到的不同染色植物所染色彩范围

为便于比较，将五种植物所染黄色的最大、最小L*、a*、b*的值列于表4中。

表4　五种植物所染黄色的最大、最小L*a*b*值对照

植物	L*值		a*值		b*值	
	最大值	最小值	最大值	最小值	最大值	最小值
黄檗	91.4	82.0	−2.4	−11.3	123.1	43.2
槐花	89.3	78.1	−4.4	−16.3	62.7	13.4
栀子	81.2	71.1	91.3	20.3	158.6	50.2
柘木	101.7	73.4	4.1	−3.9	91.5	13.6
黄栌	89.5	73.1	−0.2	−6.5	44.3	28.3

纺织品的颜色，是纺织品对入射光选择性吸收的结果。随着染料的套染次数的增加，被吸收的入射光也相应增加而反射光减少，所以与套染前相比，套染后颜色的明度必然降低，明度低的染料也就无法调配出较为明亮的颜色，只有明度高的染料才能套染得到较好的色彩效果。同时，为满足色相与饱和度的要求，套染时染料的选择尽量"就近"，即优先选用偏向目标色的染料。因此，用于染绿的理想黄色，应具有较大的L*值、b*值，以及尽量

小的$a*$值。

　　由图2和表4可以看出，五种染黄植物中黄檗与槐花所染黄色的$a*$值最小，分布于–16～–2之间，色泽偏绿；$L*$值分布于80～90之间。黄檗染得黄色$b*$值分布于43～123之间，值较大且分布宽；槐花所染黄色$b*$值相对较低，分布于13～62之间。两者有一显著共同点，就是当$b*$值增大时明度值$L*$较为稳定，变化不大，有利于染得明度与饱和度较高的绿色。

　　栀子所染得的黄色，虽$b*$值较大，色彩较为饱和，但$a*$值也较大，色泽偏红。与黄檗和槐花相比，染绿时属于"就远"而非"就近"，所得绿色中会有一定蓝紫色，从而使整体色彩不纯净。

　　柘木所染黄色的$a*$值变化范围为–3.9～4.1，分布于零值附近，但随着$b*$值增大，明度值$L*$下降较快，变化不像黄檗与槐花稳定，染绿时难以得到较高的明度与饱和度。

　　黄栌染出的黄色，虽然$a*$值均分布于负值一侧，但与黄檗、槐花相比，值偏大，不如黄檗、槐花染的饱和度高。另外，黄栌染黄的$b*$值分布范围在五种植物所染黄色中最窄且值偏小，如果用于染绿，所能实现的色彩有限。

结　　论

　　五种染黄植物均可用于染绿，但从所染效果来说，黄檗或槐花同靛蓝套染，更容易得到明度与饱和度较高的绿色。这说明在中国古代，虽然没有标准光源、测色仪等现代仪器设备，但劳动人民经过反复观察和总结，发现了不同植物所染黄色的区别，并在实践中积极加以应用。

巴尔米拉出土汉代丝织品及其他

张倩仪 ①

摘要： 今叙利亚的罗马时代遗址巴尔米拉（Palmyra），20世纪30年代发掘出汉代丝织品，法国学者普菲斯特（R. Pfister）对其进行研究，并出版成书。当时他认定该丝织品是汉代丝织品，颇引起一番争论。20世纪90年代末，巴尔米拉遗址又有少量但重要的发现。德国学者将最新的发现结合早期的文物，重新整理，再次检测研究，于2000年出版报告，并由此出发，推测丝绸之路（以下简称"丝路"）上技术传播及贸易的面目。

巴尔米拉丝织物是至今葱岭以西发现的最大宗汉代丝织物，对了解汉代丝绸西运后的面目极为重要，故以两次报告为主，略陈欧美学界90年来对巴尔米拉丝织品的研究，及其所勾勒的东西贸易交流图景，并及当年瑞典纺织学者对额济纳河流域出土丝织品的研究成果。

关键词： 巴尔米拉　汉代　纺织　考古报告　丝路贸易

中国以外，在东西方贸易通路上，采得汉代丝绸的地点并不多。印度和波斯是最早接触中国丝绸的重要古文明。遗憾的是两国未有汉代丝绸出土。

葱岭以西发现最大宗汉代丝织品的主要是叙利亚的巴尔米拉，附近军事要塞杜拉-欧罗（Duora-Europos）亦有少量出土。巴尔米拉是二三世纪时的"丝路"重镇，亦是罗马帝国境内仅有的出土汉代丝绸的遗址。要了解汉代中国与罗马的丝绸贸易实况，不能只靠罗马的文献，最好有汉代西运的丝织品。可惜年代久远，丝绸又难以保存，罗马帝国境内并无多少出土，因此，巴尔米拉出土的丝织品十分关键，可供考察西运到罗马帝国境内的丝绸情况，及与中国境内汉代出土丝织品进行比较，以勾画"丝路"贸易轮廓。

一、西亚巴尔米拉简介

约东汉时期，在西面的欧亚通路上，叙利亚沙漠上的巴尔米拉王国，因扼

---

① 张倩仪：深圳技术大学。

守要冲而盛极一时。巴尔米拉所在的地区在公元前64年成为罗马的叙利亚行省一部分，提比留（Tiberius，公元14—37年）时，巴尔米拉正式服属罗马。公元106年后，经过今约旦南部的佩特拉（Petra）的贸易路线衰落，巴尔米拉大盛。

　　巴尔米拉位于商队由两河流域往地中海东岸所经的位置，因此很早就有商业贸易，但令它在历史上获得富裕的名声的，则是二三世纪的"丝路"贸易。巴尔米拉建立起有效的武力组织，保护商队免受叙利亚沙漠中的贝都因人抢劫，因而在二三世纪盛极一时。巴尔米拉虽然臣属于罗马，但强大时只属名义上服属，后来因挑战罗马，公元273年被罗马所灭，时间约为中国三国末期。其所在地区成为罗马军团的区域性驻地，不复以往的繁华，但遗迹仍保留得很完整，外围还有许多座塔式墓（图1）。

图1　塔式墓

（By Bernard Gagnon-Own work, CC BY-SA 3.0, https://commons.wikimedia.org/w/index.php?curid=43538475.jpg）

　　巴尔米拉遗址的纺织物出自西面河谷的墓地和塔墓。这些塔墓是家族墓葬，每座数层高，可容纳上百墓室。发现的织物或是木乃伊包裹的一部分，或是周围收集到的碎片。但这些历史悠久的墓都曾经被盗，尸体被拖出墓室，破坏严重，故织物残碎，考古信息不完整。

　　巴尔米拉所出500种纺织碎片，大件的很少，但也有一些是小心折好放在木乃伊旁。[①]其中毛织物占一半以上，其次为麻，然后是丝。丝织物出自7个

---

　　① 由于当地葬法是制成木乃伊，因此织物大都割成条状以包裹木乃伊。487号织物是少见的大件丝织物，但发掘后裁小了。A. Schmidt-Colinet, A. Stauffer, Die Textilien aus Palmyra: Neue und alte Funde, Mainz am Rhein: Philipp von Zabern, 2000, 5.

塔墓，其中4个有铭文，由此可知其建立于公元前9年到公元103年。①由于塔墓是多代人使用，因此建墓年份只能作为上限，而下限则为巴尔米拉灭国的公元273年，故估计所发现的丝织物在西汉末到东汉三国时运到巴尔米拉。

另外，巴尔米拉东北、属军事要地的杜拉-欧罗（Duora-Europos），亦出土数百纺织品，其中两件是丝织品。

巴尔米拉20世纪30年代的发掘由法国主持，纺织品最后由法国纺织史家及纺织化学家普菲斯特（R. Pfister，1867—1955）整理研究，成果以法文出版成《巴尔米拉纺织品：由法兰西共和国高级专员公署文物局在巴尔米拉墓地发现》，共三册。②德国考古学家施密特-科林内（Schmidt-Colinet）自1981年参与巴尔米拉考古工作，他联同德国科隆的纺织史学者斯托弗（A. Stauffer）将20世纪90年代以来新获的纺织品与普菲斯特所研究的结合，2000年出版德文研究报告《巴尔米拉的纺织品：新旧发现》（图2、图3），并向普菲斯特致敬。③

图2　德文报告彩页的丝织品

图3　德文报告的彩页（第3行可见两件丝的混纺制品）

①　M. Zuchowska, "'Grape Picking' Silk from Palmyra. A Han Dynasty Chinese Textile with a Hellenistic Decoration Motif", Światowit, 2014 (53) A, 143.

②　R. Pfister, Textiles de Palmyre: découverts par le Service des Antiquités du Haut-commissariat de la République française dans la nécropole de Palmyre, Paris: Les Éditions d'art et d'histoire, 1934-1940.（《巴尔米拉纺织品：由法兰西共和国高级专员公署文物局在巴尔米拉墓地发现》）

③　A. Schmidt-Colinet, A. Stauffer, Die Textilien aus Palmyra: Neue und alte Funde, Mainz am Rhein: Philipp von Zabern, 2000.

　　法德报告均有研究文章，涉及巴尔米拉考古背景、塔墓情况，以及出土纺织品的综合研究。20世纪30年代普菲斯特已做了很多测量及化验工作，对每件丝织品都给出材质、尺寸、经纬密度、捻度、颜色、发现位置等基本数据，还有所作染色实验结果。在此基础上再详细讨论了其中一些数据和结果，提出丝织品基本上来自中国的结论，又猜测叙利亚仿织的可能情况。

　　在法文报告之后60年出版的德文报告并不只是补充普菲斯特的研究，该书前半部分有六章，介绍研究目标、材料和技术、装饰、文化历史背景、文字锦、颜色分析，均由相关的专门研究者撰写，并附德文及阿拉伯文摘要。除了对当地葬俗、贸易路线等背景有更多细节，丝织品研究的部分，参考了马王堆汉墓及新疆东汉墓葬的大量成果；亦主张结合巴尔米拉发掘的考古信息，根据丝绸所出的墓葬的建造日期，看出从较小规模到较大规模模式的某种类型学发展；等等。后半部分则详列出土纺织品的内容，所提供的纺织品数据颇为详细，对每件丝织物提供图片及彩图编号（若有）、出土楼层、材料、颜色、经纬密度、尺寸、捻度、宽度，有时还有重量、织法/绣法、织物结构、纤维分析、文献、文字说明及研究。

　　在文物的文字说明里，提供了不少出土信息，如一同出土的纺织品、加工痕迹、织物用途，以及材料是否野蚕丝，等等。发掘者亦提供了一些推断，例如：虽不在塔墓同一位置出土，但有可能是同一件丝织物的碎片；非中国所做的缝纫痕迹；等等。

　　下文以法德两份报告为主，介绍巴尔米拉出土丝织物情况，及自20世纪30年代以来欧美学界的研究成果。

二、法德报告的丝织品及研究成果

（一）品种简述

　　两份报告对巴尔米拉丝织物的种类是按欧洲人对中近东及欧洲丝织物研究的名称来命名的，因此与中国的名称有个对应问题，例如Han Damask，若直译，成了汉锦缎或汉绫。幸而两份报告有很多图片，结合其说明文字与图片，基本上可以对应中国丝织物的名称。

　　巴尔米拉出土的丝织物碎片，已编号的有96件，出土时残碎脆弱，保存状态不算好。品种近乎大半是平纹的绢类，次为绮，然后是绣，绣地有绢有绮，锦最少。未见有汉代十分流行的花罗，例如菱纹罗。在居延塞和诺音乌拉都有出土的涂漆丝织品——缣，巴尔米拉也没有。

此外，巴尔米拉还有9件是以丝为经线，与毛、麻或棉混织的布料。

1. 绢类

巴尔米拉出土丝织品数量最多的绢类平纹织物，质量不一，有些轻薄细密，有些疏松。其中4件是野蚕丝所织，经分析，有一些是中国和印度都有的蚕种。

早期认为中国已有家蚕丝，不再用野蚕丝，并不知道汉时仍有用柞蚕丝的情况。德文的报告提供了更详细的信息，谓野蚕丝仅用于未染色或单色的无图案织物，在混合织物中有时与棉结合使用。

2. 绮

巴尔米拉的绮常见菱纹。普菲斯特极为重视S39（新号520）菱格对兽纹绮，认为与斯坦因在楼兰发现的一件极似。[1]事实上，S39是典型的汉绮（图4），有似马王堆汉墓等的绮。

由于斜纹组织是西亚的传统织造结构，有关绮的争论，是汉时有没有全件作斜纹组织的。普遍认为汉绮是在平纹地上织斜纹组织，即只有花纹部分是斜纹[2]，

图4　巴尔米拉出土菱形纹汉绮S39
（ *Textiles de Palmyra* ）

不算正式斜纹织物。普菲斯特说巴尔米拉出土的有中国装饰的丝织品中不见斜纹织物。[3]由于楼兰和诺音乌拉亦没有，所以他与英国学者安德鲁斯（F.H. Andrews）都认为汉代时斜纹没有用在丝织上。当时女纺织史家西尔凡（V. Sylwan）提出瑞典所藏商代安阳两件青铜器上有斜纹丝织物印痕，这令普菲斯特大惑不解，因为如果属实，他疑惑是否这项发明在商周之际失传[4]，才致

---

①　R. Pfister, Textiles de Palmyre: découverts par le Service des Antiquités du Haut-commissariat de la République française dans la nécropole de Palmyre, Vol.3, Paris: Les Éditions d'art et d'histoire, 1940, 39. 夏鼐论文中亦述及S39。夏鼐：《新疆发现的古代丝织品——绮、锦、刺绣》，载《考古学报》1963年第1期，第45-76页。

②　陈维稷：《中国纺织科学技术史》（古代部分），科学出版社1984年版，第305页。

③　普菲斯特说S6及S38是斜纹丝织物，但他猜是在西亚织造的。

④　R. Pfister, Textiles de Palmyre: découverts par le Service des Antiquités du Haut-commissariat de la République française dans la nécropole de Palmyre, Vol.3, Paris: Les Éditions d'art et d'histoire, 1940, 58-59.

楼兰、蒙古、巴尔米拉的汉代丝织物没有斜纹织物。

3. 绣

巴尔米拉约有12幅刺绣，绣地有绢有绮。[1]主要绣植物，只有一件是绣神话生物。普菲斯特认为有些刺绣不是中国做的，例如S5所绣的穗有波斯宗教的意味。德文报告认为刺绣可以分为两组，从技术和风格来看，其中一组可能是在帕提亚（安息）二次加工的。[2]

4. 锦

巴尔米拉连同杜拉–欧罗，只有4件锦，分别是两重或三重经锦，出土在四个不同的地点。1938年曾发现一件文字锦。20世纪末，在另一墓又出土一件文字锦，作联璧对兽纹（图5），是典型的汉代图案，还有一件充满西方味道的葡萄纹锦。

报告也量度了图案的高度，与新疆所见汉晋锦一样，以纬向长条图案为多，纵向的图案仍然不高，但图案边缘很流畅。

学界对巴尔米拉所出的三件锦都有详细研究。

图5　巴尔米拉223号联璧对兽纹锦（*Die Textilien aus Palmyra*）

（二）90年来两次报告的主要研究及讨论

欧美的考古和纺织史学者对巴尔米拉纺织品做过很多检测和研究，并以十分扎实的基础，结合中亚和伊朗的研究，将视野推及贸易面目、技术传播和文化交流。巴尔米拉的丝织品跟汉朝和"丝路"的关系大，中国学者应该了解甚至参与研究；研究的焦点亦未必要限于丝织，而可以注意及于丝织与其他纺织品的关系，以充实汉代织造和贸易历史的面目。以下略述巴尔米拉丝织品出土至今90年来欧美的主要讨论。

1. 汉绮组织问题

普菲斯特认为巴尔米拉的绮织法特别，因此专称它为l'armure，armure

---

①　A. Schmidt-Colinet, A. Stauffer, Die Textilien aus Palmyra: Neue und alte Funde, Mainz am Rhein: Philipp von Zabern, 2000, 9.

②　在同书第二章第6部分讨论过波斯的问题。另外，杜拉（Dura）犹太教堂一幅壁画描绘了三名身穿帕提亚长袍的青年，红色背景上饰有大量花卉刺绣，符合这一背景。A. Schmidt-Colinet, A. Stauffer, Die Textilien aus Palmyra: Neue und alte Funde, Mainz am Rhein: Philipp von Zabern, 2000, 47.

Han。夏鼐将之译为"汉式组织"或"汉绮组织"。[①]

"汉绮组织"这种20世纪30年代提出来的说法，在中国纺织考古大有发展的20世纪80年代即已打破：1982年战国马山1号楚墓的唯一一件绮正是这种织法，报告亦写明是"汉绮组织"。[②]因此，"汉绮组织"并非汉代新品，近年研究者已根据其特征，改称其为隔经显花。[③]唯近年中文研究中仍有说汉绮组织出现于东汉，并认为出土不多。[④]

2. 产地问题

巴尔米拉的丝织品是否由中国生产，在20世纪前期是一个长期聚讼纷纭的问题。巴尔米拉得益于罗马的东方贸易而大盛，当地出土丝织品是不是汉朝所产，对判断罗马帝国与中国的丝绸贸易十分关键。

普菲斯特认为，除了几件，如斜纹编织的S6和有紫羊毛的S38应是在西亚编织之外，其他都是中国生产的。[⑤]他从丝线的蚕种、捻纺、织造技术、图案等多方面来判断。

巴尔米拉丝织品绝大部分是桑蚕丝。丝线常见无捻或弱捻，这与西域各地惯用麻、毛的织造习惯不同。

在织物规格上，S1细绢有两幅边，能评估幅宽为47 cm，属秦汉官定的幅宽范围。

在织造技术上，经线起花织造是汉及以前丝织的特征，异于世界其他地方的织造方法。

在图案方面，普菲斯特对菱纹讨论甚详。虽然有学者认为希腊花瓶上也有菱形，但普菲斯特反驳说巴尔米拉所见的菱形总是三重的，或多或少接触或重叠，这种中国想象的菱形组合在其他地方找不到。除了菱纹，关于S9中央的连珠纹，他也不同意源自波斯阿契美尼德王朝的一般说法，而认为与汉

---

① 夏鼐：《新疆新发现的古代丝织品——绮、锦和刺绣》，载《考古学报》1963年第1期，第48页注1、第53页。

② 湖北省荆州地区博物馆：《江陵马山一号楚墓》，文物出版社1985年版，第34页。

③ 赵丰：《中国丝绸通史》，苏州大学出版社2005年版，第116页。

④ 王晨：《"汉绮"研究及丝织技艺探讨》，载《丝绸》2008年第2期，第46–47页。该文谓这种汉绮只有2件，都出于尼雅。

⑤ R. Pfister, Textiles de Palmyre: découverts par le Service des Antiquités du Haut-commissariat de la République française dans la nécropole de Palmyre, vol.2, Paris: Les Éditions d'art et d'histoire, 1937, 35–36; vol.1, 1934, 57.

镜的关系更紧密。[①]S10上一列张着大口的头亦颇惹普菲斯特注意，在第一、三册反复讨论其造型让他联想到饕餮。[②]S10上有方孔的圆盘，又让他联想到汉代货币。

因此他总结说，中国的装饰在汉代之前就已经包含了楼兰的LC.VII 09和巴尔米拉的S9、S39和S10图案的特征，以及几何和程序化的植物元素。三重或简单偏移的菱形、十二颗珍珠装饰的圆圈、交叉排列的心形叶子、相对的异兽等（图6、图7），在战国时期已很常见。他甚至反过来怀疑伊朗著名的卢里斯坦（Luristan）青铜器上成对的动物，可能是通过中亚来到西方的中国元素。[③]

图6　巴尔米拉S9（*Textiles de Palmyre*，*Die Textilien aus Palmyra*）

图7　巴尔米拉S10图案（*Textiles de Palmyre*）

①　R. Pfister, Textiles de Palmyre: découverts par le Service des Antiquités du Haut-commissariat de la République française dans la nécropole de Palmyre, vol.1, Paris: Les Éditions d'art et d'histoire, 1934, 50.

②　R. Pfister, Textiles de Palmyre: découverts par le Service des Antiquités du Haut-commissariat de la République française dans la nécropole de Palmyre, vol.1, Paris: Les Éditions d'art et d'histoire, 1934, 50；vol.3, 1940, 49.

③　R. Pfister, Textiles de Palmyre: découverts par le Service des Antiquités du Haut-commissariat de la République française dans la nécropole de Palmyre, vol.1, Paris: Les Éditions d'art et d'histoire, 1934, 50.

对于普菲斯特主张巴尔米拉丝织品来自汉朝，早期的学者既有支持的，亦有反对的。

1938年，研究伊朗艺术的美国女学者阿克曼（P. Ackerman，1883—1977）提出S9据图案推测应来自帕提亚（安息）。[①]但1943年奥地利汉学家梅兴–黑尔芬（Maenchen-Helfen，1894—1969）据汉及以前的中国纹样，指出S5、S9、S10的绮毫无疑问是中国产品，上面有些图案汉代以前已在中国流行。而且他跟普菲斯特一样，认为S9的连珠纹应与铜镜有关。[②]1956年，美国东亚艺术史女学者西蒙斯（P. Simmons）讨论北欧所藏中国纺织品，文中缕述各研究者对巴尔米拉丝绸产地的正反观点。西蒙斯自己主张是中国所出。[③]

普菲斯特的报告在中文世界亦引起关注，夏鼐于1963年发表论文讨论20世纪50年代中国在新疆陆续发现的丝织品，兼与巴尔米拉出土的S39进行比较。[④]

总的来说，由于20世纪前半期中国出土丝织品不多，学者只能看到斯坦因在楼兰等地以及20世纪20年代俄国学者在蒙古诺音乌拉所获，及日本人在朝鲜半岛所得。由于蒙古、楼兰的丝织品被怀疑是否中国所出，朝鲜半岛的发现又不多，因此争论未能完全平息。不光如此，巴尔米拉丝绸与斯坦因所获楼兰丝织品有许多相似之处，当研究者将两者作对比时，反对巴尔米拉丝织品来自中国的阿克曼，反过来将楼兰丝织物视为由西亚东传到新疆的。[⑤]

不过此等争论，都发生在20世纪70年代中国纺织考古大有发现之前。自发现马王堆汉墓以来，已确认巴尔米拉的丝织物基本上来自中国。德文报告经与汉代其他文物的图案对比，同意大部分巴尔米拉丝织品是中国所织，只

---

① P. Ackerman, "Textiles through the Sāsānian Period", in Arthur Upham Pope and Phyllis Ackerman, A Survey of Persian Art: from Prehistoric Times to the Present, Ashiya (Japon): SOPA, 1981, 681–715.

② O. Maenchen–Helfen, "From China to Palmyra", The Art Bulletin 25, no. 4, 1943, 358–363. 对S9的意见，见第359–361页。半个多世纪之后，王乐等亦以商周青铜器的饕餮、汉铜镜的圆点为例，指出其有中国根源，见王乐、赵丰：《从中国到罗马——巴尔米拉出土丝绸图案体现的艺术交流》，载《艺术百家》2018年第5期，第196–197页。

③ P. Simmons, "Some recent developments in Chinese textile studies", Bulletin of the Museum of the Far Eastern Antiquities 28, 1956, 19–44.

④ 夏鼐：《新疆新发现的古代丝织品——绮、锦和刺绣》，载《考古学报》1963年第1期，第45–76页。

⑤ 据普菲斯特引1938年出版的《波斯艺术概览》（Survey of Persian Art）的阿克曼（Ackerman）说法。R. Pfister, Textiles de Palmyre: découverts par le Service des Antiquités du Haut–commissariat de la République française dans la nécropole de Palmyre, vol.3, Paris: Les Éditions d'art et d'histoire, 1940, 50.

表示不清楚这些华丽的丝织物是礼物还是商品。少量丝织品在叙利亚生产[①]，可能是当地用进口的生丝织造。现在研究巴尔米拉丝绸的学者，多利用中国出土的汉代丝织文物做研究参考。[②]

研究中国考古及艺术史的美国学者法肯豪森（Lothar von Falkenhausen）表示产地争论早已平息，现在新的研究证实了中国对西亚晚期和中世纪早期纺织品生产的影响，这是波兰-奥地利艺术史家J. Strzygowski早在1903年时就思考过的。法肯豪森认为巴尔米拉的材料是这种关系中的一块马赛克。[③]

3. 织机的构造

20世纪二三十年代，欧美不少纺织学者，如英国的J. F. Flanagan、西班牙的C. Rodon y Font，都关注古代中国的图案织造技术，而且认为中国比埃及-罗马织工生产花纹羊毛材料早几个世纪。C. Rodon y Font尝试通过古代中国文献去了解其中的工艺。瑞典的古织物女学者西尔凡（V. Sylwan）和德国的纺织标准委员会主要工程师K. Hentschel则将这些想法应用于检验一些古老织物。

普菲斯特对织造亦做了一番研究。[④]他尤其关心是否用了提花织机（法文métier à la tire，英文drawloom）。巴尔米拉出土的S9和S39是两片保存良好的绮，他曾经认为S9应该在提花织机或类似设备上制成，但因为S9没有保留幅边，因此无法论断。借助较后发现而有幅边的S39，证明确实是由经线起花，在经纱方向上重复图案，有些异常处亦重复出现，因此可进一步证明这两片织物是在织机上织的。但他不确定是用提花织机，只是为了简化，故如此表达。至于S10，则不是在提花织机上编织的。他虽然不知道中国织机的构造，但认为当时中国的织机是伟大的发明。叙利亚当时有斜纹组织，可能比汉式组织（l'armure）更可取，但是中国的纺织成就来自科技，因此相对近东有巨大优势。他又猜想伊朗织工看到中国丝绸可能想到仿效，而按照西方习惯改

---

① A. Schmidt-Colinet, A. Stauffer, Die Textilien aus Palmyra: Neue und alte Funde, Mainz am Rhein: Philipp von Zabern, 2000, 53.

② M. Zuchowska, "From China to Palmyra: The value of silk", Światowit, Xi (Lii)/ A, 2013, 133–154.

③ A. Schmidt-Colinet, A. Stauffer, Die Textilien aus Palmyra: Neue und alte Funde, Mainz am Rhein: Philipp von Zabern, 2000, 70–71.

④ R. Pfister, Textiles de Palmyre: découverts par le Service des Antiquités du Haut-commissariat de la République française dans la nécropole de Palmyre, vol.3, Paris: Les Éditions d'art et d'histoire, 1940, 59–61.

用纬线编织。[①]

不过，加拿大的伯尔尼汉（Harold B. Burhan）提出汉代丝织物是在平纹机上用手工挑织的。这个说法影响了夏鼐。夏鼐在1972年提出汉代有提花机，曾推断绒圈锦是用"提花束综"来控制[②]，即要人工挽花，但据王㐨说，夏鼐据1983年访日演讲而出版的《中国文明的起源》一书，推翻前说，接纳伯尔尼汉的意见。[③]

但王㐨不同意手工挑织的说法，认为只用手工挑花或综框来管理这么多经丝，难以设想；而战国和汉的锦绮上有错版的现象，且一错到底，可知不是手工挑织。他判断织造绒圈锦，已经使用提花装置。[④]

熟悉北欧传统织造的丹麦纺织设计师贝克尔（John Becker）亲手试织马王堆汉墓的丝织品，于1987年出版《图案和织机：中国、西亚和欧洲织造技术发展的实践研究》。他的结论是，即使最复杂的绒圈锦，也可以不用提花织机（drawloom，指织机顶部的框架，或对应于中文的花楼）来织。他认为汉丝织物图案的经向图案小，不需要提花织机，故他支持伯尔尼汉的说法。[⑤]2013年，成都老官山汉墓出土织机模型4台，对汉代有没有提花装置这番争论的裁定，应有作用。

德文报告没有再跟进织机的问题。两个作者转而关心汉丝织物对叙利亚织工的影响，认为

图8　S38疑为叙利亚仿织的丝织品，加上了紫色羊毛装饰物（*Die Textilien aus Palmyra*）

①　R. Pfister, Textiles de Palmyre: découverts par le Service des Antiquités du Haut-commissariat de la République française dans la nécropole de Palmyre, vol.3, Paris: Les Éditions d'art et d'histoire, 1940, 60–61.

②　夏鼐：《我国古代蚕、桑、丝、绸的历史》，载《考古》1972年第2期，第12–27页。

③　王㐨：《汉代丝织品的发现与研究》，载《染缬集》，燕山出版社2014年版，第31页。王㐨：《中国纺织史研究的若干问题》，载《王㐨与纺织考古：纪念王㐨先生逝世三周年》，艺纱堂，2001年，第148–149页。

④　王㐨：《汉代丝织品的发现与研究》，载《染缬集》，燕山出版社2014年版，第31–32页。

⑤　Becker John, Pattern and Loom: A Practical Study of the Development of Weaving Technique Sin China, Western Asia and Europe, Copenhagen: NIASPress, 2014, 10, 71–79.

319（S6）和453（S38）这两件可能由叙利亚织造的丝织品（图8），反映使用新材料的新技术在叙利亚出现。如果连带考虑墓塔的时代，那么319（S6）出土于公元83年建成的Iamblik墓，技术上比公元103年建成的Elahbel墓所出的453（S38）质量低。319（S6）有大量编织错误，而453（S38）则更精细、编织更均匀。作者认为虽然无法完全追踪从中国到叙利亚的编织设备的技术发展，但这两件丝织品记录了可能通过安息传给近东的技术诀窍的改编和发展。①

4. 加工与拆解之说

公元1世纪的罗马史料和中国的《魏略》都曾提及罗马帝国将中国丝织物拆解重织。②西亚是否拆解中国丝织物再织，以及其原因，是一个令人迷惑的问题。

在2019年中国文物学会纺织文物专业委员会主办的"中华传统服饰文化学术研讨会"上，笔者已介绍过1885年夏德（Hirth）以来，尤其是20世纪二三十年代西方学界对拆解重织的关注③，及他们提出的拆解原因④，以及中

---

① A. Schmidt-Colinet, A. Stauffer, Die Textilien aus Palmyra: Neue und alte Funde, Mainz am Rhein: Philipp von Zabern, 2000, 53.

② F. Geoffrey, G. F. Hudson, Europe and China, Edward Arnold, 1961, 92.引普林尼《博物志》VI, 20。陈寿：《三国志·魏书·乌丸鲜卑东夷传》，裴松之注引《魏略·西戎传》，中华书局1959年版，第858页。

③ Friedrich Hirth, China and the Roman Orient: Researches into Their Ancient and Mediaeval Relations as Represented in Old Chinese Records, Paragon Book Reprint Corp., 1966, 158; G. F. Hudson, Europe and China, Eduard Arnold, 1961, 78; Ying-Shih Yü, Trade and Expansion in Han China: a Study in the Structure of Sino-Barbarian Economic Relations, Los Angeles, University of California Press, 1967, 158; Xinru Liu, Ancient India and Ancient China Trade and Religious Exchanges AD 1-600, Oxford University Press, 1988, 66.

④ 20世纪二三十年代，西方学界较多主张罗马只是要中国丝织物作原材料，如1929年E.B.Hurlock的The psychology of dress说中国的原丝太粗，做成的衣服不够优美，因此小心把它分开织成柔软轻薄的织物。见赫洛克著，丁淳译《服装心理学》，台北：五洲出版社，1988年，第77页。1931年Hudson说中国丝织品的图案不合罗马人口味。见F. Geoffrey, G. F. Hudson, Europe and China, Eduard Arnold, 1961, 91。不过他在第96页也承认中罗贸易是罗马对丝绸有需求，而不是中国人需要任何罗马产品。Blanche Payne1965年出版的History of Costume则说公元1世纪以后，人们开始习惯将远道而来的笨重丝线原料解包后，将粗丝线变细丝线，织成薄面料，以更适应地中海气候及流行服装式样。布兰奇佩尼著，徐伟儒译：《世界服装史》，辽宁科技出版社1987年版，第167页。

国学者姚宝猷和夏鼐的反应①。当时笔者亦探讨过罗马对丝的品种的需求，以及中国丝织品对罗马境的贸易是否只是提供原料。当时的发言中，最后谓巴尔米拉之富裕与丝绸贸易的关系，仍得依赖当地出土的丝绸与中国汉代纺织考古成果来寻找线索，并提出中国高级丝织品或未必运到罗马境的猜测。

据巴尔米拉丝织物，法德的研究者部分回答了拆解加工的疑问。

1934年，普菲斯特的报告说将丝织品拆解、加香气，并用亚麻经线以非常宽松的方式织造，目的是"获得较大、轻巧经济的面料"。②普菲斯特提出，据说埃拉伽巴路斯（Elagabalus）是第一个穿纯丝绸衣服的罗马皇帝，之前的皇帝只知道混合面料。因此，普菲斯特认为："即使在3世纪初，甚至罗马皇帝都认为丝绸是一种奢侈品，而在叙利亚，显然更早时候——也就是在第2世纪，我们在那些富裕但不是皇族家庭的墓里发现了二十种丝织物。这是因为巴尔米拉当时位于连接底格里斯河和塞留西亚（Seleucia）的主干道上。"③即使巴尔米拉的富人已经"履丝曳缟"时，罗马皇帝也还未有一件全丝绸衣服。

那么埃拉伽巴路斯以前的罗马皇帝所穿用的混合面料是怎样的呢？巴尔米拉有少量以丝为经线，毛、麻、棉为纬线的混织面料，可能不是中国生产的。普菲斯特指出过好几件：

S20（新号429）是一件紫色丝绸，肯定是在西方织的，因为织造之前就将纬线染成紫色。④

---

① 姚宝猷：《中国丝绢西传史》，商务印书馆1944年版，第59页。姚并以为罗马境内纺织兴盛，还有埃及的孟斯菲及阿历山大港，而获得中国生丝或密致丝织物，使叙利亚和埃及的制造业获得原料。夏鼐关注过拆解的可能性，并引《岭外代答》说宋代安南也有购中国丝织物后拆取丝线自织的。夏鼐：《新疆新发现的古代丝织品——绮、锦和刺绣》，载《考古学报》1963年第1期，第66页注1。

② R. Pfister, Textiles de Palmyre: découverts par le Service des Antiquités du Haut-commissariat de la République française dans la nécropole de Palmyre, vol.1, Paris: Les Éditions d'art et d'histoire, 1934, 58. 除了罗马政治家普林尼提过拆解中国丝织物，普菲斯特说罗马诗人Lucain亦说过中国丝织物在地中海东岸的Sidon染色，在埃及加香，然后重新编织成透明的面纱。

③ R. Pfister, Textiles de Palmyre: découverts par le Service des Antiquités du Haut-commissariat de la République française dans la nécropole de Palmyre, vol.1, Paris: Les Éditions d'art et d'histoire, 1934, 57.

④ R. Pfister, Textiles de Palmyre: découverts par le Service des Antiquités du Haut-commissariat de la République française dans la nécropole de Palmyre, vol.1, Paris: Les Éditions d'art et d'histoire, 1934, 59.

　　S38（新号453）出自Elahbel墓，是米色织物，近边缘处织入两条由贝类染的真紫色细羊毛带，是一片地中海风格的贵重织物，又是斜纹织法，与中国的不同。它的经纬线没有捻，因此应是用中国的生丝织造。普菲斯特据此推断，叙利亚在公元2世纪开始用没有加捻的中国生丝编织，而且获得简单但珍贵的装饰效果。当地人应该知道用生丝织后在弱碱液体中洗涤，可以令织物变软，这知识可能是从中国得知，亦可能是自行尝试得出。①

　　S6（新号319）是非常松散的蓝色和金黄色丝缎，经线蓝色，纬线亮金色，有着特别的光泽。S6是斜纹织物。由于汉时中国仍少用斜纹织造，因此S6或是在叙利亚织的。②

　　德文报告亦同意S6（319）及S38（453）可能是用中国的丝在叙利亚织造的说法。③此外，透过新出土发现及细加检测旧出土物，该报告又新增了估计是用西运的丝线织做的纺织品④：

　　一种是纯丝织物，但工艺似是西方的，像新发现的219号等丝质平纹针织物，纱线Z捻，用胭脂虫作为红色染料，其图案由当地传统针织技术所做的彩色装饰条纹组成。另外，混合丝和亚麻的455号（彩条面料）纱线也有强Z捻。这两种织物，无法确定是源于帕提亚还是叙利亚。

　　另一种是由桑蚕丝经纱和最好的羊毛纬纱制成的半丝绸混合面料，数量少，但重要，在其他古代遗址中未有发现。还有两件是带有棉纬纱的半丝织物，可能是奢华织物或优质半丝织物的廉价变体。

　　美国服饰史学者佩尼（Blanche Payne）说，在罗马人繁荣昌盛时期，紫色宽松外袍必定是用最精美的羊毛制成，或者是以羊毛和丝绸混纺的布料做成。⑤那么巴尔米拉发现的由桑蚕丝经纱和最好的羊毛纬纱制成的半丝绸混合

　　① 　R. Pfister, Textiles de Palmyre: découverts par le Service des Antiquités du Haut-commissariat de la République française dans la nécropole de Palmyre, vol.2, Paris: Les Éditions d'art et d'histoire, 1937, 35.

　　② 　R. Pfister, Textiles de Palmyre: découverts par le Service des Antiquités du Haut-commissariat de la République française dans la nécropole de Palmyre, vol.2, Paris: Les Éditions d'art et d'histoire, 1937, 36.

　　③ 　A. Schmidt-Colinet, A. Stauffer, Die Textilien aus Palmyra: Neue und alte Funde, Mainz am Rhein: Philipp von Zabern, 2000, 13, 159, 178.

　　④ 　A. Schmidt-Colinet, A. Stauffer, Die Textilien aus Palmyra: Neue und alte Funde, Mainz am Rhein: Philipp von Zabern, 2000, 53.

　　⑤ 　布兰奇·佩尼：《世界服装史》，徐伟儒译，辽宁科学技术出版社1987年版，第143页。

面料，会不会就是罗马皇帝的那类丝质混合面料衣服呢？

普菲斯特认为巴尔米拉丝织品让人清楚看到中国丝绸是以什么形式带到西方：它们大多是已织甚至已绣的成品，当地人直接使用；但这"并不排除从中国进口原丝，甚至不排除加香气"。[①]正如前面所说，巴尔米拉的丝织品中有当地织工用当地的方法和材料仿中国的丝织物。[②]有些丝线明显用了Z捻，染红色用西方染料，如胭脂虫而不是茜草，有可能是在叙利亚地区所织的。来自中国的绮，在巴尔米拉织物中归类为缎（damask，为了作区分，又称为汉缎，Han damask）。估计约在2世纪，叙利亚的织工亦仿织丝缎。[③]这些丝缎作几何图案，常加上条子或紫羊毛线作装饰。

至于德文报告，已没有再讨论拆解问题，而参与研究的斯托弗认为，丝织品无疑是巴尔米拉值钱的进口货，但叙利亚的贸易联系广泛，可以直接得到丝线，织工不必用拆解之法。提到拆解的是那些不能直接得到丝的地方。[④]

5. 文字锦

1938年，巴尔米拉出土了有"明"字的文字锦，并已发表，但没有解读锦上文字。20世纪末出土的联璧对兽纹锦更大片，上面也有中文字。总的来看，巴尔米拉的文字锦共见"明""寿""年""子""孙"等字。德文报告专辟第五章谈文字锦，由研究中国的法肯豪森撰写。

法肯豪森认为应该将文字锦的图和文理解为一个整体，文字不是解释图案的，只是以视觉吸引的形式增强祝福的愿望。因为汉时的人应该都会背诵这些祝福语，因此，即使纺织品上的句子会被裁成分开的字词，仍然可以起到祝福、天人交流的作用。这与汉镜上都是完整甚至有韵律的文字的情况不同。[⑤]

---

① R. Pfister, Textiles de Palmyre: découverts par le Service des Antiquités du Haut-commissariat de la République française dans la nécropole de Palmyre, vol.1, Paris: Les Éditions d'art et d'histoire, 1934, 58; A. Stauffer, "Imports and Exports of Textiles in Roman Syria", Topoi Orient-Occident, Supplement 8, 2007, 358.

② A. Schmidt-Colinet, "TheTextile from Palmyra", ARAM, 1995 (7), 47.

③ R. Pfister, Textiles de Palmyre: découverts par le Service des Antiquités du Haut-commissariat de la République française dans la nécropole de Palmyre, vol.2, Paris: Les Éditions d'art et d'histoire, 1937, 35.

④ A. Stauffer , "Imports and Exports of Textiles in Roman Syria", Topoi Orient-Occident, Supplement 8, 2007, 358, 361.

⑤ A. Schmidt-Colinet, A. Stauffer, Die Textilien aus Palmyra: Neue und alte Funde, Mainz am Rhein: Philipp von Zabern, 2000, 62.

至于巴尔米拉人是否明白该等文字的含义及祝福意味，他猜测当时巴尔米拉与中国未有直接贸易，巴尔米拉人并不懂这些难认的文字，可能只视为一种异国情调。没有迹象表明古代巴尔米拉与中国有精神上和知识上的互动。[①]

6. 葡萄纹锦

新出土于65号塔墓的葡萄纹锦（240号），以其异于中国传统的题材，颇引起学者的兴趣。这件锦以葡萄蔓贯串，采葡萄的裸体男子前面有三足器及骆驼、虎之类的动物（图9）。中外学者均认为这主题与酒神有关，不是中国传统纹样。

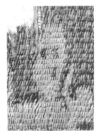

图9　巴尔米拉葡萄纹锦及摹图（*Die Textilien aus Palmyra*）

德文报告说巴尔米拉该件丝织品是典型中国经编丝织物，除了疑惑是否为了出口而选择"西方"主题，也不排除它是在中亚或叙利亚制造：其中图案织造的不一致，可能是织工没有用经线起花的"东方"技术，又不熟悉相关的织造设备之故。[②]德文报告一发表这件锦，波兰女学者祖乔夫斯卡（M. Zuchowska）即敏锐地提出1959年新疆尼雅北大沙漠1号夫妇合葬墓的一件暗花绮裙，图案与此件极似。[③]武敏称该绮为鸟兽葡萄纹绮，图案是瑞兽穿插于葡萄间，也有人提着葡萄串（图10）。

①　L. Falkenhausen, "Die Deiden mit Chinesischen Inschriften"; VII "Zusammenfassungen", A. Schmidt-Colinet, A. Stauffer, Die Textilien au s Palmyra: Neue und alte Funde, Mainz am Rhein: Philipp von Zabern, 2000, 71, 93.

②　A. Schmidt-Colinet, A. Stauffer, Die Textilien aus Palmyra: Neue und alte Funde, Mainz am Rhein: Philipp von Zabern, 2000, 47.

③　M. Zuchowska, "'Grape Picking' Silk from Palmyra, A Han Dynasty Chinese Textile with a Hellenistic Decoration Motif", Światowit, 2014 (53) A, 151.

图10 尼雅鸟兽葡萄纹绮图（《新疆出土汉—唐丝织品初探》）

祖乔夫斯卡猜测这类葡萄纹织物是汉廷送赠西域的礼物，故用西域喜欢的图像。王乐则以西域毛织品上常见葡萄纹，认为其应是受毛织物影响；又猜测或是巴尔米拉客户订制。[①]后一猜测似乎太遥远，涉及私人作坊接受极遥远的西亚商人订制的可能性。

由于汉代丝织物里至今只有新疆所出的有葡萄及裸体人像图案，蒙古、平壤所出均无此类风格，故谓与西域有关当无误。然而西域事物，如百戏、罽在汉代中原颇流行，故难以断言凡是西域风格的丝织物必只供西域之用。新疆尼雅所出的鸟兽葡萄纹绮还有角鹿、鸾鸟、辟邪等瑞兽，在中原十分流行，不全是西域风尚。它的幅宽45 cm，图案亦是横向长条状[②]，特征与汉朝织物相合，应仍是中土所织。由于中原未有东汉丝织物出土，没有比较对照，难以概言这种西域风之中嵌入瑞兽的丝织物是否不行于东汉内郡。

中国对外来纹样的吸收，可能比固见更为深广。新疆和巴尔米拉两地发现此类似为中原织造的葡萄纹丝织物，引出一系列问题：不合中原衣冠制度的裸体纹样何以在中原织造？是否中原织工并不如设想的保守？正如西域各地接受汉字文字锦一样，风潮所及，接受度或可以扩展。这类葡萄纹图案，除了专为西域而造的可能，在中原的接受程度又如何？

7. 贸易路线和东西风向的猜测

巴尔米拉是两河流域与地中海东岸之间的贸易重镇，从前认为其丝织物由伊朗高原东面的木鹿，经塞琉古的泰西封，再到靠近地中海的大马士革等地。

① 王乐、赵丰：《从中国到罗马》，载《艺术百家》2018年第5期，第201页。

② 新疆维吾尔自治区博物馆：《新疆民丰县北大沙漠中古遗址墓葬区东汉合葬墓清理简报》，载《文物》1960年第6期，第12页。武敏：《新疆出土汉唐丝织品初探》，载《文物》1962年第Z2期，第67–68页。

但1943年梅兴–黑尔芬解读巴尔米拉所出的铭文后，才知道当地有海路贸易。[①]

普菲斯特也关心过贸易路线。由于《厄立特里亚航海记》等文献已表明中国丝绸和生丝通过印度南部海港运送，他猜测巴尔米拉的丝织品也是绕印度而来。他判定楼兰的丝绸早于巴尔米拉，但是技术更先进，令他很以为奇。由于巴尔米拉有些锦缎的某些特殊性使他想到中国南方，因此，他猜测当时中国丝织品出口有分南北：巴尔米拉的丝绸或是更原始省份的产物，而楼兰和蒙古的丝织品来自北方省份。[②]

普菲斯特所提出的这个问题，在中国纺织文物有空前发现的今天，亦可从另一角度思考。巴尔米拉富人的丝织品，相比于匈奴、楼兰、尼雅的贵族的丝织品，贵重程度有差距，可能反映高级丝织品仍较少外销，从中原到新疆再到西亚、罗马，高级丝织品在减少。排列一下战国及汉晋时各地出土的中国丝织物：从中原到河西及额济纳河流域，从巴泽雷克、诺音乌拉、楼兰、营盘、尼雅、山普拉等到巴尔米拉，可见丝织物的信息是一层一层传播的，在这个过程中，高级丝织物也有递减的趋向。西亚及罗马即使再富有，所获得的丝织物也不比同时期新疆的好；若据西尔凡（V. Sylwan）的说法，其中的差劣品甚至不比西汉时驻守额济纳河沿线（即居延）长城烽燧士兵的好。在丝路上，越近东部，丝织物出现时间越早，因此，对于"丝路"开通后丝织物传到新疆以西更远地区的数量和速度，都不宜高估。

在普菲斯特所提的问题上，德文报告没有响应，但对贸易和影响则提供了更丰富的画面。[③]

巴尔米拉的贸易面相当广。从纺织品的技术分析，可见纤维、染料和织物种类繁多，其中大部分无法在巴尔米拉获得或制造。在染料光谱中可以看

① O. Maenchen–Helfen, From China to Palmyra, Art Bulletin, 1943, 25(4), 358. 现在估计巴尔米拉东向贸易地区主要是波斯湾，与印度次大陆西北的港口可能也有来往。因此估计中国丝绸经中亚到印度的港口然后到波斯湾。2世纪时，巴尔米拉与位于两河下游的查拉塞尼王国（Characene）关系密切，估计丝绸会运到其首都Charax再溯两河而上，然后进入沙漠到巴尔米拉。见M. Zuchowska, From China to Palmyra: The Value of Silk, Światowit, Xi(Lii)/A, 2013, 133.

② R. Pfister, Textiles de Palmyre: découverts par le Service des Antiquités du Haut-commissariat de la République française dans la nécropole de Palmyre, vol. 1, Paris: Les Éditions d'art et d'histoire, 1934, 59.

③ A. Schmidt–Colinet, A. Stauffer, Die Textilien aus Palmyra: Neue und alte Funde, Mainz am Rhein: Philipp von Zabern, 2000, 51–55.

到种类繁多、价格昂贵的商业产品，这在古代纺织品发现中是独一无二的。除了羊毛，其他做衣服的纺织纤维材料都必须进口。既进口原材料，也进口成品面料。丝和棉花来自东方；许多纱线中都可以找到的羊绒，一定是从阿富汗、伊朗或蒙古进口；细斜纹织物从帕提亚帝国到巴尔米拉。最后，可以证明技术诀窍也随着贸易商品从东方传播到西方：新型编织和新型设备发展之余，传统编织技术亦在完善，尤其是针织，在材料的精细度和图案的细小方面达到高峰。巴尔米拉的图案也反映了重复的需要。它反映当地人认识到在织机的帮助下，织物可以合理重复图案，正如在"汉锦缎"中所见。因此，作者猜测巴尔米拉针织技术的高峰可能与图案织机的开始相吻合。图案织机这项重要的技术变革正在叙利亚发生，也许就在巴尔米拉，因为巴尔米拉长期以来纵使不知道具体的技术诀窍，也表现出知道东方技术，以及利用外国技术满足自己需求的创新意愿。由于丝绸的生产知识不可能直接从中国传到西方，而可能通过中东传播，既然巴尔米拉在许多方面强烈依赖邻国，在这里找到第一片这样的丝绸是不足为奇的（图11）。

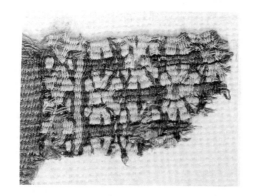

图11　有彩色针织装饰的毛织物及摹图（*Die Textilien aus Palmyra*）

总的来说，公元1世纪和2世纪巴尔米拉的纺织品在生产和加工技术上表现出日益分化，以及优质产品和材料范围的扩大。相较古老的Atenatan和Kitot塔墓中的发现，展示了精致但量少的不同面料和加工技术，以及少量有图案的丝绸和棉织物。而在Elahbel塔墓最近的发现中，丝绸和棉织物的比例增加，不同技术的范围（锦缎织物、印花图案、紫色条纹和金色编织等）也有相当扩大。而巴尔米拉本来生产的特别精细的羊毛织物逐渐被非本地生产的丝织品代替。巴尔米拉墓葬的妇女浮雕原来以纺锤和手杖作为女主人的身份象征，代表掌握制造精细织物的工具，掌握生产。在2世纪期间，这些浮雕上的编织工具不见了，这反映了巴尔米拉纺织品生产或时尚的变化。

德文报告认为，总的来说，巴尔米拉纺织品所描绘的古代"丝路"贸易历史图景，比通常认为的更为多元化。

8. 西域之风的推动力：西亚织物有没有传入中国

在"丝路"的交流之路上，除了东风西渐，西风也在东渐。普菲斯特据斯坦因所获，认为"丝路"开通后中国人的艺术表达方式深刻改变了，例如由青铜器而来的简化动物变得写实起来。[①]

由于中外史料都未留下当时丝绸贸易充分的经济数据，因而最可利用以供推断中西交往程度的现有材料是丝织物本身，尤其是织物的图案。因此，现时中西交往对汉代丝织影响的论述，以图案影响为主。但研究"丝路"开通后西域图像对中原的影响，长期仍以羽人翼兽为据[②]，未免欠深入，亦忽略羽人等所谓外来的形象，在汉通西域之前可能已出现在中国。[③]

可惜东汉织锦只多见于新疆，未出土于中原，对判断西域之于中原的影响，未免有缺。唯现况如此，暂时也只能据新疆出土丝织物作推测。从考古可见，东汉魏晋时，连文字锦的接受度也很高，新疆居民将丝织物与当地服饰结合，使用面广。由此可知当时汉文化的辐射力强，少为迎合域外国族口味而织造产品。从新疆到叙利亚，西域出土的大堆丝织物中，只有西亚巴尔米拉所出的葡萄纹锦，留下一条西域风尚可能在中原织造的线索。

地中海东岸的叙利亚地区是西亚的织造中心。研究巴尔米拉丝织品后，

---

① R. Pfister, Textiles de Palmyre: découverts par le Service des Antiquités du Haut-commissariat de la République française dans la nécropole de Palmyre, vol.1, Paris: Les Éditions d'art et d'histoire, 1934, 47.

② 20世纪初，匈奴贵族墓所出的一片汉朝丝织物满布云纹图案，唯云间有有翼兽。俄、法学者认为有翼兽图案源自西洋，或自美索不达米亚或自迈锡尼，见姚宝猷：《中国丝绸西传史》，商务印书馆1944年版，第15–16页。有翼兽或有翼仙人长期成为汉代受西域影响的证据，如许大海、束霞平：《汉代丝织纹样中的文化密码》，载《丝绸》2011年第7期，第57页。

③ 贺西林引徐中舒及孙作云对羽人的研究，二人意见不同，分别主张是外来的或本土的。贺西林认为湖北荆州天星观二号楚墓出土的羽人驭凤雕像，是目前所见最接近汉代羽人的先秦羽人形象，或说明汉代羽人可能脱胎于楚文化，其思想可能源于战国中晚期楚地渐兴的长生久视之道、神仙不死之术。贺西林：《汉代艺术中的羽人及其象征意义》，载《文物》2010年第7期，第46–55页。然天星观该羽人与汉代羽人造型有一差异，即虽有双翼，但不明显。

斯托弗（A. Stauffer）认为叙利亚织造的丝织品没有反输入汉朝，但美丽的羊毛织物则有，虽然中国至今没有出土可以直指为叙利亚所产的织物，但有许多图像暗示叙利亚有重要影响力。她说新疆营盘M15的希腊罗马题材罽袍固然令人瞩目，但该墓地一件棋盘格图案的方纹绫，就与巴尔米拉的缎很像；并谓新疆的大量发现足以令人对中西丝织改观，由于这些发现不过是近期的事，故有许多研究尚待展开。①斯托弗此说甚是。即如棋盘格图案的新疆方纹绫与叙利亚用中国丝所织的巴尔米拉斜纹缎出土后，或足以对《释名》所释的绮再作深究。《释名》提及绮有三种："杯纹"是常见的汉绮图案，"长命"或即马山一号楚墓的三色条纹绮，两种在中原均有实物出土，而第三种是"有棋文者，方文如棋也"，这一种还未见于中原出土的汉代丝织物。棋盘格图案的中西系属，有无交流之迹，值得进一步追寻。

（三）回顾河西烽燧驿置出土的丝织品

巴尔米拉的纺织品保护状态不算好，丝织品残碎，但透过仔细的审视、多方的检测、热烈的讨论，90年来欧美研究者得出颇多成果，为勾勒"丝路"的真实历史面目做贡献。

河西长城沿线烽燧及驿置亦出土大量丝织品。20世纪20—30年代瑞典考古学家贝格曼在额济纳河流域——居延及肩水都尉所辖的障塞和烽燧发掘，既找到不少汉简，亦找到不少丝织物碎片，其中没有多少精美文物，不少在鼠穴发现，已成碎片。部分有缝纫痕，是衣服或袋等的残片。②

这662片织物在20世纪40年代曾经瑞典古织物学家西尔凡女士全面仔细检视，并得到不少熟悉纺织的学者才能判断的有趣成果。

额济纳河流域多处烽燧障塞出土的丝织品，密度差距大。衣物虽是残片，但衣服的外层衣料质量好，里子也织得颇牢，没有在楼兰或巴尔米拉遗址所见织得疏的差劣品。西尔凡推测乃因不牢的物料不适用于士兵之故。除了织造牢，缝合亦牢固，缝合的方法各式各样，但都很用心，使剪开处的丝线不会散。这些成地衣物比在罗布泊6号墓出土的华丽衣服缝得更好，或因后

① A. Stauffer, "Imports and Exports of Textiles in Roman Syria", Topoi Orient-Occident, Supplement 8, 2007, 365.

② 贝格曼考察，索马斯达勒姆整理，黄晓宏等译：《内蒙古额济纳河流域考古报告：斯文赫定博士率领的中瑞联合科学考察团中国西北诸省科学考察报告考古类第8和第9》，学苑出版社2014年版。

者更重视裁剪风格，重点不在牢固度。[①]

　　西尔凡表示额济纳河烽燧障塞所见的丝织衣物，都是补完又补，有时外层衣料仿如由许多细丝绸片缝合。有一件叠了七层，最后才用蓝绢覆上。这些丝织衣物都是用到没法再用，撤走时留下来的，如果其中有好东西，只是遗漏没带走而已。[②]

　　额济纳河流域烽燧，主要作用是防卫，不是与西域来往，但出土丝织物亦数见"复合经线丝绸"。[③]在障亭A10所出的复合经线棱纹织物（A.10:I; 93），由两块蓝、绿、灰白色丝织物缝合，有动物图案，报告以华丽来形容，西尔凡谓其技及艺均高（图12）。[④]

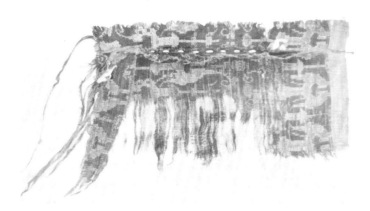

图12　复合经线棱纹织物（A.10: I; 93）（Sylwan图版16）

---

　　① V. Sylwan, Investigation of Silk from Edsen-gol and Lop-nor, Reports from the Scientific Expedition to the North-western Provinces of China under the Leadership of Dr. Sven Hedin, The Sino-Swedish Expedition, Publication 32,VII. Archaeology, 6, Stockholm: s.n., 1949, 79.

　　② V. Sylwan, Investigation of Silk from Edsen-gol and Lop-nor, Reports from the Scientific Expedition to the North-western Provinces of China under the Leadership of Dr. Sven Hedin, The Sino-Swedish Expedition, Publication 32,VII. Archaeology, 6,Stockholm: s.n., 1949, 22, 80.

　　③ 分别出于A8甲渠候官遗址（破城子）周边、A10障亭小砖屋、A32肩水金关、A33肩水候官（地湾遗址）及A35大湾遗址。贝格曼考察，索马斯达勒姆整理，黄晓宏等译：《内蒙古额济纳河流域考古报告》，学苑出版社2014年版。V. Sylwan, Investigation of Silk from Edsen-gol and Lop-nor, Reports from the Scientific Expedition to the North-western Provinces of China under the Leadership of Dr. Sven Hedin, The Sino-Swedish Expedition, Publication 32,VII. Archaeology, 6, Stockholm: s.n., 1949.

　　④ V. Sylwan, Investigation of Silk from Edsen-gol and Lop-nor, Reports from the Scientific Expedition to the North-western Provinces of China under the Leadership of Dr. Sven Hedin, The Sino-Swedish Expedition, Publication 32,VII. Archaeology, 6, Stockholm: s.n., 1949, 119.

这些烽隧障塞的丝织物残片，有衣服、头巾、头饰、袋、丝带、鞋等，有使用痕迹，生活气息颇浓。不少衣服残片还有丝质填料在其中。有用丝织物包裹铜钱，外面还有丝线包扎，大概是忘记带走的。而在这超过40个地点零散出土的丝织物，常有多种色彩。尤有意思的是A10障亭出土的丝质针垫，是实用物，垫上还有两支针。针垫用酒红、深蓝、蓝绿、浅灰绿、天蓝各种颜色的丝织物做成（图13）。[1]可见戍军的一件小用物亦颇富色彩。

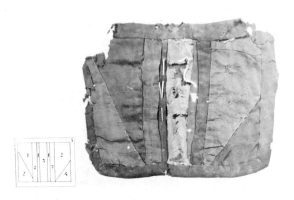

注：1. 酒红色；2. 蓝绿色；3. 灰绿；4. 深蓝；5. 绿蓝。
图13 针垫里面（Sylwan，图版6A）

西尔凡自豪地说，斯坦因和科兹洛夫（Kozlov，1863—1935）在该处所得的丝织品未有作如此详尽的研究，因此，贝格曼所发现的丝织物有重要性，不能视作斯坦因发现的补充。[2]

这些仔细的织物研究，对思考汉代戍军的生活面目，有重要作用。例如带到河西的衣帛，无论是官衣或私衣，按理都不会如西尔凡所见般残破，由此推测是丝织物在河西戍地不断循环使用的结果，因此当地的缝补工作量不低。结合汉简可知，戍所虽是军事设施，但汉简中有军士家属的出入传符，或家属妻子居署省名籍（EPT 40:18），可知军事人员有家属，而且会到署短期同住。他们的妻子甚至承担杂务，即省作。

西尔凡也指出戍所所出衣物并不限于吏卒服用，有些怀疑是妇女的衣物（图14）。吏卒妇女家属的省作，会不会包括大量做这些缝补工作呢？居延简有"部吏卒无嫁娶过令"（EPT 4:45）、"造上□冯为卒取妇"（EPT

---

① 贝格曼考察，索马斯达勒姆整理，黄晓宏等译：《内蒙古额济纳河流域考古报告》，学苑出版社2014年版，第94页。

② V. Sylwan, Investigation of Silk from Edsen-gol and Lop-nor, Stockholm: s.n., 1949, 2, 96.

43:8）的简文，可见戍所虽为军事部门，却也如同一个小社会。

图14　蝴蝶结（Sylwan，图版6B）

　　据近年的可移动文物普查结果，甘肃省多间博物馆都收藏有数量不等的两汉丝织物。光是悬泉置遗址一地出土西汉纺织物，初步统计就达2306件，其中丝织品909件，比麻织品810件略多。[①]

　　以此数量，比巴尔米拉所出纺织碎片500种（2000多碎片）要多数倍。即使整理归类后或要减少，仍是不可小觑。

　　这些丝织物分布广，已确认是长期驻有数以万计的军官戍卒的废弃生活用品。重要的是，这些遗址出土大量汉简，年代较清楚，可提供不少背景。若将河西戍地出土的丝织物作西尔凡式的全面研究，或可得到更多汉代河西戍卒生活面目以及丝绸西向输出的实相。

──────────

　　① 张德芳：《丝绸之路上的丝绸》，载荣新江、朱玉麒编《丝绸之路新探索——考古、文献与学术史》，凤凰出版社2019年版，第3页。

附表　巴尔米拉出土丝织物表

出土地点	建墓年份	原号	新号①	种类	中国种类	色彩及图案	其他
7号Atenatan墓	前9年	—	15	平纹丝织物	绮	菱格兽面纹	
7号Atenatan墓	前9年	—	14		绢缣纱縠类	粉红色	有经纹效果图案
7号Atenatan墓	前9年	—	A5		绢缣纱縠类	褐	
13号Elahbel墓	103年	S10	451	缎绣	绮绣	浅棕色兽面几何纹	
13号Elahbel墓	103年	S19	452	缎绣	绮绣	有米色刺绣痕迹	
13号Elahbel墓	103年	S12	446	塔夫绸绣	绢绣	浅褐色	
13号Elahbel墓	103年	S17	447	塔夫绸绣	绢绣	红色。刺绣砖红，金黄，两个棕色，浅绿和深蓝色。	
13号Elahbel墓	103年	S34	448	塔夫绸绣	绢绣	红色金黄色绣	紧
13号Elahbel墓	103年	S9	449	缎	绮	橄榄色四兽团窠、菱纹	
13号Elahbel墓	103年	S11	450	缎	绮	米色	
13号Elahbel墓	103年	S38	453	缎		米色有两条紫色细羊毛带	非中国织
13号Elahbel墓	103年	S13	425	平纹丝织物	绢缣纱縠类②	棕色	非常轻
13号Elahbel墓	103年	S14	426	塔夫绸	绢	浅褐色	

① 按整理结果，会有重复号。
② 425及428据德文报告均无花纹。

（续表）

出土地点	建墓年份	原号	新号	种类	中国种类	色彩及图案	其他
13号Elahbel墓	103年	S15	445	塔夫绸	绢	棕色	
13号Elahbel墓	103年	S16	427	塔夫绸	绢	米色	
13号Elahbel墓	103年	S18	428	平纹丝织物	绢缣纱縠类	米色	非常细
13号Elahbel墓	103年	S20	429	塔夫绸		经白纬紫	非中国织
13号Elahbel墓	103年	S21	430	塔夫绸	绢	米色	宽松。精练的生丝
13号Elahbel墓	103年	S22	431	塔夫绸	绢	米色	疏松（纱?）
13号Elahbel墓	103年	S23	432	塔夫绸	绢	米色	疏松线粗（纱?）
13号Elahbel墓	103年	S24	433	塔夫绸	绢	米色	松散（纱?）
13号Elahbel墓	103年	S26	444	塔夫绸	绢	金棕色	很紧密
13号Elahbel墓	103年	S27	435	塔夫绸	绢	浅米色	非常紧
13号Elahbel墓	103年	S28	436	塔夫绸	绢	浅褐色	紧
13号Elahbel墓	103年	S29	437	塔夫绸	绢	天然	紧密
13号Elahbel墓	103年	S30	438	塔夫绸	绢	米色	紧密。有缝线痕
13号Elahbel墓	103年	S31	439	塔夫绸	绢	灰色	紧密
13号Elahbel墓	103年	S32	440	塔夫绸	绢	浅蓝色	紧

（续表）

出土地点	建墓年份	原号	新号	种类	中国种类	色彩及图案	其他
13号Elahbel墓	103年	S33	441	塔夫绸	绢	金黄色	紧
13号Elahbel墓	103年	S36	443	平纹丝织物	绢缣纱縠类	棕黑色	由经纱纱的有规律间隙形成条纹（縠？）
13号Elahbel墓	103年	S37	442	塔夫绸	绢	绿色	
13号Elahbel墓	103年	S24	434	塔夫绸	绢	不详	原有两幅边宽53 cm
13号Elahbel墓	103年		454	丝毛混纺		黄、浅绿	丝与细羊毛
13号Elahbel墓	103年	S35	455	丝麻混纺		经：丝：红、橄榄绿、蓝，麻：白，纬：麻白、黄、浅绿、深蓝	彩条面料有白色亚麻条纹；强Z捻。应非中国织
44号Kitot墓	40年		221	平纹丝织绣	绢绣	蓝色、绣米、棕红红	
44号Kitot墓	40年		223	经编复合面料	锦	联璧对兽纹	
44号Kitot墓	40年		190	平纹丝织物	绢缣纱縠类	苔藓绿	
44号Kitot墓	40年		191	平纹丝织物	绢缣纱縠类	黄褐	
44号Kitot墓	40年		192	平纹丝织物	绢缣纱縠类	褚	
44号Kitot墓	40年		193	平纹丝织物	绢缣纱縠类	天然	

（续表）

出土地点	建墓年份	原号	新号	种类	中国种类	色彩及图案	其他
44号Kitot墓	40年		194	平纹丝织物	绢缣纱縠类	天然	
44号Kitot墓	40年		195	平纹丝织物	绢缣纱縠类	淡黄	
44号Kitot墓	40年		196	平纹丝织物	绢缣纱縠类	天然	
44号Kitot墓	40年		197	平纹丝织物	绢缣纱縠类	天然	
44号Kitot墓	40年		198	平纹丝织物	绢缣纱縠类	蓝	
44号Kitot墓	40年		199	平纹丝织物	绢缣纱縠类	天然	
44号Kitot墓	40年		200	平纹丝织物	绢缣纱縠类	天然	
44号Kitot墓	40年		201	平纹丝织物	绢缣纱縠类	天然	
44号Kitot墓	40年		202	平纹丝织物	绢缣纱縠类	棕	
44号Kitot墓	40年		203	平纹丝织物	绢缣纱縠类	粉红	匹染
44号Kitot墓	40年		204	平纹丝织物	绢缣纱縠类	经线绿松石色纬天然	
44号Kitot墓	40年		205	平纹丝织物	绢缣纱縠类	橄榄绿	
44号Kitot墓	40年		206	平纹丝织物	绢缣纱縠类	天然	
44号Kitot墓	40年		207	平纹丝织物	绢缣纱縠类	天然	
44号Kitot墓	40年		208	平纹丝织物	绢缣纱縠类	天然	

（续表）

出土地点	建墓年份	原号	新号	种类	中国种类	色彩及图案	其他
44号Kitot墓	40年		209	平纹丝织物	绢缣纱縠类	天然	
44号Kitot墓	40年		210	平纹丝织物	绢缣纱縠类	天然	
44号Kitot墓	40年		211	平纹丝织物	绢缣纱縠类	黄褐	
44号Kitot墓	40年		212	平纹丝织物	绢缣纱縠类	红	
44号Kitot墓	40年		213	平纹丝织物	绢缣纱縠类	经赭色纬天然	
44号Kitot墓	40年		214	平纹丝织物	绢缣纱縠类	天然	
44号Kitot墓	40年		215	平纹丝织物	绢缣纱縠类	橄榄绿	
44号Kitot墓	40年		216	平纹丝织物	绢缣纱縠类	蓝	衣服的一部分
44号Kitot墓	40年		217	平纹丝织物	绢缣纱縠类	天然	衣服的一部分
44号Kitot墓	40年		218	平纹丝织物	绢缣纱縠类	橄榄绿	用于木乃伊的衣服
44号Kitot墓	40年		219	有针织饰丝织物		经亮红纬暗红针织：红、紫蓝	据图案的织法：乙捻；红色是胭脂红。或非中国产。
44号Kitot墓	40年		220	平纹丝织物	绢缣纱縠类	棕	有规律地插入三重纬纱形成条纹效果（縠?）
44号Kitot墓	40年		222	平纹丝织物	绢缣纱縠类	经：白、米、黄、红、蓝；纬：米、蓝	经纬变色条纹，织得非常紧。

（续表）

出土地点	建墓年份	原号	新号	种类	中国种类	色彩及图案	其他
44号Kitot墓	40年		224	丝棉混纺		丝：天然，棉：白，深蓝，浅蓝	
46号墓		S39	520	缎	绮	米色菱格对龙对鸟纹	
46号墓		S40	518	塔夫绸刺绣	绢绣	浅蓝色	碎片
46号墓		S41	518	塔夫绸刺绣	绢绣	经蓝纬米。绣浅蓝，米，粉红	
46号墓		S42	518	塔夫绸	绢绣	米色。绣米，粉色	
46号墓		S43	519	塔夫绸刺绣	绢绣	红色	
46号墓		S44	521		锦	深蓝地 "明" 文字锦	
51号Jamblique墓	83年	S4	315，316	缎，绣痕	绮，绣	金黄色，绣花痕迹（白，绿）	
51号Jamblique墓	83年	S5	317，318	缎和刺绣	绮绣	约浅棕色（绿色斑点或为原色）	
51号Jamblique墓	83年	S6	319	缎		蓝经线，纬线亮金色，表现特别光泽	经纱松散，非中国织
51号Jamblique墓	83年	S8	305	塔夫绸	绢	粉红色	野蚕丝，没药香囊

（续表）

出土地点	建墓年份	原号	新号	种类	中国种类	色彩及图案	其他
51号Jamblique墓	83年	S45	306, 307, 308	塔夫绸	绢	浅褐色	
51号Jamblique墓	83年	S46	309, 310	塔夫绸	薄绢		
51号Jamblique墓	83年	S47	311	塔夫绸	绢	绿色	
51号Jamblique墓	83年	S48	312	塔夫绸	绢	米色	野蚕丝
51号Jamblique墓	83年	S49	313	塔夫绸	绢	米色	野蚕丝
51号Jamblique墓	83年	S50	314	塔夫绸	绢	米色	野蚕丝
51号Jamblique墓	83年		320	丝毛混纺		丝褚色，羊毛棕色	丝与中等质量羊毛和细毛
51号Jamblique墓	83年		321	丝毛混纺			丝与中等质量羊毛和细毛
		S25		塔夫绸	绢	米色	紧密
51号或13号墓		S1	487	塔夫绸	绢	绿黄色	非常细致
51号或13号墓		S2	423, 303	塔夫绸	绢	蓝绿色	细轻
51号或13号墓		S3	304, 424	塔夫绸	绢	浅棕色	小碎片
51号或13号墓		S7	488	塔夫绸	绢	红褐色	
51号或13号墓			489	丝毛混纺			丝与中等质量羊毛和细毛
51号或13号墓			490	丝毛混纺			丝与中等质量羊毛和细毛

（续表）

出土地点	建墓年份	原号	新号	种类	中国种类	色彩及图案	其他
51号或13号墓			491	丝毛混纺			丝与中等质量羊毛和细毛
65号墓	1世纪		240	经编复合面料	锦	葡萄纹，蓝地黄黄图案红轮廓	
69号墓	1世纪		252	平纹丝织绣	绢绣	红色绣：绿深蓝粉红等	
69号墓	1世纪		253	平纹丝织绣	绢绣	蓝绿绣：黄	
69号墓	1世纪		251	平纹丝织物	绢缣纱縠类	棕	小碎片
69号墓	1世纪	E 4			绢缣纱縠类	原白色，没药染成金棕色	
69号墓	1世纪		254	丝棉混纺			丝或为野蚕丝，未染色棉
杜拉（Duora）		Y33–486			锦	米、红二色锦	

汉代纺织品色彩初探[①]

——以遣策、衣物疏所见色彩字为中心

温小宁[②]

提要：汉墓遣策、衣物疏中包含丰富的纺织名物信息，且客观记录了当时社会中纺织色彩的用词用语习惯与使用情况。文章以遣策、衣物疏中与纺织品相关的色彩字为重点，从色相、明度、饱和度三要素入手，对汉代纺织品色彩进行科学描述和体系归纳，并在此基础上考察当时纺织品色彩的特征和与之相应的汉代染色发展情况。

关键词：汉代　纺织品　色彩　遣策　衣物疏

汉代是中国纺织发展史的重要阶段，纺织色彩日趋丰富。据粗略统计，马王堆汉墓出土纺织品（包括刺绣丝线）的颜色多达36种。这一历史事实也充分表现在当时的语言文字中，《急就篇》记录的纺织品色彩名称有20多个。根据对22批汉墓遣策、衣物疏的统计（附表1），可提取的纺织品色彩字有近40个：赤、绛、红、缘、缇、缁、白、素、黑、紫、皂、雪、霜、缥、缥、赪（缜）、黄、桂、绢、缞、青、绀、缥、相（缃）、绿、螯、茜、黄皂、茜青、木黄、春草、流黄、蒸栗、厄黄、石青、羽青、白相（缃）、白缥、白霜。

相较于传世文献记载，出土文献中出现诸多未见辞例，且最真实、最集中反映了这一时期日常纺织色彩的用字用语习惯和使用情况，为研究汉代纺织品色彩提供了宝贵的一手资料。

一、汉代纺织品色彩体系辨析

面对众多罗列在一起的纺织品色彩，其考定有相当难度。清末"绣圣"

① 本文为国家社科基金冷门"绝学"和国别史等研究专项"汉晋简牍名物词整理与研究"（19VJX091）的阶段性成果。

② 温小宁，清华大学人文学院历史系。

沈寿曾言："南北之名殊，古今之工异，非博通训诂而熟精练染工者，殆无以正其名而定其色。"①检阅传世文献，我们可以发现对色彩的释诂相当混乱，同一色彩字常有不同解释，即使同一人对同个字的注解也常因文而异。另一方面，色彩又有强烈的主观性，而语言文字在描述上却边界不明。②但是，若依照现代色彩的科学描述体系，任何一种色彩均包括色相（hue）、明度（value）、饱和度（saturation）三个属性。此节拟借助这三要素，结合文献、考古出土实物与纺织科学技术等交叉手段，对汉代出现的纺织品色彩字进行分类和标定。③

（一）按色相划分，赤、橙、黄、绿、青、蓝、紫俱备

色相是色彩最显著的特征，是不同波长的色彩被眼睛感觉的结果，按照现代光谱分为赤、橙、黄、绿、青、蓝、紫。

赤（红）：现代色谱中的正红色当与上古文献中的"赤"相对应，例如江陵凤凰山M167"赤绣橐一盛□"（简51）、江陵凤凰山M9"赤绣小橐一盛豆"（简29）等，均指以赤色织物为地的刺绣囊袋。

橙：红黄相间，传世文献中主要包括"赪""缎""缇"等色，但出土

---

① 沈寿口述，张謇整理：《雪宧绣谱》，重庆出版社2017年版，第110页。

② 伍铁平：《论颜色词及其模糊性质》，载《语言教学与研究》1986年第2期，第88-89页。

③ 学界多采用中国传统五色"青赤黄白黑"对传世文献中的色彩字进行分类，但并不能很好体现各色系下的差异。肖世孟曾以传世文献丝绸色彩字为主要考察对象，采用孟赛尔颜色体系分类，其方法适用于考察汉代纺织色彩，对本文具有一定启发性。参见肖世孟：《先秦丝绸色彩研究——兼论古文献在色彩研究中的运用》，载《湖北第二师范学院学报》2012年第29卷第6期，第59-62页。

色彩字疏解主要参考文献如下，为免烦琐，不再逐一注释：

许慎：《说文解字》，中华书局1963年版。

许慎撰，段玉裁注：《说文解字注》，上海古籍出版社1981年版。

史游：《急就篇》，中华书局1985年版。

刘熙撰，毕沅疏证，王先谦补：《释名疏证补》，中华书局2004年版。

郭璞注：《尔雅》，中华书局1985年版。

丁度等编，赵振铎校：《集韵校本》，上海辞书出版社2012年版。

顾野王撰，王平、刘元春等编著：《宋本玉篇》，上海书店出版社2017年版。

王念孙：《广雅疏证》，上海古籍出版社1988年版。

朱骏声：《说文通训定声》，武汉古籍书店1983年版。

文献中未见"缥"色修饰纺织品用例。

黄：汉代染黄以植物染料为主，包括荩草、黄栌、黄檗、郁金、栀子等都被广泛种植和使用。黄色系下涵盖的色彩较多，出土文献中出现频率较高，可见其染色材料与工艺丰富。

绿：蓝、黄色相间。《说文·糸部》："绿，帛青黄色也。"大多由黄色染料与蓝色染料套染而得。汉代绿色系下还有"䗬"，目前仅见于马王堆汉墓、海昏侯墓，颜师古注《汉书·百官公卿表》："金玺䗬绶"曰："如淳曰：'䗬，绿也'"。

青（蓝）：蓝色。"青"本义指"绿"色，引申出"蓝""灰""黑"等复杂色彩。[①]《荀子·劝学》："青，取之于蓝而青于蓝。"这里的"青"是由蓝草染得，如菘蓝、蓼蓝、马蓝等，即现代的蓝色。马王堆汉墓出土的蓝色丝织品经分析确证为天然靛青。[②]

紫：《论语·阳货》："恶紫之夺朱也。""紫"指赤黑之间色也。[③]《说文·糸部》："紫，帛青赤色。"比现代的紫色（红和蓝相混）更深沉。

（二）按明度划分，不同色调含明暗深浅变化

《周礼·考工记》载："三入为纁，五入为緅，七入为缁。"[④]后经《尔雅·释器》和郑玄等人补充，"七入"的过程被完善为缥、赪、纁、绀、緅、玄、缁七个步骤，即是通过多次染色或媒染剂的差异实现色彩深浅明暗变化。

以下对赤、黄、青、黑、白等色相中的部分颜色按明度由深入浅排列。

1. 赤色系明度划分

绛：深红色。《说文·糸部》："大赤也。"

纁：《说文·糸部》："纁，浅绛也。"朱骏声《说文通训定声》：

① 冯时考察西周金文的"青""静"字形，指出"青"作为颜色词，其本义是由初生禾苗的颜色加以表现，指"绿"色。参见冯时：《"青"谈》，载中国艺术研究院美术研究所编《2021中国传统色彩学术年会论文集》，文化艺术出版社2021年版，第153页。

② 上海市纺织科学研究院、上海市丝绸工业公司文物研究组：《长沙马王堆一号汉墓出土纺织品的研究》，文物出版社1980年版，第86页。

③ 何晏注，邢昺疏：《论语注疏》，中华书局2009年版，第5487页。

④ 郑玄注，贾公彦疏：《周礼注疏》，中华书局2009年版，第1986页。

"赪，深于红；绛，又深于赪，绛是大赤之绛，非浅绛色。"从染色工艺实践来看，绛应为深红色。[1]

绾：红色。《说文·糸部》："绾，赤缯也。以茜染，故谓之绾。"

赪：红色。《说文·赤部》："赪，赤色也。"

桂：红色。朱骏声《说文通训定声》："《汉书·五行志》：桂，赤色。"

红：汉代"红"与现代色谱中的正红色不同，为赤白混合呈现的粉红色。《楚辞·招魂》："红壁沙版，玄玉梁些。"王逸注："红，赤白色。沙，丹砂。"[2]《说文·糸部》："红，帛赤白色。"段玉裁注："按：此今人所谓粉红、桃红也。"马王堆M1九子奁上的一条丝带似与遣策"红组带一"（简275）相对应，但因墓葬环境影响，呈浅黄褐色。

2. 黄色系明度划分

缫、蒸栗：近似于蒸熟的栗子之色，黄褐色。缫，见于西郭宝墓衣物疏"缫绮复被一领"、尹湾M2"缫被一领"等。[3]"蒸栗"用法见于海昏侯墓木楬。[4]《集韵·质韵》："缫，黄色缯。"《玉篇·糸部》："缫，蒸缫，采色。"《广雅》王念孙疏证曰："谓染彩而色似之。蒸缫，本作蒸栗。"《急就篇》："蒸栗绢绀缙红繎。"颜师古注："蒸栗，黄色若烝孰之栗也。"[5]

流黄：传世文献中有"留黄""骝黄"与"流黄"不同记载，王念孙指出"'留''骝''流'并通"。"流黄""涑黄"见于尹湾M2、海曲M130衣物疏等。流黄之色，说法众多，指硫黄或黄茧之黄色，或指赤黄相配的黄

---

① 绛的色彩特征历来有争议。"玄衣纁裳"是先秦文献中重要的礼服，日本染织学者吉冈常雄以茜草染色，认为纁、赪、绛分别是用锡盐、铝盐、铁盐等不同媒染剂所染橙红色、铁锈红、深红色。

② 王泗原校释：《楚辞校释》，中华书局2014年版，第141页。

③ 原整理者释为"缥"，此处采用马怡意见，改释为"缫"。参见马怡：《西郭宝墓衣物疏所见汉代织物考》，载卜宪群主编《简帛研究二〇〇四》，广西师范大学出版社2006年版，第248页。

④ 海昏侯墓整理者对部分服饰色彩进行统计，参见朱凤瀚主编：《海昏简牍初论》，北京大学出版社2020年版，第349页。

⑤ 《释名》："蒸栗"之色通过"染绀使黄色如蒸栗然也"，但是从染色技术来看，"绀"乃"青中带赤"，是不可能变成如蒸栗般的黄色色相的。《释名》有误。

褐色。①

厄黄：厄通"栀"，即栀子所染的黄色。

春草：《急就篇》："春草鸡翘凫翁濯。"颜师古注："'春草'，象其初生纤丽之状也。……一曰春草鸡翘凫翁皆谓染彩而色似之。"马王堆M3遣策记有"春草复衣一，缋椽（缘）"等，应是近于春草初生的浅黄绿之色。

缃（緗）：如桑叶初生般浅黄色。《说文·糸部》："緗，帛浅黄色也。"

白缃（緗）：见于青岛土山屯M147《堂邑令刘君衣物名》"白缃（緗）丸袷一领"等。介于浅黄色与白色之间，比"緗"色更浅。

郁金：浅黄和白色之间。郁金本为一种香草，《本草衍义》记载："郁金，今人将染妇人衣最鲜明，然不耐日炙，染成衣，则微有郁金之气。"②

木黄：传世文献未见，可能是指黄色调中近于原木之色，或取自某种可以染"木黄"色的原料而得名。《天工开物·彰施》中记载以苏木的心材染红，所染之色为"木红"。③苏木亦可染黄，《南方草木状》记载苏木"树类槐，黄花，黑色出九真；南人以染黄绛，渍以大庆之水则色念涤"。④"木黄"之色有待进一步考证。

3. 青色系明度划分

缫、绀："绀"，《说文·糸部》："帛深青扬赤色。"其微妙之处在于深青色中泛红光。"缫"，《说文·糸部》："帛如绀色。"段玉裁注："如绀色者，如绀而别于绀也。《广雅》系诸青类，盖比绀色之青更深矣。"

---

① 马怡：《西郭宝墓衣物疏所见汉代织物考》，载卜宪群主编《简帛研究二〇〇四》，广西师范大学出版社2006年版；田河：《连云港市陶湾西汉西郭宝墓衣物疏补释》，载《中国文字学报》2012年第1期；陈彦青：《消失的中国色彩——"流黄"色辨》，载《新美术》2017年第4期。

② 寇宗奭：《本草衍义》，商务印书馆1937年版，第60页。

③ 宋应星：《天工开物》，广陵出版社2022年版，第48页。

④ 胡道静考证"南人以染黄绛"之说，指出苏木的心材浸液可染成红色，而其根材却可染成黄色。其心材浸入热水后可染成桃红色，如再加醋，则可制成黄色，如果再加碱又复原成红色。转引自陈重明、陈迎晖：《〈南方草木状〉一书中的民族植物学》，载《中国野生植物资源》2001年第20卷第6期，第19页。

　　緅：《说文·糸部》："緅，帛青色。"

　　苍：《广雅·释器》："苍，青也。"《说文·艸部》："苍，草色也。"

　　缥：淡青色。《说文·糸部》："缥，帛青白色也。"

　　白缥：介于淡青色和白色之间。尹湾M2中记有"帛缥鲜支单襦一领""白缥裙一""帛缥单裙一"。"帛缥"应指一种颜色，或可读为"白缥"，用例亦见于青岛土山屯M147《堂邑令刘君衣物名》"白缥长襦一领，白丸（纨）缘"。其色与上古文献中所见"青白"类似，如"既摩，革色青白，谓之轂之善。"①

　　另有①蕑、蕑青：如"间（蕑）中单（襌）"（尹湾M6）、"蕑青复襦"（凌惠平墓）等。《诗·郑风·溱洧》："方秉蕑兮。"毛传："蕑，兰也。""蕑""蕑青"或指兰草之青色。②②绢：海昏侯墓遣策记有"绢丸上衣四"。《说文·糸部》："绢，缯如麦稍。"段玉裁注曰："稍者，麦茎也。缯色如麦茎青色也。"③羽青：见于尹湾M2"羽青诸于""羽青裙""羽青绮"、海曲M130"相（缃）小襦，羽青缘"等。又《汉官仪》记："绶，羽青地，桃花缥，三采。"③"羽青"或为鸟羽装饰的织物，或以近似鸟羽之色泽命名。然"青"所指具体色相模糊不明。又，以"青"修饰植物多表绿色，如《诗经·卫诗·淇奥》"绿竹青青"。④上文"蕑""蕑青""绢"（麦茎青色）似为绿色。

4. 黑白色系明度划分

　　缁、黑：黑色。《说文·糸部》："缁，帛黑色也。"《论衡·程材篇》："白纱入缁，不染自黑。"⑤

　　纆：黑色。见于海昏侯墓木楬。⑥《类篇》："纆，或从墨作纆。"传世文献中多用作绳索之意，《玉篇·糸部》："纆，索也。"

　　皂（皁、草）：黑色，本指皂斗，可染黑。《说文·艸部》："艸，草斗，栎实也。"徐铉等注："今俗以此为艸木之艸，别作皁字为黑色之皁。

① 郑玄注，贾公彦疏：《周礼注疏》，中华书局2009年版，第1963页。

② 窦磊：《汉晋衣物疏集校及相关问题考察》，武汉大学，2016年，第38页。

③ 孙星衍等辑，周天游点校：《汉官六种》，中华书局1990年版，第189页。

④ 毛亨传，郑玄笺，孔颖达疏：《毛诗正义》，中华书局2009年版，第677页。

⑤ 王充着，黄晖撰：《论衡校释》，中华书局1990年版，第545页。

⑥ 朱凤瀚：《海昏简牍初论》，北京大学出版社2020年版，第349页。

案，栎实可以染帛为黑色。"

素、白、雪、霜、白霜：在两汉遣策中，"素"出现的频率很高，可指未经染色的白色丝织品，但常表材质，如"青素绔"等。"白"与"雪""霜""白霜"作白色织物时，存在细微的观感差别。

（三）按饱和度划分，带有灰色或黑色的不纯色

饱和度即色彩的纯度。先秦两汉时期，人们已掌握了利用铁媒染使织物降低色彩饱和度的技术，《淮南子·傲真训》载："以涅染缁，则黑于涅。"①《说文》："涅，黑土在水中也。"探究其原理则是黑泥中含有大量铁离子。

缥：以庆草染成的带有黑色的暗黄色。《急就篇》载："缥缥缘纨皁紫硾。"颜师古注："缥，苍艾色也。东海有草，其名曰庆，以染此色，因名缥云。"

玄：赤黑色。《说文·玄部》："玄，黑而有赤色者为玄。"

黄皁：黄中带黑。

二、色彩字所见纺织品色彩特征

（一）色谱丰富细腻

由上述分类可见，纺织品色彩在色相、明度、饱和度上有着不同层次的差别，既有丰富的多种色相，在同一色相之间亦有明度、饱和度的差异和变化。纺织品色彩的发展，得益于染色技术的不断提高。经过反复劳动实践，两汉时期古人已将浸染、涂染、套染②和媒染③等一系列染色技术运用得十分成熟精湛。尤其是后两者技术，可以产生的色彩可谓变幻无穷。借助染色工艺复原实验，我们清晰看到不同面料采用不用工艺呈现出不同的色彩效果

---

① 刘安著，何宁撰：《淮南子集释》，中华书局1998年版，第120页。

② 套染：用含有不同色素的染料进行叠加染色。

③ 见于古籍的媒染剂主要有绿矾、明矾、涅、白矾、草木灰等，根据化学成分，大致可分为铁离子媒染剂和铝离子媒染剂两大类。依据将织物放入媒染剂的前后顺序，媒染又分为三种：预媒法、同浴法、后媒法。三种媒染染色法相较，后媒法颜色最深，预媒法次之，同浴法最浅。

（表1）：苏木[①]直接浸染丝可得浅红色，以铝媒染得鲜艳的玫红，但以铁媒染却出现了较大的色相改变，染得绛紫色；以栀子直接染丝，其黄色十分鲜亮，是一种暖黄色；若加入不同媒染剂，则深、浅、明、暗程度上有所变化。这在考古出土的实物中亦有充分印证。如马王堆M1出土的丝织品，红色系有朱红、橘红、绛红等；黄色系有黄、金黄、土黄；绿色系有墨绿、深绿、橄榄绿、草绿，整体上施染色彩均匀且丰富（图1）。

表1　不同面料、染料与染色工艺呈现的色彩差别（植物染色工艺实验）

染料 工艺 面料	栀子			黄栌			苏木		
	无媒染	铝媒染	铁媒染	无媒染	铝媒染	铁媒染	无媒染	铝媒染	铁媒染
丝									
麻									

图1　马王堆汉墓乘云绣所用草绿、墨绿绣线（摄于湖南博物院）

汉代人对纺织品服用需求日益精细化，催生出织物色彩的不断细化。上文所列红色系下分为数十种色名，涵盖从深红到浅红多种变化。另有"青""绿"等原本含混不清的色彩字，发展到汉代，在描述织物时已有明确区分，如凌惠平墓衣物疏记有"绿素小绮""绿薄绮"，同时还记有"青

----

① 汉代染红的植物染料主要有红花、茜草等，近年通过对连云港尹湾汉墓出土缯绣的染料研究，证明两汉时期苏木也被用于染色。参见张晓宁、龚德才、龚钰轩：《连云港尹湾汉墓出土缯绣的染料研究》，载《文物保护与考古科学》2019年第3期，第52–58页。

衣"青复襦"。"青""绿"并举，可见"绿"已与"青"明确分离，能够独立表示一种色相。最为典型的则是黑、白两色系，这两色虽处于色阶最末端，亦存不同细微变化。兹举两例：

例1：江苏连云港侍其繇墓衣物疏

白丸（纨）复绔（袴）一

雪丸（纨）合（袷）衣，□□绔（袴）□，上禅衣各一领。

例2：尹湾M2衣物疏（YM2D1正）

霜丸（纨）衣一领

霜丸（纨）复襦一领

霜丸（纨）合（袷）衣一领

上举"霜纨""雪纨"相较于"白纨"而言，其织造当更为精细，在观感上具有似霜类雪之鲜洁光泽。[1]这类织物色质兼备，素朴自然，使"白"之美得到最大的展现，可见汉代色彩审美之细腻。

（二）色泽鲜艳明丽

整理结果可知，汉代已有诸多专门的文字对纺织品色泽进行描述。所谓"色泽"，指光泽和色彩融为一体的色相，是在既定颜色条件下，不同的外观质感造成的不同反射光的视觉效果。[2]《释名·释采帛》："绨，似蝀虫之色，绿而泽也。""绨"为一种粗厚而有绿色光泽的丝织品。张家山M247记有"䋷复衾一"，《说文》："䋷，白鲜衣皃。从糸，炎声。谓衣采色鲜也。"重在强调织物色泽鲜亮。

汉代为了获取明丽色泽的纺织品，首先体现在材质的考究上。遣策、衣物疏随葬纺织品中，以丝所占比重最大。丝、麻相较，外观上具有明显差异，尤其是精练后的丝具备柔软、光滑、垂顺的效果。尹湾汉墓衣物疏中有"流黄冰（冰）合（袷）衣一领"，《汉书·地理志》记载齐地"织作冰纨绮绣纯丽之物，号为冠带衣履天下"。颜师古引臣瓒曰："冰纨，纨细密坚如冰者也。"颜注曰："冰，谓布帛之细，其色鲜洁如冰者也。"[3]青岛

---

① "霜"色织物在汉墓中出现频率较高，学界存在"白""细"（"霜"读为"缟"，通"细"，浅黄色）两种意见。笔者认为"霜"读如本字，为白色，简文中所见"霜""雪"与"白"类织物虽均为白色，但因工艺不同呈现感观差异，而加以区分记录。此问题笔者拟另文讨论。

② 肖世孟：《先秦色彩研究》，人民出版社2013年版，第169页。

③ 班固著，颜师古注：《汉书》，中华书局1962年版，第1660页。

土山屯M147《堂邑令刘君衣物名》记有"缥冰被一"。"冰"类织物细而光洁，本身为白色［见西郭宝衣物疏："白泳（冰）复衣一领"］，染以"缥""流黄"，更凸显鲜亮的色泽之美。其次是追求工艺的精细。通过染色工艺实验可知，浅色染色中对于丝本身的白度有很高要求，若无高超的练漂技术去除丝胶和杂质，要染得"细""白细""缥""白缥""郁金"等明快的浅色则是不可能的。

三、色名与汉代染色之互观

（一）五色与纺织品专色

"青赤黄白黑"五色是中国传统色彩系统最基本的构成，在上古时期使用频率最高，广泛用于描述各类事物①，如：

动物：献其貔皮，赤豹黄罴。（《诗·大雅·韩奕》）

人体：病气疝，客于膀胱，难于前后溲，而溺赤。（《史记·扁鹊仓公列传》）

植物：杜，赤棠。（《尔雅·释木》）

这些色彩字在同类事物中表述的色彩范围相对宽泛，并无统一标准。但若涉及纺织品语境，"五色"则往往表示特定的专有色。《礼记·玉藻》："衣正色，裳间色。"孔疏引皇氏云："正谓青、赤、黄、白、黑，五方色也；不正谓五方间色也，绿、红、碧、紫、骝黄是也。"②意指服饰色彩存"五正色"与"五间色"之分。郊庙祭祀之服染色"黑黄仓赤，莫不质良，毋敢诈伪"③；流通于市的织物，"布帛精粗不中数，幅广狭不中量，不鬻于市。奸（同'间'）色乱正色，不鬻于市"④。可见，纺织品"五正色"相对具体且要合乎标准，以区别于间色。

---

① 根据对《尔雅》《礼记》《史记》《汉书》等传世文献色彩字的字频统计，得出秦汉时期：白（519）、黄（448）、赤（172）、青（163）、黑（156）、玄（118）。赵晓驰对上古、中古时期传世文献中"白、黄、黑、赤、青"的搭配对象进行统计，分为织物、植物、动物、人体、其他人造物、其他自然物等类别。参见吴建设：《汉语基本颜色词的进化阶段与颜色范畴》，载《古汉语研究》2012年第1期，第13页；赵晓驰：《上古—中古汉语颜色词研究》，中国社会科学出版社2016年版。

② 郑玄注，孔颖达疏：《礼记正义》，中华书局2009年版，第3200页。

③ 郑玄注，孔颖达疏：《礼记正义》，中华书局2009年版，第2968页。

④ 郑玄注，孔颖达疏：《礼记正义》，中华书局2009年版，第2909页。

对于染色的控制，早在周代设"染人""掌染"等职，汉代官府设置了多个专管织染的机构，实现从染料到染色的全过程管理。《汉官仪》记载"染园"种植栀、茜提供上等植物染料"供染御服"。汉阳陵墓出土"东织染官"铜印，《三辅黄图》载："织室在未央宫，又有东西织室，织作文绣郊庙之服。""东织"即东织室，是掌管郊庙祭服的织造机构，"染官"为专门掌布帛染色的官吏。[1]《秦律十八种·仓律》规定"女子操绡红及服者，不得赎"[2]，严格控制具有纺织技术人员的人身。染色呈色受限因素众多，最重要的是经验技术，虽未见汉代对染色者的具体管理规定，但所存秦律亦有一定参考价值。完备的染色工艺流程和有序的染色职官制度，为汉代染色技术的发展提供了充分的保障，染色质量和标准也得以严格把关。

（二）色名规律与染色发展

对于纺织品色彩的表述需求是语言文字发展的重要驱动力之一，《说文》所收155个色彩字约分布于25个部首下，而"糸"部则占39个。这些色名均为单音节字，其命名或取自色相面貌相近的某类物品（多为植物、矿物或自然景观），或是该色的染色材料、来源等。如"紫"与"茈"同源，"茈"本为含紫色素的草本植物，染出的织物色彩称"紫"。初期每当染得一种新的，且具有较好重复性的色彩时，人们便创造一个新字作为织物色名而对应使用。然而，古人在染色的过程中不断尝试出新的色彩，发展至汉代，单音节色彩字已相对稳定。如红花、苏木等新染色原料在汉代开始逐渐运用与推广，但并未再造新字，而是直接归入已有色彩范围。

纵向来看，复合型的织物色名较先秦时期显著增多，而且使用频率提高。如：

色名+色名：白缃、白缥、黄皂。

某物+色名：厄（栀）黄、木黄、茼青、石青、羽青、白霜。

某物之色：春草、郁金、蒸栗。

其背后相对应的，恰恰是染色不断复杂化与汉字发展成熟相互调和的结果。一方面，人们对于色彩的抽象与概括能力不断提高，只需在"白、青、

① 参见李鹏辉：《谈西汉的"东织染官"印》，载《考古与文物》2019年第2期，第87页。

② 睡虎地秦墓竹简整理小组：《睡虎地秦墓竹简》，文物出版社1978年版，第53页。

黄、红"等常见色基础上，通过各种组合即可清晰表述纷繁复杂的色彩。①另一方面，这也意味着当时纺织色彩已形成一定系统性和稳定的色相色貌，而且已具备可熟练复现不同色彩的染色方法以及工艺流程。

结　语

纺织品色彩获取之难，恰如沈寿所言："色随人而变，亦随天气燥湿、技乎巧拙而变，往往有以昨日所得之色，试之今日而变，以今日所得之色，试之明日而又变者。变不可得而穷，色不易名而纪，夥颐哉。"②色彩是中国古代服饰明贵贱、辨等级的关键要素，落实到具体操作则有相当高的难度。劳动人民在长期实践中，创造出丰富多元的色彩和色彩文化，从汉墓遣策、衣物疏的色彩字即可见一斑。陈寅恪先生云："一时代之学术，必有其新材料与新问题。"出土文献的大量问世，为我们了解汉代纺织品提供了新的材料和视角。希望以此文作抛砖引玉，学界同仁进一步关注出土文献的价值，利用这些宝贵的材料开展更为深入的研究。

致　谢

为获取更为直观的汉代纺织品色彩与染色技术，笔者在杨建军副教授（清华大学美术学院）的指导下，开展了茜草、红花、苏木、栀子、靛蓝等植物染色工艺实验。论文写作过程中得到陈寒蕾、杨宇萌等学友诸多帮助。谨致诚挚谢意。

附表1　汉代遣策、衣物疏资料

墓例	年代	墓主身份
湖北江陵张家山M247	西汉早期（吕后二年或其后）	男，低级官吏
湖南长沙马王堆M3	西汉早期	男，长沙相轪侯利苍之子

---

① 这种命名方式表现出强大的生命力，后世文献中此类色名不计其数，诸如"青碧""梅红""玫瑰紫""鸭头绿""天水碧""老兰花绿"等等。

② 沈寿口述，张謇整理：《雪宦绣谱》，重庆出版社2017年版，第109页。

（续表）

墓例	年代	墓主身份
湖南长沙马王堆M1	西汉早期	女，长沙相轪侯利仓之妻辛追，约50岁
湖南长沙望城坡渔阳墓	西汉早期	女，某代吴姓长沙王王后
广西贵县罗泊湾M1	西汉初期	男，南越国桂林郡高等级官吏
湖北江陵凤凰山M8	西汉早期（文帝至武帝）	不明
湖北江陵凤凰山M168	西汉早期（文帝初元十三年）	男，遂，五大夫，约60岁
湖北江陵凤凰山M10	西汉早期（景帝四年）	男，张偃，中下层官吏
湖北江陵凤凰山M167	西汉早期（文景时期）	女，老年，不明
江苏连云港侍其墓	西汉中晚期	男，郡守一类高级官吏，老年
江苏连云港西郭宝墓	西汉中晚期	男，东海郡郡守，约25岁
江苏连云港霍贺墓	西汉晚期	男，官吏，确切不明
江苏连云港凌惠平墓	西汉中晚期	女，具体不明，疑为西平侯夫人，约55岁
江苏连云港尹湾M6	西汉中晚期	男，东海郡卒史、五官掾，功曹史
江苏扬州胥浦M101	西汉晚期	男，小土地所有者
山东青岛土山屯M147	西汉晚期—东汉早中期	男，堂邑令（县令）
山东日照海曲M129	西汉中晚期到东汉前期	女，身份级别不高
山东日照海曲M130	西汉中晚期到东汉前期	男，身份级别不高
江苏连云港尹湾M2	新莽时期或东汉初年	女，中年，身份不明
江苏盐城三羊墩M1	上限西汉晚期，下限东汉早期	男，官僚贵族
甘肃武威张德宗汉墓	东汉顺帝至灵帝时期	达家贵族女子
武汉大学简帛研究中心藏衣物数	东汉时期	身份不明

浅论东周楚人服佩带及带钩用俗

陈美勋 [①]

提要： 古时，人们用带和带钩束衣。从东周楚墓出土实物可见，带及带钩在质料、颜色、形制等方面存在差异。本文基于前人研究，整理东周楚墓出土带及带钩的类型特点，再依据出土位置及文献资料记载，对二者相搭配在服装上的礼仪用俗给予讨论。

关键词： 带　带钩　东周楚墓　礼仪用俗

带及带钩是古时人们用于系结衣服的佩饰。从出土实物及传世文献可知，带和带钩在形制、质料及纹样等方面存在差异，佩戴时可表现佩者的身份尊卑。另外，带还可配搭不同的组玉、黼黻来表现佩者的身份等级。这些可说明带和带钩的用俗是我国古代服饰礼仪的重要组成部分，值得我们进一步研究。近年来，学术界在带及带钩的类型学研究方面取得了不少进展，如王仁湘先生的《带钩概论》《古代带钩用途考实》等文章，不仅为我们整理了东周时各地域的带钩类型，还对带钩的名称、用途等做出推论和考证，奠定了带钩研究的基础。在东周楚墓出土的随葬品中有不少带及带钩的实物，遣策中也有相关的记载。可见，东周楚人是有在服装上佩戴带及带钩的。然而，此时楚人服佩二者的类型及特点是什么？二者在此时楚人服装上的用俗与传世文献记载是否一致？基于上述疑问，笔者整理了东周楚墓中出土带及带钩的情况，总结二者的类型及特点，再依据墓葬里带、带钩与共存物的关系，探讨其服佩用俗。笔者不揣浅陋，不当之处，敬请方家斧正。

一、东周楚人服佩带的类型及特点

带，古时用于系结衣服。带的质料有不同，据《说文》载："带，绅也。男鞶带，妇女带丝。"《释名》云："带，着于衣，如物之系带也。"段玉裁注云："古有大带，有革带。革带以系佩韍，而后加之大带，则革带

---

① 陈美勋，中国国家博物馆。

统于大带，故许于绅、于鞶皆曰大带也。"文中记载男性衣服在腰处系大带和革带，系结方式是革带上佩韠韍，在其外又系大带；女性腰系带则用丝制。带的形制也有规定，据《礼记·玉藻》载："天子素带朱里终辟，而素带终辟，大夫素带辟垂，士练带率下辟，居士锦带，弟子缟带。"这是说不同身份的人佩带，其带在形制、质料和颜色等方面有着严格的规定。带在穿戴时主要束缚在腰部无骨处。《礼记·深衣》记载："带，下毋厌髀，上毋厌胁，当无骨者。"孔颖达疏："当无骨者，带若当骨则缓急难中，故当无骨之处。此深衣带于朝祭服之带也。朝祭之带，则近上。"此外，古时男女用带束身视为礼，以此表现律己，如《诗经·卫风·芄兰》："容兮遂兮，垂带悸兮。"郑玄笺曰："言惠公佩容刀与瑞及垂绅带三尺，则悸悸然行止有节度。"又如《诗经·曹风·鸤鸠》："淑人君子，其带伊丝。"郑玄注："'其带伊丝'谓大带也。大带用素丝，有杂饰焉。"根据前文所述可知，在当时品格高洁的君子常佩戴杂饰，束大带，以表现其卓越风姿。

从近年来东周楚墓出土的随葬品情况来看，楚人在衣服上也束带。在马山一号楚墓里就出土了四个女俑，其裳里襟掩入左侧，外襟折向身后，系于背后腰间的皮带上，腰间用丝线束缝，外系灰黑色皮带。[①]这说明东周时楚国女性不仅束丝带，也束革带。此外，楚人除佩系韠韍外，也有佩系组玉。在信阳M2楚墓中出土的2-154木俑，绘着深衣，腰束大带，下佩有组佩饰。荆州纪城M1∶31木俑，穿着左右异色衣，腰束革带，革带上用带钩系结。此外，在东周楚简遣策中也有记载楚人配搭不同材质的带，如：

一组带，一革（带），皆有钩。（信阳简2—2）

一组带。（仰天湖14号简）

一绲□（带）。（望山简二·50）

综上，笔者整理考古发掘及传世文献资料后发现，东周楚人服佩带的质料主要分为革带、大带两类，如下详述。

革带，又称为"鞶带"。革带的使用早于大带，在东周以前常用生革或熟皮制成，也将其称为"韦带"，上无装饰。而其质地硬能承物，故能挂系佩饰，据《礼记·玉藻》载："革带，博二寸。"郑玄注："凡佩系于革带。"纺织技术成熟后，因织物珍贵且易印染，所以贵族阶层开始将织造华美的丝帛带束在革带外，据《礼记·杂记》载："申加大带于上。"在信阳

---

① 黄凤春、黄婧：《世纪楚学——楚器名物研究》，湖北教育出版社2012年版，第55页。

楚墓随葬的2-154木俑上就穿着深衣，其革带在内，大带在外。这是将不易于装饰的革带藏匿在华美的丝制大带内，大带则用以彰显佩器者的身份。非贵族的民众还是多以革带束衣，在《汉书·贾山传》有载："布衣韦带之士。"颜师古注："韦带，以单韦为带，无饰也。"即民众多束无装饰的皮带。在战国时，贵族也出现用革带直接束衣的现象，并开始用带钩直接系结。同时，还出现用贝装饰革带的现象，如《淮南子·主术训》载："赵武灵王贝带鵕鸃而朝，赵国化之。"高诱注："春秋后，以大贝饰带。"另在东周楚墓出土的随葬品中也存在装饰革带，如在江陵九店M410出土的3条皮带，其中有一镂孔革带（图1），长100 cm，宽13.9 cm，出土时，皮带外面髹漆，内里由两层皮革黏合而成，毛面向外，带上透雕纹饰，中部为变形四组蟠螭纹呈二方连续排列，两端为菱形纹，一端边沿为一个三角形小孔；在长沙仰天湖M25出土的皮带残件，长约26 cm，宽6 cm，由两层皮革合制而成，皮带的边缘有缝合的针孔，带的外层，似有涂黄色的颜色，大部分已剥落，出土时仅留有极少的黄色残痕。[1]在楚简遣策中也记载有"革带"和"缂带"之别。革带仅指素面皮带，而"缂带"则指绣花皮带。据彭浩先生考释，《说文》中"缂"有"缝"的含义，他认为"缂带"不同于一般的绣带，应是用绢、革复合黏合而成的。[2]综上可见，该时期楚人所服佩的革带较宽，且有用贝、色彩、镂孔及刺绣的装饰。

图1　江陵九店410号楚墓镂孔革带

大带，《说文》释："绅，大带也。"大带常与革带搭配束衣。带的系法是由后绕向前系结于腰前，在腰前打结束衣。带的多余部分垂下，这部分古称为绅，《礼记·玉藻》载曰："三分带下，绅居二焉。"郑玄注："绅，带之垂着也。"而《论语·卫灵公》记："子张书诸绅。"魏何晏注："孔曰：'绅，大带。'"宋邢昺疏："以带束腰，垂其以为饰，谓之绅。"按照大带织造方式的不同，分为丝带和组带两种。丝带是用锦、缟

---

① 戴亚东：《长沙仰天湖第25号木椁墓》，载《考古学报》1957年第2期，第94页。

② 彭浩：《楚人的纺织与服饰》，湖北教育出版社1996年版，第45页。

等织成宽带，其上有纹饰或有缘边装饰。在河南信阳长台关楚墓标本M2:2-154、M2:2-168、M2:2-147人俑上绘有大带，其上均饰有纹样的缘边。而在河南信阳楚墓出土的标本1-697人俑（图2），在其背后所绘腰带为红地，带上画精细黄色三角形图案，两侧饰金色线纹。①组带是用丝线编组而成，组是一种只用经线交叉编织的带状织物，《说文》载："绲，织带也。从糸，昆声。"段玉裁释："凡不待剪裁者曰织成。"从东周楚墓出土的大带实物，多是用手工编织的组所制成。在马山一号楚墓的墓主外层棉袍之上就系有一条完整的组带（图3），其颜色为土黄，交错排列，无纹饰。②在湖北江陵九店M410中出土的1件腰带，也是编成的组带，长条形，厚实，颜色为深棕。湖南长沙陈家大山战国时期楚墓也出土有编织的丝腰带，为扁体长条形，厚实致密，棕褐色，这是以丝线编织而成的。综上总结，这时期楚人服佩大带主要有丝带和组带两种，有色彩、纹样及缘边的装饰。

图2　河南信阳楚墓出土的标本1-697人俑

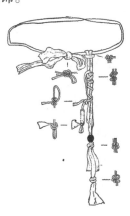

图3　马山M1出土的组带

二、东周楚人服佩带钩的类型及特点

带钩，最初称为"钩"。《墨子·六辞过》载："以为锦绣文采靡曼之衣，铸金以为钩，珠玉以为佩。"《左传·僖公二年》亦载："齐桓公置射钩，而使管仲相。"并且，在江苏丹阳东汉墓中出土的一件带钩上就刻有铭文"永元十三年五月丙午日钩"。③这说明在带钩上也刻有铭文，自称为

① 河南省文物考古研究所：《信阳楚墓》，文物出版社1986年版，第59-61页。

② 湖北省荆州地区博物馆：《江陵马山一号楚墓》，文物出版社1985年版，第56页。

③ 刘兴：《江苏丹阳东汉墓》，载《考古》1978年第3期，第156页。

"钩"。据学者考证，"带钩"全称似始于《史记·齐太公世家》。此称谓大兴于东周中期，又因常用于胡服，故带钩又从胡名，有"犀比、饰比、犀毗、胃纸"等称谓。在《楚辞》记载有"鲜卑"，文言："小腰秀颈，若鲜卑只。"注云："鲜卑，衮带头也。若以鲜卑之带，约而束之也。"①

带钩所见最早实物是在良渚文化墓葬里出土的4件玉带钩，出土位置在墓主的腰部，功能应与后世近似。②在这之后的三代考古发掘里，未见实物出土。直至春秋中叶，中原、关中及南方各国出土带钩实物增多。据考古资料来看，楚墓出土带钩最早至春秋晚期有发现。

带钩主要由钩首、钩体和钩钮三个部分组成，也有个别的异形带钩，即无钩或无钮。制作带钩的原料以铜、铁为主，也有金、银、玉、石等。③带钩的使用在《荀子·礼论》有载："设褒衣、袭三称，缙绅而无钩带矣。"按："绅、大带也。搢绅谓扱于带，钩之所用弛张也。"文中言带钩的佩戴是由钩尾固定在革带上，钩首则钩入另一端革带的孔或环中，以此法束腰。

东周楚人所使用的带钩经由考古学的认识，发现其造型应有型式之分。据长广敏雄先生考证，他将所见的带钩分为大、中、小型，样式有如琴形、棒形、络龙形等。④王仁湘先生参考出土在春秋中期至魏晋时的带钩，按照造型大致分为八个类型，如水禽形、兽面形、粗形、曲棒类形。⑤本文综合上述学者的分类，又参考东周楚墓出土带钩的实际情况，将该时期楚墓出土的带钩大体分为以下六个类型（图4）：

A式——禽鸟形。楚墓出土的这一类型带钩较多，规格属于小型类，全长为3～8 cm，腹厚1～0.4 cm。钩体多为圆腹，钩作鸟首状。钩腹上多饰有卷云纹，其中有两件带钩腹部正面起棱，还有的在腹上镶嵌绿松石和错金几何云纹。标本如湖北江陵雨台山⑥出土的标本M60:1和标本458:1a；湖北江陵藤店

---

① 王仁湘：《古代带钩用途考实》，载《文物》1982年第10期，第75页。

② 王仁湘：《带钩概论》，载《考古学报》1985年第3期，第267页。

③ 王仁湘：《带钩概论》，载《考古学报》1985年第3期，第267页。

④ ［日］长广敏雄：《带钩的研究》，1943年版。

⑤ 王仁湘：《古代带钩与带扣》，上海古籍出版社2012年版，第8页。

⑥ 湖北省荆州地区博物馆：《江陵雨台山楚墓》，文物出版社1984年版，第114页。

楚墓[①]出土的带钩二件，均为钩作鸟头形；湖北江陵雨台山楚墓[②]出土的标本
M344:7、标本M249:16、M314:12、M543:1a；鄂城钢M54[③]出土的标本钢53:14
带钩。

B式——兽面形。钩体以浮雕和镂雕的兽面为特征，背面与钩钮相对，带
钩的规格属于小型类，全长为3～8 cm，造型丰富，制作精美。标本如湖北江
陵拍马山楚墓M14出带钩已残，正面饰涡纹；M10出土置于头棺外端，钩的正
面作大耳兽头状，向下卷起成钩，座为椭圆形，大小形制与湖南常德楚墓所
出的剑钩相似。[④]此外，在河南淅川下寺[⑤]M10出土兽面形带钩；湖南资兴旧
市楚墓[⑥]出土带钩六件；湖北宜城楚皇城楚墓[⑦]出土一件错金嵌玉铜带钩，整
体呈变体鳖形，鳖头与前足伸出，口微张；荆门郭店M1楚墓[⑧]，墓主级别为
"上士"级，出土有玉带钩一件（M1：T14），带钩首、尾端皆雕刻成龙首
形；湖南常德德山楚墓出土两件带钩，均为大耳兽形。[⑨]

C式——琵琶形。全钩为反琵琶形，形体为窄，钩体有长有短。标本如鄂
城百子畈5号墓[⑩]百5:41，长4.1 cm；湖北江陵望山[⑪]出土有琵琶形带钩一件，
形为窄体。

———————

① 荆州地区博物馆：《湖北江陵藤店一号墓发掘简报》，载《文物》1973年第9
期，第12页。
② 荆州地区博物馆：《湖北江陵藤店一号墓发掘简报》，载《文物》1973年第9
期，第14页。
③ 楚皇城考古发掘队：《湖北宜城楚皇城勘查简报》，载《考古》1980年第2期，
第25页。
④ 湖北省博物馆等：《湖北江陵拍马山楚墓发掘简报》，载《考古》1973年第3
期，第151页。
⑤ 河南省丹江库区文物发掘队：《河南淅川县下寺春秋楚墓》，载《文物》1980年
第10期，第125页。
⑥ 湖南省博物馆：《湖南资兴旧市战国墓》，载《考古学报》1983年第1期，第
115页。
⑦ 楚皇城考古发掘队：《湖北宜城楚皇城勘查简报》，载《考古》1980年第2期，
第111页。
⑧ 湖北省荆门市博物馆：《荆门郭店一号楚墓》，载《文物》1997年第7期，第42页。
⑨ 楚皇城考古发掘队：《湖北宜城楚皇城勘查简报》，载《考古》，1980年第2
期，第112页。
⑩ 湖北省鄂城县博物馆：《鄂城楚墓》，载《考古学报》1983年第2期，第220页。
⑪ 湖北省文化局文物工作队：《湖北江陵三座楚墓出土大批重要文物》，载《文
物》1966年第5期，第29页。

　　D式——长牌形。钩体呈长方形或圆角长方形，尺寸一般都比较大，钩颈钩首细小。楚墓出土的长牌形带钩制作精美，多有装饰。标本如湖北江陵望山M1号墓[①]出土的一件特大型长牌形铁带钩，长46.2 cm，置于死者棺内头左侧，全钩呈弓形，嵌金丝和金片，为凤鸟纹，钩首为龙头形；河南信阳长台关楚墓[②]墓主级别为"大夫"，出土五件铁带钩，其中3件是长21.5～22.4 cm的长牌形带钩，错金银镶嵌宝玉。

　　E式——蛇形。钩首作蛇头状，多为全身黑色。标本如湖南长沙仰天湖楚墓M25[③]出土的一件黑色铜带钩，在内棺的铜剑附近，钩首作蛇头形，全身黑色；湖南长沙杨家山楚墓[④]出土的一件铜带钩，钩首作蛇头形；湖南湘乡M75[⑤]出土的两件带钩，其中一件通长4.2 cm，作鱼尾状，钩如蛇首。

　　F式——素面形。带钩素面无纹。标本如湖南湘乡东周墓[⑥]M10、M17出土的带钩四件。M10:8为螳螂尾式，素面无纹，长约5.5 cm。M17:4有棱边状折肩，长约6 cm；湖南常德德山楚墓[⑦]为战国早期墓葬，M7出土了铜带钩一件，为小型带钩，无纹饰；湖北松滋大岩咀[⑧]M28:1铜带钩，素面，长度8.9 cm。

　　还有三座楚墓出土带钩类型丰富，基本涵盖上述六个式样，具体概况如下：

---

　　① 湖北省文化局文物工作队：《湖北江陵三座楚墓出土大批重要文物》，载《文物》1966年第5期，第28页。

　　② 河南省文化局文物工作队：《河南信阳楚墓文物图录》，河南人民出版社1959年版，第89页。

　　③ 湖南省文物管理委员会：《长沙仰天湖第25号木椁墓》，载《考古学报》1957年第2期，第90页。

　　④ 湖南省博物馆：《长沙市东北郊古墓葬发掘简报》，载《考古》1959年第12期，第101页。

　　⑤ 王仁湘：《古代带钩与带扣》，上海古籍出版社2012年版，第8页。

　　⑥ 湖南省博物馆：《湖南韶山灌区湘乡东周墓清理简报》，载《文物》1977年第3期，第37页。

　　⑦ 湖南省博物馆：《湖南常德德山楚墓发掘报告》，载《考古》1963年第9期，第89页。

　　⑧ 湖北省文物管理委员会：《湖北松滋县大岩嘴东周土坑墓的清理》，载《考古》1966年第3期，第96页。

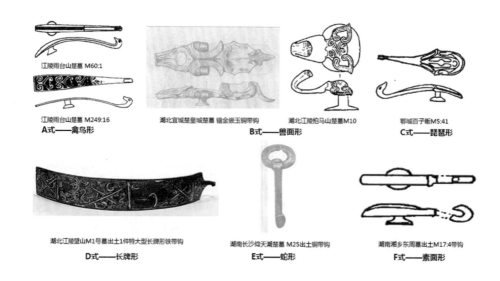

图4　东周楚墓出土的带钩分类样式

　　江陵九店东周楚墓的乙组墓[①]年代从春秋晚段至战国晚段，共出土39件带钩，出自37座墓中，均为铜带钩，器形可分六式，如琵琶形、禽类形等。钩体短小，长8.8～4.2 cm，腹宽0.7～2.7 cm，腹厚0.4～0.7 cm。

　　长沙楚墓出土带钩140件，出自137座墓，分为素面形、禽鸟形、琵琶形、蛇纹形、兽形、蛇形等类型，制作工艺精细。

　　湖北江陵雨台山楚墓[②]M458出土标本458:1a，素面，长3 cm，腹厚1 cm。圆腹肥大，钩作鸟首形。此类带钩出土有16件，腹正面作琵琶形，钩作鸟首形，也有作兽头状的，背面有一凸纽，腹上普遍铸有云纹、涡纹等，如标本M472:2，腹部饰云纹，纽上阴刻一马状纹，长6 cm、腹厚0.35 cm。

　　综上分类可知，东周楚墓出土的带钩型式主要有禽鸟形、兽面形、琵琶形、长牌形、蛇形、素面形，质料以铜、玉、铁等居多。小型带钩出土较多，但也不乏特大型的带钩出土。东周楚墓所出土带钩制作极精美，在河南信阳楚墓就出土了三件错金银镶嵌宝玉带钩。而在湖北江陵望山M1也出土了特大型长牌形带钩，其为凤鸟纹，钩首为龙头形，用金丝金片作龙眼眉，钩背还有两个错金纽。从带钩在楚墓的出土位置看，其出土主要见于内棺，在

---

　　① 湖北省文物考古研究所：《江陵九店东周墓》，科学出版社1995年版，第214页。

　　② 荆州地区博物馆：《湖北江陵藤店一号墓发掘简报》，载《文物》1973年第9期，第76-77页。

其他位置随葬较少。带钩主要发现于墓主的腰腹位置，也有的在剑旁及墓主头部左侧位置，这说明东周时带钩在楚人日常生活中多用于束缚衣裳，也有佩剑的用处。

三、东周楚服带和带钩的礼仪用俗

（一）带钩与革带、丝带的用俗

根据东周楚墓出土的带及带钩的墓葬位置（一般都横在墓主的腰部），可以推测它们的主要用途是束系衣服。而楚人服饰上用带有革带和丝带之分，于是带及带钩的用法应分为革带用钩及丝带用钩，具体使用方式如下。

1. 革带用钩的方法

将带钩的钩钮嵌在革带的一端（一般为右手端），钩弦向外，与腰腹的弧度贴合，钩头勾挂在革带另一端的穿孔中。[①]从东周楚墓出土的人俑穿戴来看，带及带钩的系连位置在胸部。如荆州纪城M1出土的标本M1:31人俑（图5），[②]其穿戴方式就是带钩的尾端插在革带的割孔中，钩头向外钩住另一端的割孔，革带及带钩位于穿戴者的胸部位置。在江陵枣林铺战国楚墓出土人俑（图6）的身上绘饰的革带及带钩，也正是用此方式系结。此外，在长沙M406楚墓里出土的一件革带和带钩（图7），[③]也是用此方法系带，这些都是楚人革带配钩使用的实例。另外，革带的佩系还有一种方式，即不用带钩系连，而是将革带两端钻上小孔，用锦带穿孔系住。在江陵马山M1楚墓出土的人俑就有在腰间用丝线束缝革带的情况，其革带形制为长19.2 cm、宽2.3 cm的灰黑色皮带，皮带两端穿孔，以黄色的锦带相连（图8）。

2. 丝带用钩的方法

将丝带的一端穿孔，带钩的钩钮固定在此处，另一端穿三孔用于钩挂，并调节松紧。在江陵九店M410楚墓出土的一条丝带（图9），一端有孔，另

---

① 王仁湘：《古代带钩用途考实》，载《文物》1982年第10期，第68页。

② 江陵县博物馆：《江陵枣林铺楚墓发掘简报》，载《江汉考古》1995年第1期，第24页。

③ 黄凤春、黄婧：《世纪楚学——楚器名物研究》，湖北教育出版社2012年版，第57页。

一端并列有三孔。出土时其旁边还伴有一件铜带钩，显然属于一件完整的配有带钩的丝带，另一端的三个孔是用来调节松紧。在江陵马山M1中，也发现在墓主腰部外层的棉袍上有完整的丝带系结。因此，可说明楚人有用丝带搭配带钩的束衣方法，这应是楚人在束衣方式上的创造。

图5　荆州纪城M1:31人俑

图6　江陵枣林铺战国楚墓出土的人俑

图7　长沙M406楚墓出土革带和带钩

图8　马山M1出土人俑

图9　江陵九店M410楚墓出土丝带

（二）佩饰在带及带钩上的用俗

在东周楚墓出土的人物形象材料上，我们了解到在楚服上用带及带钩进行佩器、佩物及佩玉的用俗，兼具实用性和装饰性。

佩器用钩，即随身用钩挂刀、剑、削等武器，剑钩的样式多为水禽形和兽面形。佩器用钩的方式目前仅能从与其同时出土的器物共存关系进行推断。在长沙M406楚墓就曾出土过一截残革，中间镶嵌有佩器的钩。据学者推断，这类钩的使用估计是将钩钮嵌入革带的一侧，钩首向下，便于钩挂器物。[①]在湖南长沙仰天湖M25楚墓内棺中的铜剑附近出土了一件黑色铜带钩，带钩全长5.8 cm，一端有椭圆形的环，环有凸起呈乳钉状的纹饰两周，与钩身

---

① 王仁湘：《古代带钩用途考实》，载《文物》1982年第10期，第38页。

相接处有一兽面，钩首作蛇头形，全身黑色。在湖南湘乡M75出土了带钩两件：一件通长4.2 cm，作鱼尾状，钩如蛇首，鎏金，出土时钩首一侧置于铜镜上；另一件已残，出土时钩首置于铁刀的附近。上述四件带钩，其旁均与剑或刀存在共存关系，据学者推测，该样式的带钩在佩挂剑或刀时应当是在剑鞘上配装附加构件，即固定有铜、玉或骨质的套环，再套挂在钩首上，用法类同于革带钩的环钩法。[①]如湖南长沙仰天湖楚墓M25的带钩所示，一端为蛇首，另一端为椭圆形的环，有环的一端应为佩挂剑或刀来使用。另在湖南常德德山楚墓也出土了四柄铜剑，其上都有佩剑钩。

佩物用钩，即用带钩将铜镜、铜印、铜钱、囊等物品佩戴在带上，便于随身使用。这类用制的带钩样式有禽鸟形。在湖南湘乡东周墓M75出土了一件带钩置于铜镜上，此钩为禽鸟形。另外，楚人还在带上佩囊，囊的质地有丝、绢和皮革等，囊内除装有花椒外，还有香草和别的东西，说明囊有可能用来装香料，用以佩芳。在江陵马山M1就出土了五件实物，其中8–12锦囊，为长圆筒形，囊口用组带系住。[②]笔者推断楚人有将囊上的组带直接钩挂在革带或丝带上的习惯，用以佩芳。又据《楚辞·离骚》载："纫秋兰以为佩。"注："纫，索也。兰，香草也，秋而芳。佩，饰也。"这是形容楚人佩囊，囊中装有芳草的仪容装束。楚人的配芳之俗延续到汉代，马王堆M1汉墓就出土了四个香囊，其腰部有带便于携挂。

佩饰用带，即将玉佩系在革带上的用制。在望山M2第50号简就载有："一革带，佩。"即表明佩系于革带之上。《礼记·玉藻》亦载："革带，博二寸。"郑玄注："凡佩，系于革带。"这种束带方式应与东周时衣裳连属的服装形制有关，且楚服尚宽博，所以多将组玉佩挂于腰间革带处，既彰显身份，又符合容仪之制。在信阳楚墓M2、江陵武昌义地楚墓和荆州纪城楚墓出土的人俑均着衣裳连属形制的服饰，腰间有束大带及革带，下佩戴组玉。

（三）带和带钩在楚服上的礼仪用俗

东周时带在服装上的用法就已渐成规制。据《礼记·玉藻》载："天子素带，朱里终辟；诸侯素带，终辟；大夫素带，辟垂；士练带，率下辟。是大夫以上大带用素，故知'其带伊丝'谓大带用素丝，故言丝也。"文中言

① 王仁湘：《古代带钩用途考实》，载《文物》1982年第10期，第39页。
② 荆州博物馆：《江陵马山一号楚墓》，文物出版社1985年版，第112页。

服上佩带有规定，即不同等级贵族依照各自身份使用大带，在质料、规格、颜色及纹样等方面均有详细的等级区别。这说明带的表征作用已被视为表达服饰礼仪的重要部分。从该时期楚墓所出土的人物形象上可见，不同身份的楚国人俑确实也佩戴着不同形制的带，如河南信阳长台关楚墓M2:2-154、M2:2-168、M2:2-147木俑，其衣服上佩饰不仅组玉佩的形制不同，腰间束缚大带的形制也不同。具体的规律，即人俑身份越高，佩组玉饰越长越繁复，而且大带的纹样和颜色也越复杂。

东周楚人的服上束带是表达修身之礼。在《楚辞·离骚》云："索胡绳之𦆅𦆅。"王逸注曰："纫索胡绳，令之泽好，以善自约束，终无懈倦也。"文中说古人束带修身是为了起到规范自身行为的作用。周礼中对带在服饰上的用制有严格的规定：首先，"带，下毋厌髀，上毋厌胁，当无骨者。"（《礼记·深衣》）孔疏："当无骨者，带若当骨则缓急难中，故当无骨之处。此深衣带于朝祭服之带也。朝祭之带，则近上。是故《玉藻》云：'三分带下，绅居二焉。是自带以下四尺五寸也。'"用带应束缚在人腰部无骨处，并依据不同服装的形制调整束缚位置。其次，带上佩戴的饰物长度应合于礼，且行走时佩饰相互撞击的声响应有节奏规律。如《诗经·卫风·芄兰》云："容兮遂兮，垂带悸兮。"郑玄笺曰："言惠公佩容刀与瑞及垂绅带三尺，则悸悸然行止有节度。"文言用带上佩物的声响节度有秩序，以此表达器主的自身修养，即为礼的表现。最后，在礼仪场合也必须以带束衣。如《论语·公冶长》载："子曰'赤也，束带立于朝，可使宾客言也'。"综上说明古人对束衣之礼仪的重视。

东周楚人通过佩戴不同质料的带钩来彰显身份尊卑。在所有质料的带钩里，先秦时期的玉带钩出土数量并不多，仅占所有出土带钩的1%。[1]从出土情况可以看出，玉带钩仅出土于士阶层以上的贵族墓葬，平民墓葬没有发现。[2]在楚墓中出土的有通体为玉的带钩，也有错金镶嵌宝玉的带钩样式。在出土的楚简遣册中也有记载：

一组带，一昆（绲）带，皆有钩。（信阳简2-2）

一索（素）绲带，又（有）玉钩，黄金与白金之𦅣（错）。（信阳简2-7）

---

① 周晓晶：《玉带钩的类型学研究》，载《传世古玉辨伪与鉴考》，紫荆城出版社1998年版，第181-199页。

② 吴爱琴：《先秦服饰制度形成研究》，科学出版社2015年版，第172页。

一绲□（带）。一双璜，一双虎（琥），一玉句（钩），一睘（环）。
（望山简二50）

在楚墓出土的质料仅为玉的带钩中，多存在于士级的低等贵族。高级贵族大墓中的带钩则制作精美，且多采用嵌玉、嵌金银、浮雕等工艺，规格多为长牌形，如江陵望山M1楚墓出土的一件特大型长牌形铁带钩，长46.2 cm，置于死者棺内头左侧。全钩呈弓形，嵌金丝和金片，为凤鸟纹，钩首为龙头形，用金丝金片作龙眼龙眉，钩背有两个错金钮。河南信阳长台关楚墓的墓主级别为"大夫"，其中三件是长21.5～22.4 cm的长牌形带钩，错金银镶嵌宝玉，制作极精。其中一件带钩上镶嵌有四块金质的蟠螭纹浮雕，在金属浮雕之间还镶嵌有三块谷纹方形玉块。此类精美的带钩的出土位置往往不在墓主的腰部，且形制较大，应不具备实用功能，考虑为装饰或明器的功能，最终目的应是用于区分等级贵贱。《墨子·辞过》载："当今之主，其为衣服，则与此异矣。冬则轻暖，夏则轻清，皆已具矣，必厚作敛于百姓，暴夺民衣食之财，以为锦绣文采靡曼之衣，铸金以为钩，珠玉以为佩。"文中说明了在东周时，贵族们常用精美的锦绣、带钩及珠玉来装饰衣服，以此达到区别尊卑礼仪用俗。

结　　语

东周楚人服佩带及带钩的类型有着楚人自己的特色，如楚人佩带按质料可分为革带、大带两类，佩带钩的型式主要有禽鸟形、兽面形、琵琶形、长牌形、蛇形、素面形，质料以铜、玉、铁为主，小型带钩出土较多，但也不乏特大型的带钩出土。从楚人服上佩带及带钩的用俗来看，有革带及丝带搭配带钩束衣，还有在服装上用带及带钩佩器、佩物及佩玉，兼具实用性和装饰性。东周楚人通过佩戴不同形制、质料、颜色的带及带钩，以此彰显尊卑礼仪。此外，楚人在服饰上用带及带钩也有自己的特点，如用丝带直接系结带钩束衣的方法应是楚人特有。

楚汉绛衣考 [①]

辛宇　夏添 [②]

摘要： "绛衣"是先秦文献所记衣式，对于其形制特点与服用功能，仍存在进一步讨论的空间。本文着眼于楚汉墓葬出土帛书、造像、服饰品多重证据，从服饰艺术角度考证先秦绛衣造型特征。本文研究发现"绛衣"符合楚国典型宽袖式绵袍形制特点；通过楚、汉人物服饰图像比较分析，归纳出礼仪服饰造型差异及服制等级"标识—反标识"过渡现象成因；本文将楚、汉俑像服饰构型与出土实物对览，辨析绛衣造型特点及服用礼仪功能。

关键词： 服装图像　绛衣造型特征　楚汉服装　出土实物

楚汉之际，楚地广泛流行的服饰样式备受学者关注，著述颇丰。沈从文先生厘清了"楚服"衣式分型，并归纳了"楚服"小袖式、宽袖式、大袖式服装特征及功能 [③]；孙机先生考证了"深衣、楚服"的异同及演嬗，认为马山一号楚墓所出直裾长衣"未见新特点"，故未做进一步讨论 [④]；彭浩对比分析了马山楚墓出土实物尺寸后认为"直裾的楚式衣袍是与深衣不同的另一种服式"，但未对服式定名 [⑤]；袁建平和王树金梳理文献后认为马王堆汉墓出土直裾绵袍、禅衣均为"襜褕"衣式（楚地方言称"襢褣"） [⑥]。既有研究为楚国服饰造型特征"图—物"对览提供了一定实证基础，笔者以《天文气象杂占》图式与文献互证对楚汉绛衣款式及其服饰造型、礼仪功能做进一步挖掘，以供古代荆楚服饰文化研究同好批评、指正。

---

①　本文系2021年度湖南省教育厅青年项目"传统文化振兴下湖南汉代织绣纹样数字化保护与创新应用"（项目编号：21B0667）及2021年度"纺织之光"中国纺织工业联合会高等教育教学改革研究项目"基于湖湘服饰艺术考古的《中外服装史》'校-馆协同'教学改革研究"（项目编号：2021BKJGLX228）的阶段性成果。

②　辛宇、夏添，湖南工程学院。

③　沈从文：《中国古代服饰研究》，上海书店出版社2011年版，第94–96页。

④　孙机：《中国古舆服论丛》，文物出版社2001年版，第139–150页。

⑤　彭浩：《楚人的纺织与服装》，湖北教育出版社1995年版，第151–162页。

⑥　王树金：《马王堆汉墓服饰研究》，中华书局2018年版，第68–71页。

一、"绛衣"与"绛衣"之考辨

先秦"绛衣"记载见于《墨子·公孟》："昔者，楚庄王鲜冠组缨，绛（绛）衣博袍。"①张正明、刘玉堂、宋公文等据此论证楚人服色"尚赤"②，几成定论。但是这种看法并不准确。清人王念孙已指出："'绛'，当为'绛'之误也。'绛'与'缝'同。'缝衣'，大衣也。"③

"绛衣"为"逢衣"或"绛衣"之讹。④刘娇以《天文气象杂占》中的"墨色绘绛衣"对王念孙的观点做了补充，并详举了《墨子·公孟》《集韵》《洪范》《儒行》等书中"绛"讹作"绛"诸例为证。笔者从其说。然而，刘娇在论证"绛衣"特征时援引清人江永著《深衣考误》和诸桥辙次著《大汉和辞典》所绘深衣图例，她将"绛衣"内涵拓展为宽大衣袖之深衣，"逢掖之衣"即《礼记·儒行》记载孔丘"衣奉掖之衣"。"逢"，郑玄训为大，大掖之衣、大袂禅衣，孙希旦则将"绛衣"等同于"深衣"⑤。刘娇、孙希旦对绛衣衣式的解读失之偏颇。正如孙机强调江永的图解对于"续衽钩边"的诠释与战国两汉之深衣的本来面目相去甚远。⑥"绛衣"衣式仍存在商榷空间。

绛衣造型反映于西汉初年的帛书图释。在马王堆汉墓出土帛书《天文气象杂占》第一列第13图"齐云"绘作长衣形象，学界普遍认为此书是战国楚人所著，《天文气象杂占》绘制者以墨线勾勒"阔袖、长身"衣式，符合传世典籍《晋书·天文志》《古微书》《隋书·天文志》《群书考索》等载"郑/齐云如绛（绛）衣"⑦，因而，此图应准确反映了楚地绛衣形制特征，可

---

①　〔清〕毕沅校：《墨子》，上海古籍出版社1995年版，第187页。

②　参见张正明：《楚文化史》，湖北教育出版社2018年版，第86页；宋公文、张君：《楚国风俗志》，湖北教育出版社1995年版，第47页；刘玉堂、刘保昌：《浪漫旖旎：荆楚民俗风情》，载《楚天主人》2013年第2期，第51~52页。

③　〔清〕王念孙：《读书杂志》，江苏古籍出版社2000年版，第606页。

④　刘娇：《根据马王堆帛书〈天文气象杂占〉中的图像资料校读相关传世古书札记二则》，载《出土文献与古文字学研究》2015年第6辑，第575–582页。

⑤　〔清〕孙希旦：《礼记集解（下）》，中华书局1989年版，第1398~1399页。

⑥　孙机：《汉代物质文化资料图说》（增订本），上海古籍出版社2011年版，第277页。

⑦　刘娇：《根据马王堆帛书〈天文气象杂占〉中的图像资料校读相关传世古书札记二则》，载《出土文献与古文字学研究》2015年第6辑，第575–582页。

作为图解绛衣式样的一把钥匙（图1）。

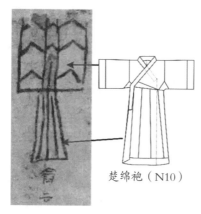

楚绵袍（N10）

衣长离地

（a）齐云如绛衣　　　　　　　　（b）秦云如行人

图1　《天文气象杂占》中服装形象①

笔者认为《天文气象杂占》所见绛衣并非表现一般的宽大深衣，而是特指楚国贵族的一种"深衣衣式"。

理由一，《天文气象杂占》绘制者强调绛衣的款式而非赤色。帛画创作者使用朱、墨二色绘图，弃朱红而用墨线勾勒绛衣款式（上衣处零星红点为折叠帛画反印沾染红墨），可证绛衣图式所表现的并非色彩特征。

理由二，《天文气象杂占》绘制者能生动地刻画服饰形象，绛衣只是其所绘衣式之一。例如，《天文气象杂占》第一列第5图"秦云"绘作一人服窄袖长衣之剪影，下摆及胫，衣短离地利于"行"，符合典籍记载"秦云如行人"②，可证《天文气象杂占》中的绛衣图式绝非源自绘画者想象，而是反映了绘画者对当时衣式的观察。

理由三，从服装造型看，"齐云"上部绘成三列矩形代表左右袖片与衣身，下部则先绘出梯形，再分割四幅，呈"短袖阔口、收腰阔摆"深衣式样，其造型特征与江陵马山一号楚墓出土凤鸟花卉纹绣浅黄绢面绵袍（N10）及对凤对龙纹绣浅黄绢面绵袍（N14）类同［图1（a）］。沈从文先生比较同墓着衣木俑及陈家大山楚墓帛画女子衣式之后认为，宽袖式女服是楚汉社会

---

① 图片引自湖南省博物馆、复旦大学出土文献与古文字研究中心编著《长沙马王堆汉墓简帛集成》（壹），中华书局2014年版，第204-205页。

② 参见《艺文类聚》卷一及《太平御览》卷八引《兵书》："秦云如行人，魏云如鼠，齐云如绛衣。"顾铁符、刘乐贤认为此类云气占书上承战国初年，后世多有类似记载。

上层妇女的一种吉服或礼服，是相对固定的女装式样。①彭浩指出"可从楚式衣袍中窥得楚庄王'绛衣博袍'之一斑——它衣袖宽大，袍身长而广"，并认为其是楚王在礼仪场合服用的。②从绛衣的款式特征可以推测其构型应与楚绵袍（N10）相近：上衣左右各一幅袖片、下裳分裁九片，其下裳后片三幅与上衣后中不通缝，左右衽各三幅交掩（图2）。

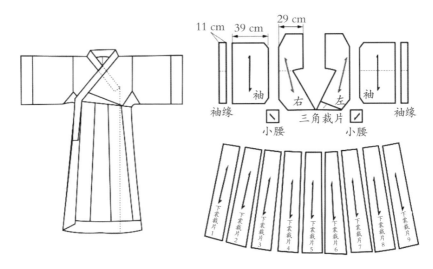

图2　楚绵袍（N10）结构（笔者据《江陵马山一号楚墓》绘制）

二、绛衣平面图像与社会等级标识

"绛衣"作为楚贵族衣式，具有标识社会等级的礼仪功能。相较于小袖式中衣及襦裙，楚国绛衣在西汉初年楚地蔚为流行，并直接反映于人物服饰图像之中。为避免以图证史存在"图像陷阱"，本文着眼于"人"（服用者）的身份等级，结合人物服饰形象特征、场景、载体功能等，以阐释其造型特征及文化内涵。

（一）服饰图像造型特征

"国之大事，在祀与戎"，与贵族生活息息相关的祭祀、田猎、燕飨、车马出行等活动被详实地刻、绘于礼器、燕器、兵器表面。对比楚汉青铜

①　沈从文：《中国古代服饰研究》，上海书店出版社2011年版，第96页。
②　彭浩：《楚人的纺织与服装》，湖北教育出版社1995年版，第214–215页。

器、帛画、漆木器、画像砖人物纹样中服饰造型异同，可以概括出以下四点服饰造型特征（表1）。

其一，宽袖、大袖式深衣是楚汉礼服主流。不论礼器、燕器，凡祭祀、祝祷、升仙场景出现的男性人物一般戴冠，服宽袖深衣，女性人物则梳髻于脑后或结圜髻、后垂，服深衣。男女贵族的深衣具有"宽大袖身、衣长垂地、下摆宽博、周身缘饰"的共同特点。在深衣装饰上，男性深衣大多素色无纹，女性深衣则装饰有繁丽的凤鸟、云纹刺绣。

其二，男性"冠饰、佩剑"细节刻画尤为突出。特别是青铜礼器中的双叉冠，漆画、帛画、画像石中的刘氏冠、纱冠、武弁，细至"冠缨、枚"均有表现，并且"戴冠、服深衣"的男性多佩剑。

其三，秦汉之际，楚地深衣造型变化集中于后裾燕尾装饰。例如，襄阳擂鼓台汉墓M1出土漆奁盖内及内底刻画人物深衣之后裾均裁作"三角形"燕尾（图3）。张翰墨认为这2幅人物漆画反映了以西施、郑旦为中心的美人计细节，并强调了男性人物"戴长冠、系冠缨、下颌设枚"与马王堆汉墓M1官人俑服饰形象类似，都是西汉早期风貌。[1]此外，漆画"狭若燕尾，垂之两旁"的曲裾深衣裾饰与湖北云梦大坟头一号西汉墓[2]出土立俑燕尾状衣裾类同，可知在西汉早期楚地已流行"袿衣"[3]式样。

其四，人物衣式相似时，身份差异聚焦于"衣长、袖宽、纹饰、配饰"之丰俭。绘图者在刻画群像场景时选取典型服饰元素进行夸张表现，例如：表1所举马王堆汉墓M1、M3出土帛画中绣衣锦缘、执杖缓步的辛追夫人，以及朱领深衣、戴刘氏冠、腰佩长剑的利苍之子，相较于侧旁武士、侍从的单色装束，显得雍容丰赡。楚汉祭祀、田猎、车马出行图像中奔走者服"及膝短衣"便于行动，与文献记载"楚服短衣"相符（图4）。

---

[1] 张瀚墨：《襄阳擂鼓台一号墓出土漆奁绘画装饰解读》，载《江汉考古》2018年第153期，第71–83页。

[2] 陈振裕：《湖北云梦西汉墓发掘简报》，载《文物》1973年第9期，第23–36页、第81页、第88–89页。

[3] 周方、卞向阳：《罗袿徐转红袖扬——关于古代袿衣的几个问题》，载《丝绸》2018年第6期，第101–106页。这篇文章认为汉代流行"袍制袿衣"，并对其在汉晋时期的形制分化做了讨论。

表1　楚汉墓出土器物中服饰图像造型特征比较①

器物	时期	出土墓葬	载体	场景	服饰特征
青铜器	东周	淅川和尚岭楚墓M2	画像铜壶M2:26	田猎	武士戴冠、服紧笄衣、裤
		余岗楚墓M174	铜匜M174:4	祭祀	十二人，均戴双叉冠、服深衣
		长沙楚墓	刻纹匜M186:2	祭祀	残。可辨识七人，均戴双叉冠、服深衣
帛画	东周	长沙子弹库楚墓M1	人物驭龙帛画	驭龙	一男子，戴纱冠、系冠缨、服深衣、阔袖垂褶、底摆覆足、腰佩长剑
		长沙陈家大山楚墓	人物龙凤帛画	祝祷	一女子，梳髻芽系绦带、服凤鸟云纹刺绣大袖式深衣、袖口镶绦纹饰、腰束带
	西汉	长沙马王堆1号汉墓	彩绘帛画452	升仙	老妪服云纹绣曲裾深衣、底摆覆足、脚穿岐头履；侍女三人，服单色曲裾深衣；跪迎男子二人、对坐男子二人，皆戴刘氏冠、宽袖深衣；
		长沙马王堆3号汉墓	"非衣"帛画	升仙	一高大男子戴刘氏冠、服朱领深衣、腰部佩长剑；侍从六人、对坐女子八人服单色深衣
			导引图	养生图谱	三十八人服大裙、岐头履，其中二十七人服上袍、下裤

① 服饰图像信息采自《淅川和尚岭与徐家岭楚墓》第41页、《余岗楚墓》第263页、《长沙楚墓》第164页及第433页、《对照新旧摹本谈楚国人物龙凤帛画》[《江汉论坛》1981（1）：90-94]、《湖南出土文物图录》第40页、《荆州天星观二号楚墓》第119页、《信阳楚墓》彩版第2-3页、《曾侯乙墓》第365页、《湖北枣阳九连墩楚墓出土的漆木器彩画》[《文物》2017（02）：38-49]、《湖北枣阳九连墩M1乐器清理简报》[《中原文物》2019（2）：2、4-18、93、129]、《长沙马王堆一号汉墓·下》彩版第76页、《长沙马王堆二、三号汉墓》彩版第21-33页、《汉代漆器图案集》第50-51页及第136-137页、《湖北省南水北调工程重要考古发现·2》第103页。

（续表）

器物	时期	出土墓葬	载体	场景	服饰特征
帛画	西汉	长沙马王堆3号汉墓	车马仪仗图	车马出行	左上2行侍从戴玄冠，服单色深衣，大袑，歧头履，墓主戴刘氏冠，服皂色深衣，腰佩长剑；左中2行武士执盾行进，左下武士背立观仪，戴武弁，大袑，歧头履，大袑，腰束革带，击建鼓二人，服深衣，短裤
漆木器	东周	长沙颜家岭楚墓M35	黑漆朱绘狩猎纹卮	田猎	上层绘武士二人，头顶结髻，服窄衣，短裤；下层奉兽者一，戴冠，服深衣
		荆州天星观楚墓M2	漆酒具盒M2:103	田猎宴乐	狩猎四人，御者一，牵马二人，宴乐三人，立乘，正坐者衣式不明，服长衣，高冠长衣及膝
		信阳长台关楚墓M1	彩绘锦瑟M1:158	祭祀田猎	首部绘狩猎一人，戴冠，觋三人，戴帽，宴乐十人，服宽袖式深衣；猎者一人，服深衣，裤
		信阳长台关楚墓M2	残漆器M2:138	车马出行	驭者一人，立乘二人，服宽袖式深衣，腰束带，冠式不明
		随州曾侯乙墓	鸳鸯形盒W.C.2:1	宴乐	一人击建鼓，一人撞钟，戴冠，衣式不明
		湖北荆门包山楚墓M2	子母口奁M2:432	车马出行	二十六人，其中奔走三人，服上襦下裤，余者戴冠垂缨，深衣博带
		枣阳九连墩楚墓M1	漆木弩M1:728	车马行乐	除掩车，张弛等劳作者衣长及膝，余者皆服深衣武士戴冠，偏剑
			漆木弩M1:815	田猎	立射者均戴小冠或盔，服深衣
			漆木弩M1:817	田猎	驭车，立射者二人，服及膝窄衣，下裤

（续表）

器物	时期	出土墓葬	载体	场景	服饰特征
漆木器	东周	枣阳九连墩楚墓M1	漆木十弦琴 M1:851	田猎	驭者一人，服深衣；斗兽二人，服窄衣、下裤；采摘二人，服深衣
	东周	枣阳九连墩楚墓M2	漆木弩M2:130	田猎	蹲立一人，上身服宽衣；驭车、持弓弩，立乘诸人均戴冠；服宽袖式深衣；斗兽四人，服短衣
		长沙马王堆汉墓M3	锥画狩猎纹漆奁 北160	田猎	神人乘虎，衣式莫辨；一逐鹿武士，服窄衣、短裤
	西汉	长沙砂子塘汉墓M1	1号舞蹈纹漆卮	宴乐	十一人，皆戴皂帻，垂缨，服深衣，系腰带
			2号人物车马漆卮	车马出行	七人，其中驭者一人，坐乘一人，正坐二人，拱手而立一人，均服宽袖式深衣；骑马者二人，服短衣、下裤
		襄阳擂鼓台汉墓M1	1号人物纹圆漆奁	人物故事	多组重复两位女性人物，服深衣，后裙拖饰三角片，圆髻后垂；下颌设枚，系缨，服深衣底摆后缀缀饰，系腰带；男性戴长冠，佩长剑
画像砖	西汉	丹江口潘家岭汉墓M46	执戟武士画像砖	侍卫	执戟武士三人，戴武弁，身穿长袍

（a）漆奁盖内人物纹　　　　　（b）漆奁内底人物纹

图3　西汉人物漆画形象①

（a）牵马　　　　　　　　　（b）狩猎

图4　楚田猎漆画中短衣人物形象②

（二）礼服等级标识与反标识

一方面，楚汉贵族礼服以"阔袖、长衣"为标识。

由表1可知，"阔袖、长衣、博带"（缓步）、"上袍、下裤"（急行）、"窄衣、短裤"（斗兽）成为构建动态场景及识读人物身份的线索，正如王树金所述："裤在秦汉时期主要是军人与下层劳动者穿着，上层统治者多穿深衣或裙。"③这种服饰形象差异应是封建社会阶层分化之标识。张竞琼等指出服装史上的等级标识与反标识在于"通过服装的覆盖面积、造型构成来标识"，他们认为严格意义上的服装等级标识行为最初出现在原始社会向奴隶社会的过渡时期，服装的"有无、多少"与财产占有量及等级尊卑意

---

① 图片引自李正光《汉代漆器图案集》，文物出版社2002年版，第50–51页。

② 图片引自深圳市南山博物馆、荆州博物馆《南有嘉鱼：荆州出土楚汉文物展》，文物出版社2020年版，第91–92页。

③ 王树金：《马王堆汉墓资料中人物着裤情况初探》，载《湖南省博物馆馆刊》2012年第8辑，第48–56页。

识之间存在紧密关联。①

　　另一方面，楚礼服"标识"向西汉"反标识"过渡，东周贵族的锦绣长衣反而成为汉代侍俑服饰的固定符号。

　　吴爱琴认为对高档服饰质料的占有从贫富等级差别向地位等级差别转化，并逐渐为服制所固定，成为中华历代服饰制度基础。②西汉《说苑·修文》载："天子文绣衣各一袭到地，诸侯覆跗，大夫到踝，士到骬。"说明周代以来丧仪装敛用衣之长短标识身份等级。《春秋繁露》详细记载西汉服制："天子服有文章，不得以燕公以朝；将军大夫不得以燕；将军大夫以朝官吏；命士止于带缘。散民不敢服杂采，百工商贾不敢服狐貉，刑余戮民不敢服丝玄纁乘马，谓之服制。"进一步对"文章之服"的使用场合以及特定服饰色彩、材料依"天子、将军大夫至刑余戮民（受过刑罚的罪人）"作自上而下尊卑区分。故而，等级高的贵族衣帛，庶人耋老（年龄70岁以上）才能穿丝帛，其余庶民仅能衣褐（布衣），都是封建社会中"人"的阶级性使然。

　　完备、森严的服制及染织生产力的发展催生了西汉逆反服制的"反标识"。汉初统治者采取了轻徭薄赋、与民休养策略，对于百官之常服无所规制，士庶服色亦无禁例。惟汉高祖八年（公元前199年）"禁止贾人服锦绣、绮、縠、绣、纻、罽"。然而，这种禁奢令在西汉初中期逐渐松弛，以至西汉典籍对于商贾僭用服饰现象多有记叙。贾谊《新书·孽产子》称之为"踳"（通舛，意为错乱、逆反），他批判当时富人、商贾以古时皇帝服材料"白縠之表，薄纨之里，緁以偏诸，美者黼绣"作帷幔装饰屋内墙壁，且以皇后服的领饰"偏诸缘"来作庶人、孽妾（贱妾）鞋履缘饰。服制逆反现象至西汉武帝时期仍屡见不鲜，《盐铁论·散不足》也有富者服人君、后妃之服（罗纨纹绣）记载，从楚地西汉墓出土的遣策记载为"绣衣女子，大婢"③的大量彩绘及着衣木俑服饰的繁密刺绣纹饰来看，典籍中的"反标识"现象应非虚构。

---

　　①　张竞琼、曹喆、孙晔：《服装史上的等级标识与反标识》，载《浙江丝绸工学院学报》1998年第2期，第114–118页。

　　②　吴爱琴：《先秦时期服饰质料等级制度及其形成》，载《郑州大学学报（哲学社会科学版）》2012年第6期，第151–157页。

　　③　湖北省文物考古研究所：《江陵凤凰山西汉简牍》，中华书局2012年版，第154页。

三、楚绛衣立体图像构型及实物对览

楚绛衣"侈袂"之礼服特征也贯彻于着衣、雕衣俑服饰造型细节之中，对其考察能够补充平面图像的局限。沈从文将楚木俑分为男女侍从俑、武士俑、伎乐俑、贵族俑，认为贵族俑为死者血缘亲属或文武官吏。[①]新近出土的楚贵族俑衣式为考察绛衣礼服造型特征提供了线索。

2010年发掘的湖北沙洋塌冢楚墓是一座战国中晚期楚国贵族墓，该墓出土的一件女漆俑（T:2）衣式宽博、髹绘华美，栩栩如生地展现了楚国贵族女性礼服之雍容风貌（图5）。该俑额发前耸后束，以朱绘丝绦绾垂髻，拱手敛袖，呈娴静立姿。周伟、黄文新据同墓遣策T:69-1号简"乃归亓甬（俑），甬（用）一豙葬"推测该俑为墓主的母亲去世时，别人所赠丧礼祭品，墓主死后带入自己墓中。[②]周伟和黄文新指出了其与楚锦袍形制相似之处，然而对礼服服用功能的关键细节并未讨论，现对览实物予以补充。

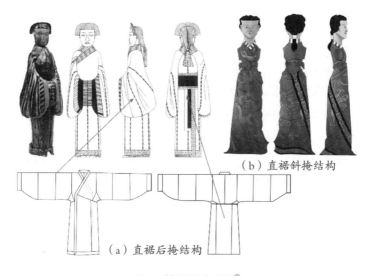

（b）直裾斜掩结构

（a）直裾后掩结构

图5　楚俑裾式结构[③]

---

① 沈从文：《中国古代服饰研究》，上海书店出版社2011年版，第58-61页。

② 湖北省文物局：《沙洋塌冢楚墓》，科学出版社2017年版，第210页。

③ 图片引自湖北省文物局《沙洋塌冢楚墓》，科学出版社2017年版，彩版二一、第93页；湖北省荆州地区博物馆《江陵马山一号楚墓》，文物出版社1985年版，第21页；彩图系笔者据《江陵马山一号楚墓》彩版三一转绘。

虽然楚国的大袖式锦衣与绛衣（宽袖式绣衣）分属两种礼服款式，但均可用于一般礼仪场合①，其构型也能揭示出绛衣的部分礼仪功能。大袖式（长袖式）楚服下裳正裁分片与绛衣相同，唯独下裳裁片数量较少，左右袖片以3幅锦拼接，服用后呈长袖垂胡造型，西汉直裾绵袍下裳则改"横联诸幅"为"纵向拼缝"，与绛衣下裳相去甚远，唯直裾素纱禅衣分片为楚绛衣之赓续（图6）。

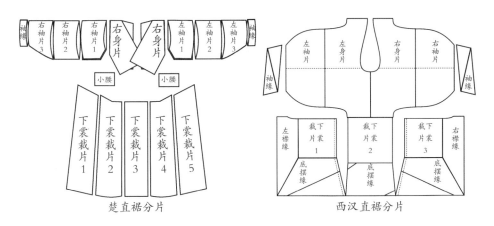

图6　楚汉直裾绵袍结构比较（据《江陵马山一号楚墓》《长沙马王堆一号汉墓》绘制）

其一，从衣式来看，楚漆俑外袍与绛衣下裳裁剪相同，都是"正裁分片"，服用后呈直裾后掩、直裾斜掩式样。漆俑整体造型为：外穿交领右衽宽袖长袍，双袖垂胡、堆褶，外袍袖口缘镶条纹锦，垂坠后露出中衣朱红袖缘，领、袖缘镶条纹锦，襟、摆缘镶菱纹锦，直裾后掩至后中线，衣长及屦。符合《深衣》所载："短毋见肤、长毋被土。"②

楚漆俑外袍的两袖共有六幅袖片拼接，腰系朱红宽腰带，下裳以七道朱砂分割八幅正裁。不论袖片、下裳的分片裁剪还是条纹锦缘，漆俑外袍形制与江陵马山一号楚墓出土的大袖式锦袍（N15、N16、N19）一致。此外，马山墓所出彩绘着衣女木俑的垂髻发式及条纹锦缘亦同，只不过左襟绕转至身后时呈斜掩姿态［图5（b）］。另例直裾后掩见于包山2号楚墓出土的子母口

① 沈从文：《中国古代服饰研究》，上海书店出版社2011年版，第100页。沈从文推测大袖式（长袖式）锦袍应是家常冬装外衣或葬服。笔者认为湖北沙洋塌冢楚墓、河南南阳夏庄22号楚墓人俑服饰造型反映了其应为常服。

② 陈戍国点校：《四书五经·上》，岳麓书社2014年版，第656页。

衾（M2:432）漆画人物及擎灯铜人（2:428）服饰，其裙式的多样性是"十字形"平面构型与适体穿用的交互产物。同一时期内相近地域的人俑发式、服饰造型与出土服饰实物特征可以对览，说明在楚文化影响范围内，宽袖式缝衣和大袖式锦衣构成楚礼服基本样式。

其二，漆俑上衣、下裳拼缝处镶嵌多道朱红绦带凸显了"席居制"礼仪服饰之蔽体功能，故而，制作者采用了与外袍皂色对比鲜明的朱砂来刻画。楚服中用于联结各幅面料的花纹丝绦是"纠"[①]，对于其名物训诂，彭浩已详考，不再赘述。

楚人以"纠"施诸缝中以发挥稳固织物结构和装饰审美作用。缝衣式绣衣（N14）和大袖式锦衣均有使用。

一则，纠被运用于马山楚墓出土衾面（N7）、绣罗单衣面（N9）、绢面绵袍领、袖缘接缝（N14）、锦缘荒帷下缘接缝（43）、绵袴面（N25）及锦面绵袍领缘和袍面（N19）的纵向分割接缝。纠的编织线圈结构起到维系织物横向连缀和纵向稳定的功能。

二则，纠的编织花纹繁简程度与装饰部位纹饰相和谐，如动物纹绦镶嵌于龙、凤、虎刺绣纹饰绢面，而较为简约的十字纹绦则装饰于绵袴背面左右脚接缝处及袴脚口。笔者推测袴用作内衣，不外露，故其纠饰从简。

三则，纠具有良好的纵向拉伸性。用于上衣即可稳固内絮丝绵，又能约束中衣双袖。用于下裳则更显其服用功能：贵族在礼仪活动中跪、跽、正坐均需双膝着地，楚汉礼服均束腰带（男子佩剑、束带），跪坐、行礼、起立都易使下裳前片受到纵向拉扯，"纠"施于外衣、内袴之诸缝中，起到了遮蔽身体，塑造端庄服饰仪态的功能。例如，马山楚墓衣衾揭取了13层之后，露出N19锦袍，袍外系组带、组佩饰，墓主内穿N25绵袴，此二者拼缝处皆有纠饰（图7）。

① 彭浩：《楚人的纺织与服装》，湖北教育出版社1995年版，第8–84页。彭浩将线圈结构嵌饰绦带定名为"针织绦"。学界聚讼于纠的"针织"或"环编"组织及制作技艺，对其技术讨论参见包铭新、陆锡莹《江陵出土战国"针织绦"复原研究》，载《中国纺织大学学报》1989年第6期，第50–56页；赵丰《马山一号楚墓所出绦带的织法及其技术渊源》，载《考古》1989年第8期，第745–750页；邢媛菲《江陵马山战国针织绦带之再议》，载《西北美术》2016年第4期，第97–101页；刘大玮、王亚蓉《湖北江陵马山一号战国楚墓出土的N7衣衾纵向连接处绦带的技术考证》，载《中国古代纺织文化研究与继承》，万卷出版社2018年版，第78–85页。

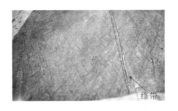

（a）N19绵袍上衣拼缝绦带　　　　　　（b）N19绵袍下裳拼缝绦带

绵袴　　　　　绵袴环编绦细节（放大）

（c）N25绵袴面拼缝绦带

图7　马山楚墓出土服装拼缝绦带（笔者拍摄于荆州博物馆）

　　其三，从人俑衣式看，大袖式锦衣是男女皆可服用的程式化礼服。例如，战国早中期河南南阳夏庄22号楚墓出土的2件陶侍俑大袖式外袍（图8）。虽然人俑袍身的彩绘颜料在出土时已大部分脱落，但是其服饰细节仍反映出楚国礼服的普遍特征。侍者俑穿耳、戴冠（头顶有插孔，或为戴冠，或为插戴发髻），服交领右衽大袖式长袍，腰系彩绘宽革带、带钩较长，长袖垂胡、外袍拖地，下摆呈"入"字形开衩，中衣底缘与脚踝齐平，脚穿圆头屦，整体服饰造型与马山一号楚墓出土的服饰相近。这种"图像—实物"的相似性表明了绛衣及大袖式锦衣反映的是楚文化特征。正如王方爬梳了齐地陶俑人像材料之后指出的："安徽白鹭洲第556号楚墓所出铜灯人像服饰反映的是齐文化特征。"[1]

---

　　[1]　王方：《六安白鹭洲出土铜灯人像的发型与服饰及相关问题》，载《考古》2013年第5期，第76-84页；王方：《从楚服到齐服：战国服饰研究的新材料与新认识》，载《艺术设计研究》2014年第1期，第79-82页。

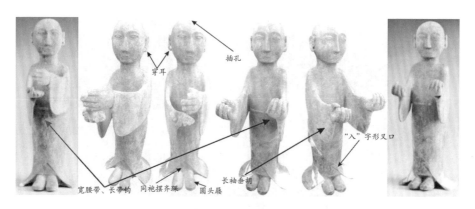

图8　战国早中期陶俑服饰（南阳市文物考古研究所提供）

结　　语

经由对楚汉平面、立体人物服饰特征对比分析可知，绛衣不是绛衣，而是一种短袖阔口、下裳多片"正裁、横向联幅"、上下连属的东周楚礼服款式。一方面，楚男性贵族的礼服强调冠饰、佩剑，当人物衣式相同时，"衣长、袖宽、纹饰、配饰"的丰俭反映身份差异。另一方面，楚汉礼仪服饰在时间轴上表现出先秦"标识"向西汉"反标识"过渡现象。再者，将江陵马山一号楚墓出土服装实物与立体服饰图像特征对览，揭示了绛衣构型所具备的礼仪功能：下裳多片正裁，服用后作直裾后掩、斜掩；"纰"不但能稳固服装结构、装饰衣、裳诸缝的核心装饰要素，而且体现了东周楚国"席居制"礼服之典型礼仪功能，即遮蔽身体，塑造坐、立相宜的端庄姿态。

致　　谢

拙文蒙荆州博物馆康茜女士、南阳考古所乔保同先生、燕睿女士提供文物资料，还蒙学友欧佳先生指正，特此致谢！

云冈石窟装饰图案整理、研究与设计实践

王晨 [①]

摘要： 本文对云冈装饰图案进行历史分期，研究早、中、晚三期的社会、经济、文化背景对装饰艺术风格的影响，重点找出云冈装饰图案发展演变的规律并应用于现代设计，以及融合外来文化，形成本民族装饰特色的过程、成因及表达。

关键词： 云冈装饰图案　整理　分类　应用　设计

云冈石窟雕饰之豪华富丽，备受历代学者称赞。《魏书·释老志》称云冈石窟"雕饰奇伟，冠于一世"，文献描绘所指的估计不仅仅是洞窟造像，也应该包括装饰图案。

现代学者最先重视云冈石窟装饰图案的是中国建筑史专家梁思成、林徽因、刘敦桢等，他们在1933年9月趁到大同测绘华严寺、善化寺等辽金遗构之便，到云冈考察数日，并于12月共同撰写发表《云冈石窟中所表现的北魏建筑》一文，刊发在《中国营造学社汇刊》第四卷三、四合期之上，且有专门章节讨论云冈石刻中的装饰花纹。文中明确指出："云冈石窟中的装饰花纹种类奇多，而十之八九，为外国传入的母题及表现。其中所示种种饰纹，全为希腊的来源，经波斯及犍陀罗而输入者，尤其是回折的卷草，根本为西方花样之主干，而不见于中国周、汉各饰纹中。但自此以后，竟成为中国花样之最普通者，虽经若干变化，其主要左右分枝回旋的原则，仍始终固定不改。"甚至"唐宋及后代一切装饰花纹，均无疑义的、无例外的由此进展演化而成"。

目前，对于云冈装饰图案艺术的专题研究十分有限，各有侧重。1937年，日本学者长广敏雄的《关于北魏唐草纹样的二三》和1952—1956年水野清一、长广敏雄的《云冈石窟》第四卷序章《云冈石窟装饰的意义》两文，主要侧重于装饰纹带讨论。20世纪80年代，宿白先生的《〈大金西京武州山重修大石窟寺碑〉的发现与研究》一文，就云冈第9、10窟与司马金龙墓出

---

① 王晨，云冈研究院文化遗产艺术研究中心。

土文物进行了对比，对确定云冈石窟的分期有着极大的意义。2008年，王雁卿对云冈忍冬装饰图案进行了整理，研究成果发表在《云冈石窟的忍冬纹装饰》一文中。此外，卢秀文等对云冈背光、佛龛等装饰图案做了相关的研究。就装饰图案编绘整理方面而言，1986年，苏州丝绸工学院工艺美术系整理出版了《云冈石窟装饰》，2011年，王晨绘编出版了《云冈石窟装饰图案集》。就目前来看，对于云冈装饰图案的整理工作不够全面，关于其历史演变、艺术特色、文化内涵等方面的研究还缺乏系统性，理论研究方面也比较欠缺。所以，云冈装饰图案艺术方面的这一课题研究的深度存在很大的探索空间。

北魏处在中西文化交流的第二个高潮之中，佛教与佛教艺术大规模进入中华，因此，在云冈石窟中，装饰图案十分丰富而复杂。云冈装饰图案的本源是佛教文化的艺术。其花卉、植物、动物等图案成为这一时期的主流题材，典型的佛教纹样——莲花纹、忍冬纹等在昙曜五窟佛教美术中就被广泛使用，并贯穿云冈早、中、晚三期。云冈石窟装饰图案大气凝重、图案丰富、结构繁简有序、线条优美且疏密有致，具有浓郁的装饰意蕴，凸显出北魏时期的图案特色和抒情写意的审美品质，为中西文化交流的产物。

一、云冈石窟装饰图案的整理与分类

（一）莲花装饰

莲花纹是我国传统的装饰纹样之一，用莲花题材作纹饰，在战国的瓦当和绢帛的花纹上均有表现。汉墓中有完整的莲花藻井。但是，莲花纹成为装饰纹样的主流，是从魏晋南北朝开始的，纹样秀丽，这和当时中国佛教的迅速发展有着很大的关系。佛教认为，莲花是"西方弥陀净土"的象征，又是纯洁的代表，《无量清净尘经》："无量清净佛，七宝地中生莲花上；夫莲花者，出尘离染，清净无暇。"也就是说，莲花是"净土"的代表。莲花作为佛教艺术装饰的主要纹样，在寺庙、石窟、造像、壁画等佛教艺术中被广泛地应用。

在早期的佛教艺术中，表现佛陀多施以象征艺术，有菩提树、足印等，更多的是以莲花为象征，莲花随佛陀形象也随处可见。北魏时期的莲花图案，简练鲜明，拙中藏巧，纹样种类少，组合较简单，同一莲瓣反复连续即构成边饰纹样。莲花纹样多位于佛、菩萨像的头光之处，也有的出现在窟顶的平棋藻井、龛楣之中，甚至是两层佛龛之间与门、窗的边框之上。从空间角度讲，地面、窟顶、明窗等部位不同的莲花纹样，功能上有区别，但又相互联系，共同营造一个佛国的世界（图1、图2、图3）。不论是象征佛国天宫的窟顶莲花，还是地面团莲、莲花头光、莲花门簪、莲花化生、莲瓣纹带等，其在云冈早、中、晚期的石窟艺术中所起的作用都是不容忽视的。

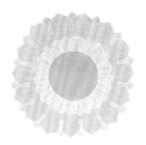　　

图1　第10窟莲花　　　　　图2　第10窟莲花　　　　　图3　第2窟莲花

（二）圣树图案

　　菩提，梵语即觉、智、知的意思，广义地说，就是断绝世间烦恼而集成智慧。菩提树，原名"毕钵罗树"，因释尊在此树下成道，故又名"菩提树"。因此，菩提树亦有"觉树""思维树"之美称，其象征意义为颂扬佛陀之伟大。佛教认为其是佛祖的象征，视之为"圣树"。由于"佛坐其下成正觉"，礼拜菩提树蔚然成风，沿袭至今。云冈的圣树表现，分布较广，石窟中常见雕刻题材是二佛并坐与菩提树一同出现。以云冈第5窟中的菩提树为例，树冠呈椭圆形，枝叶扶疏，具长柄，浓荫覆地，主干较粗，表面裂成数条深沟，提炼概括的手法极为讲究，删繁就简，疏密、线条与面结合，形式感极强，其装饰手段极尽精妙（图4）。第38窟的"音乐树"（图5），为佛经中描绘的七宝树。这些蕴含佛意的树木，大多夹杂在本生、佛传故事中，或呈现在壁面、明窗等部位，如第8窟、第12窟。值得关注的还有第6窟、第9窟、第10窟、第11窟的无忧树、思维树等。圣树形象，树形优美，图案化因素包含其中，枝叶茂盛、遮天蔽日，给人以神圣、肃穆之感，是对于佛国具体场景的表现。

图4　第5窟菩提树

图5　第38窟"音乐树"

（三）动物装饰

云冈石窟中的动物图案有十多种，它虽不是雕刻的主流，但作为装饰图案在烘托洞窟内图像主题、诠释经典、装帧画面等方面都有着一定的隐喻作用。纹样种类既有宣传佛教文化的神话动物，如龙（图6）、象、狮子、鹿、虎、金翅鸟等，也有现实生活中的骆驼、牛、羊、马、蛇、鱼、猪、豹等。它们一般分布在洞窟的顶部、龛楣的下沿、佛座的两侧、图像的中间、边饰的空白等处。

图6　第12窟交龙

（四）兽面装饰

云冈兽面装饰以动物或幻想中神兽的头部正面形象为主，形态逼真、栩栩如生。主要出现在第7窟、第8窟后室北壁上层的盝形帷幕龛（图7）以及第12窟后室南壁西侧的盝形帷幔的结挽之处，晚期第30窟西壁的帐形龛楣上也有保留，甚至包括第1窟、第12窟的塔柱、壁面的斗拱之上也有所表现。另外，在北魏墓葬出土的石椁、石棺床之上，发现了大量的兽面图案，多以铺首为主。这种图像的造型，外轮廓多呈方形，口部衔环，以兽面铺首为主，上部附加宗教人物与忍冬花卉等图案，忍冬纹以主藤蔓为对称轴，呈左右对称，结构规则平稳。主要为青铜、石刻等质地。宋绍祖墓椁室外壁铺首风格与云冈石窟兽面装饰纹样接近（图8）。

图7　第7窟兽面　　　　　　　　　图8　北魏宋绍祖墓石椁板铺首

（五）单独纹样和适合纹样

云冈石窟的单独纹样可以与四周的造像、纹样等分离，并能够独立存在，具有完整性。单独纹样主要有对称式、自由式等，作为洞窟壁面图像内容的补充，构图灵活多变，画面较为生动。适合纹样是依据不同的内容和要求，在轮廓内划定骨架，进行纹样配置。这种纹样一般是按一定的外形需要而专门设计，其形态与外轮廓相吻合，主要有圆形、方形、三角形、平行四边形等。纹样多出现在龛楣之内，以装饰、填充画面为主，十分讲究对称、均衡的艺术效果。

图9　第9窟摩尼宝珠

云冈石窟第9窟后室门拱顶部的摩尼宝珠，托盘上刻仰莲，中间为六棱形宝珠，周围饰火焰纹，栩栩如生，表现出层次感与变化性。这些纹样伴随着石窟雕刻题材内容的表达，使装饰充满活力，蕴含深意，达到了艺术与精神的融合（图9）。第10窟后室南壁盝形帷幕龛龛楣方格内的适合纹样，中心为一朵单瓣重层团形莲花，四角各为一组三叶忍冬纹。第10窟后室门拱顶部的博山炉，炉体雕刻为仰覆莲纹、联珠纹、忍冬纹装饰，炉盖部有重重山岳纹（图10）。

图10　第10窟博山炉

（六）佛像背光装饰

背光是佛教造像中不可或缺的重要组成部分之一，象征佛和菩萨的智慧之光、祥瑞之光。佛"三十二相"中的"常光相"，表示佛身常放光明，普照一切。云冈石窟佛像的背光包括头光和身光两部分，菩萨、弟子像只有头光而无身光。头光多为圆形，也有桃形，多由莲瓣纹、化佛、忍冬纹、火焰纹样等组成。身光多为舟形，主要有火焰形肩焰、飞天、化佛、化生童子、供养天人、忍冬纹、火焰纹等。云冈石窟里的背光图案，彰显了独特的北魏皇家风格。第20窟主佛背光，由头光与身光两部分组成。头光由内向外依次为双瓣莲花纹、入定坐佛、火焰纹等三重装饰纹样。身光直接通向窟顶，依次为火焰式肩焰、供养天人、入定坐佛、火焰纹等四重装饰纹样（图11）。中期，云冈第6窟中心塔柱上层的立佛身光和第13窟的七立佛的身光极具特色、审美意境，时代性、地域性和民族性蕴含于其中（图12、图13）。

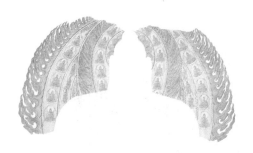  

图11 第20窟背光　　　　图12 第6窟背光　　图13 第13窟背光

（七）窟顶藻井、平棊装饰

藻井是中国古代宫殿、寺庙、大型建筑的室内顶部装饰。汉代建筑中，已有藻井装饰，南北朝时期多有使用，主要用于佛坛上方等最重要的部位。

云冈石窟的藻井图案主要出现在第7窟、第8窟、第9窟、第10窟、第12窟等大型洞窟，多为"斗四"藻井，其外圈一般呈方形。如第7窟后室的窟顶雕六方藻井。枋子相交之处饰团莲，枋上刻飞天，每方"斗四"式藻井的井心雕团莲，四周绕以体态丰满的飞天。八朵团莲皆为素面莲房，外饰宝装双莲瓣。期间四十八身飞天头梳大髻，上身袒裸或着斜披络腋，下身均穿羊肠大裙，他们有的翩翩起舞，左顾右盼，有的手捧莲蕾，合掌祈祷，有的两两成组，窃窃私语；有的共托摩尼宝珠，充满憧憬。整个画面充满了丰富的想象，既有繁荣的再现，又有超然的表达（图14）。云冈中、晚期洞窟窟顶雕刻，往往在平棊四格、六格以及八格中，雕饰斗四（四边形）或斗八（八边形）天花（又称为叠涩天井），中心雕饰团莲（图15）。

图14　第7窟藻井

图15　第38窟平棊

（八）石窟边饰

云冈石窟装饰图案的边饰随处可见，多以植物纹样为主，是一种带状纹样，有忍冬纹、莲瓣纹、莲花纹、葡萄纹等；几何纹有三角纹、龟背纹、绚索纹等。石窟中忍冬纹内容丰富，有单叶忍冬纹、波形忍冬纹、桃形忍冬纹、锁状忍冬纹、缠枝环形忍冬纹等，主要分布在洞窟壁面的佛龛各层的分界之间，拱门与明窗的门楣和边框之处，佛龛的龛柱与佛座之上，在早期洞窟，边饰纹样多出现在佛像服饰的衣领等处，如第19窟、第20窟主佛像僧祇支衣纹饰。边饰纹样单元形较为简单，呈卷曲状，纹样骨骼多为波浪状，但组合方式有变化。在装饰、分割石窟壁面起到了应有的作用，作为重要的类别以及特殊组成部分，其重要性不容忽视。这些纹样在壁面上做连续性的排列，其表现形式最终构成了画面的有秩序的整体与统一，匠心独具地运用了图案的形式美法则。昙曜五窟中的忍冬纹只出现在第19窟、第20窟主佛像僧祇支衣缘处及第20窟东壁佛像头光的外边缘处，其中第19窟忍冬纹以环形藤蔓为基本型，呈带状排列，每个环内三叶忍冬反向对称分布，在顶端相触后回卷，并延伸出一片小叶，在最下方的藤蔓相交处用细带系，形成忍冬叶的根部，在环形与环形相触的位置，也同样用细带系。第20窟衣缘处的忍冬则以两组三叶忍冬对称出现，用细带系，但底端呈分开状，呈单体带状有规律做二方连续状排列，造型严谨有序。以第7窟、第8窟为例，带状纹样上下分层，多以分割式壁面出现，模拟建筑的结构，装饰于窟顶与壁面相交边缘之处，出现条带状纹样分割功能和形式较为突出。如第7窟、第8窟藻井外边缘的位置，用最简约的纹样来衬托藻井、平棋的丰富，对壁面分割起到很好的装饰作用。这一部分纹样多以几何三角形纹样和莲瓣纹为主，用这些纹样和装饰位置，模仿建筑结构的建筑基坊和椽子位置，平衡和分割壁面空间，作为边饰表现出来。

第9窟、第10窟装饰出现在分割壁面到装饰洞窟之中，主要分布在洞窟壁面的佛龛各层的分界之间，拱门与明窗的门楣和边框之处，佛龛的龛柱与佛座之上，这一时期，主要表现在龛楣、门楣，带状纹样在中期洞窟，图案装饰化愈发明显，呈现在分割石窟壁面到洞窟装饰起到了应有的作用，或者说从分割逐渐演化为一种装饰性。作为重要的类别以及特殊组成部分，其功能性、装饰性和重要性不容忽视。尤其需要注意的是，第9窟、第10窟的宫殿式建筑形制，大概是云冈石窟中最为复杂、最为经典的。第10窟窟门内外是方正的过梁式门洞，而第9窟窟门却是两种门洞的组合。近年来大同地区发现的北魏宋绍祖墓，也都出现了类似的仿木建筑石棺椁的葬具，这大致与云冈早、中期营造洞窟时间相当，同样的时间，同样的产地，同样的风格，表达出共同的时尚，丰富了我们对佛殿类洞窟的认识（图16、图17、图18）。

图16　第9窟忍冬纹

图17　第6窟忍冬纹

图18　第7窟忍冬纹

（九）龛楣装饰图案

龛是供奉佛像、神位的阁子，称为佛龛或神龛。楣即门框上的横木，称为门楣。在佛龛的龛额上部位进行各种形式的装饰，这种装饰图案就称为"龛楣"。

龛楣装饰图案是云冈石窟装饰图案的一个重要类别。云冈的龛楣不仅数量多、样式全，而且结构紧凑，布局严密，描绘精细。龛楣形制有圆拱尖楣龛、盝形帷幕龛、帐形龛、宝盖龛、屋形龛等，其中以圆拱尖楣龛与盝形帷幕龛为最多。龛楣的主题纹样多以佛、飞天、乐伎、化生童子、莲花、忍冬纹、禽鸟纹、几何纹等进行组合。云冈第6窟中心塔柱下层四面佛龛是内雕圆拱尖楣龛，外雕盝形帷幕龛的复合龛形（图19）。其中圆拱尖楣龛的楣面雕坐佛，上、下沿饰飞天，楣尾刻龙首反顾，别具特色。第34窟西壁的圆拱尖楣龛，龛楣上沿璎珞，楣面雕七尊坐佛，楣尾雕龙首反顾，极具代表性。盝形帷幕龛，在云冈石窟最为多见，是北魏龛楣装饰图案的典范。

龛楣图案是石窟装饰图案的一个重要内容。从其丰富的内容，到超妙的艺术处理，简练造型，整个画面神态飞扬，大气古雅。龛楣装饰图案既不失热烈，又与窟内雕塑保持了统一的风格，成为组织紧密、刻画细致的一部分，使整个洞窟装饰具有疏密有致、抒情写意的审美品质（图20、图21）。

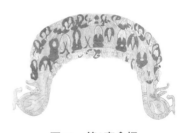

图19　第6窟龛楣

图20　第7窟龛楣

图21　第29窟龛楣

（十）菩萨冠饰、佩饰

菩萨冠饰作为庄严之具，一般多用各种花卉作花结装饰头顶，《大日经·入曼荼罗具缘品》曰："持真言行者，供养诸圣尊，当奉悦意华，洁白黄朱色，钵头摩青莲，龙华奔那伽，计萨罗末利……是等鲜妙华，吉祥众所乐，采集以为蔓。"所以有《西域记》"首冠华蔓，身佩璎珞"的记载，但是作为庄严佛的华蔓，又以各种"宝物"饰之，故又称"宝冠"。云冈石窟的菩萨宝冠主要有三珠冠、花蔓冠、山形冠等，这种形式是北魏时期菩萨宝冠装饰的主流。云冈佩饰图案则包含项链、胸花、璎珞、臂钏、腕钏等内容。这些菩萨冠饰、佩饰纹饰草木丰茂，山势高耸，巧妙连缀，蕴含着山川万物至上的敬畏之意（图22、图23、图24）。

图22　第6窟菩萨冠饰　　　　图23　第6窟菩萨冠饰　　　　图24　第9窟菩萨冠饰

二、云冈石窟装饰图案的文化传承与创造性转化

以云冈装饰图案的应用为例，结合其装饰功能与作用、装饰效果、装饰特征以及风格形成的规律，探讨多元文化交融在中国传统艺术发展中所起到的重要作用是一个主要课题。历史进程中，我们不可避免地会失去许多珍贵的文化信息，但博大精深的民族文化是我们成长的根基，传统文化的创新性设计与实践应用，能增强文化的归属感和民族的认同感，成为人们感悟中华文化、增强文化自信的过程。潜心摹绘洞窟图像，提炼云冈图案基本元素，获取设计素材，这是设计的根本，从而设计出韵味含蓄而且注重文化传播力的纹样作品，同时使得艺术设计为生活服务，最终达到功能性和审美性的完美结合，达到外在形式和内涵的完美结合并不失趣味性。

以云冈锦绣丝巾设计规律为例，依托设计作品的题材内容来源于云冈石窟唯美大气的洞窟主题风格，依托手绘原稿，分析不同时期审美表达和寓意，按照图案形式美法则的基本规律呈现，设计元素以云冈第7窟窟顶飞天、团莲，第6窟中心塔柱立佛背光的火焰纹，以及不同形式的忍冬纹带等为依托，设计骨架再现云冈石窟的"斗八"藻井结构（图25）。从色彩、纹样到设计，再到深层的文化表达，装饰性原则、时代精神与美学意蕴彰显其中。丝巾中的每一个元素，都可以对应洞窟找到其所在位置并予以解读，洞窟美景好似就在眼前。设计骨架需要通过比较和分析云冈装饰纹样的形式美规律，以雕刻位置、图像形式、演变规律、纹样来源及文化交融的传承关系为切入点，探讨纹样之间的相互关系和象征意义，表达云冈装饰纹样在文化交流中的角色和交融过程的演变规律。

图25　云冈图案丝巾设计原稿

三、图案美学规律的应用示例

以套叠方式呈现并结合经典的云冈装饰图案作品，分析其造型、构图组成、色彩搭配等方面的特点，总结出其设计创作中包含的形式美的规律（图26）。由点到面，深入探讨某一时期某一类云冈装饰图案的整体特征，以及风格的形成和演变规律。把"古为今用"和文物的"活化利用"相结合，为"推动文物活化利用，推动文明交流互鉴，守护好、传承好、展示好中华文明优秀成果"，从云冈石窟装饰艺术中吸收优秀的传统精华，并应用于我们的现代生活和文化创意设计之中。

图26　云冈图案丝巾设计原稿

该图案原稿来源于摹绘原稿云冈石窟第7窟后室的窟顶雕六方藻井，枋子相交之处饰团莲，枋上刻飞天井心雕团莲，四周绕以体态丰满的飞天。八朵团莲皆为素面莲房，外饰宝装双莲瓣。四十八身飞天头梳大髻，上身袒裸或着斜披络腋，下身均穿羊肠大裙，他们有的翩翩起舞，美目盼兮，有的手捧莲蕾，合掌祈祷，有的两两成组，轻言细语，有的共托摩尼宝珠，充满希冀。整个画面充满了神圣感、庄严感和仪式感，既有繁荣的再现，又有超然的表达。动静之间那种视觉的奢华与听觉的邈远融于一体。藻井围巾设计是云冈洞窟顶部图像的真实再现，色彩做了纯度推移，设计形式以艺术画卷轻松铺卷开来，同时提炼北魏皇家色彩体系，做色系分析、管理与提炼，构图设计保留洞窟原貌，彰显北魏皇家工程的装饰特色和抒情写意的审美品质（图27、图28）。

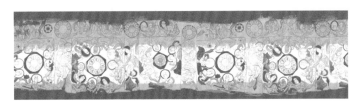

图27　月下云冈藻井围巾手绘稿

图28　月下云冈藻井围巾手绘原稿

笔者将设计与洞窟调查相结合，在多年实地调查、摹绘云冈石窟窟顶藻井、平棊的基础上，依托手绘原稿，按照图案形式美法则的基本规律做带状呈现，藻井图案在云冈文脉的长卷里舒展开来。该设计再现了古代建筑、服饰、佩饰等方面的装饰风格和发展变化，也反映了中西文化艺术上相互影响以及融合发展的关系。云冈装饰图案中可以运用到现代设计艺术中的因素，并分析如何付诸设计实践，将云冈图案的造型元素、构图元素、色彩元素、艺术风格应用到各类现代设计中去，同时提炼经典并挖掘其文化内涵。

小　　结

一切艺术皆为社会生活的反映，其艺术表现形式和审美取向是人类社会意识形态在特定历史时期的反映。作为石窟装饰的形象资料，云冈石窟装饰图案的每种纹样各具特色，布局严密且描绘精细，既相互联系，又可以作为独立的图案类型。在布局上也充分考虑了壁面的空间，既强调了构图的巧妙和组合的协调，同时也与窟内雕塑在风格上得以统一。通过不同的装饰手法，形象地再现了北魏时期石窟装饰艺术的形成、演变与发展。可以说，云冈石窟的图案美学文化是一个可借鉴、可传承并可古为今用的艺术形式，有助于传承和弘扬中国优秀的装饰艺术传统，有利于繁荣当代的装饰艺术设计。我们需要采取兼容并蓄的原则，对传统艺术的精华进行吸收和理解，最终应用于现代艺术和设计创作，也只有这样，才能将我们的民族精神和时代精神融为一体，才能增强我们的文化归属感和民族认同感，也才能发展出民族的、科学的、大众的新时代艺术。

如上所述，笔者还有以下疑问，装饰图案作为建筑装饰艺术，究竟是如何进入石窟中的？为何有这样的表现？有什么规律？它与中国秦汉美术关系如何？又怎样反映了希腊、罗马、波斯及犍陀罗等方面装饰艺术形式？这些都需要我们进一步挖掘。艺术多为社会生活的反映，其艺术表现形式和审美取向是人类社会意识形态在特定历史时期的反映。就目前来看，对于云冈装饰图案的整理研究工作不够全面，关于其历史演变、艺术特色、文化内涵等方面的研究还缺乏系统性，理论研究方面也比较欠缺。所以，云冈装饰图案艺术方面的这一课题研究的深度仍存在很大的探索空间。

宋代女子首服"盖头"考释

张彬 [1]

提要： 如果我们观察宋代的人物雕塑、绘画以及其他视觉媒介，便会发现"盖头"在宋代不同阶层的女子首服中常常出现，说明它在当时的使用十分普遍。但是目前学术界对于宋代女子首服"盖头"的源起、形制及佩戴方式、用途等相关问题并没有讨论，至今仍不清楚。在本文中，笔者将以物质文化研究的方法，对"盖头"的诸多问题进行深入研究，全面探讨宋代女子首服"盖头"。

关键词： 宋代服饰　首服　盖头　帷帽

查阅诸中国服饰通史类书籍，仅限于几句话是关于宋代女子首服"盖头"的描述。宋人高承在《事物纪原》中描写宋代女子首服时云："面衣，前后全用紫罗为幅下垂，杂他色为四带，垂于背。"[2]其中提到的"面衣"指的就是"盖头"。沈从文先生在《中国古代服饰研究》中谈到宋佚名《耕织图》中的妇女首服时仅提道："宋代的纱、罗盖头由唐代帷帽发展而来。"[3]周锡保先生在《中国古代服饰史》中不确定地说："四川广汉出土的宋代三彩釉女俑头上所戴之物疑似是盖头。"[4]至于宋代女子首服"盖头"的源起、形制及佩戴方式、用途等相关问题，并没有讨论，至今仍不清楚。笔者尝试从物质文化史的角度，对有关宋代女子首服"盖头"的诸多问题进行讨论。

一、"盖头"的源起

宋承唐制，包括继承了唐代的舆服制度。周辉《清波杂志》记载："士

大夫于马上披凉衫，妇女步通衢，以方幅紫罗障蔽半身。俗谓之'盖头'。盖唐帷帽之制也。"①可见宋代女子首服"盖头"源起于唐代女子首服帷帽。

关于帷帽，《旧唐书·舆服志》记载："永徽之后，皆用帷帽，拖裙到颈，渐为浅露。寻下敕禁断，初虽暂息，旋又仍旧。咸亨二年又下敕曰：'百官家口，咸预士流，至于衢路之间，岂可全无障蔽。比来多着帷帽遂弃幂䍦。'"②为此，朝廷曾下旨禁止此种行为，理由是"过为轻率，深失礼容"。刘肃《大唐新语》中也有与其相同的记载："显庆中，诏曰：'百家家口，咸策士流，至于衢路之间，岂可全无障蔽？比来多着帷帽，遂弃幂䍦……过于轻率，深失礼容。自今已后勿使如此。'"③但是由于"递相效仿，浸成风俗"，其收效甚微，最终至神龙末，幂䍦始绝。④帷帽成为唐代女子出行时的时尚之物。

沈从文先生认为："有属于硬胎笠帽下垂网帘的，应即帷帽。"⑤在现存的唐代图像中，如李昭道《明皇幸蜀图》（图1）中的骑马女子和吐鲁番阿斯塔纳唐墓出土骑马女俑（图2）头上所戴之物即是帷帽。宋人张择端所绘的《清明上河图》，展现了宋代繁华的汴京都市，虽然画卷中出现的女子人数寥寥无几，但是我们也可以见到这种唐代服饰的遗风——女子骑驴头戴帷帽出行的形象（图3）。

虽然帷帽和"盖头"之间的关系极为密切，但唐、宋女子出行时使用首服帷帽和"盖头"的初衷却截然相反。首先，由于唐代思想进步，社会风尚多变，女子外出时使用帷帽是为了摆脱封建礼教束缚所做的大胆尝试；然而宋代崇尚理学，在理学思想的影响下，整个社会通过制定"家规""家训"等措施，对女子礼教的宣传不遗余力。但是由于宋代商品经济发达，市民阶

---

① 〔宋〕周辉撰，秦克校点：《清波杂志》（卷二），上海古籍出版社2007年版，第5030页。

② 〔后晋〕刘昫等撰：《旧唐书·舆服志》，中华书局2000年版，第1331页。注：幂䍦，其本意泛指一切覆盖下垂的东西。帷帽与幂䍦的不同点是前者所垂帽裙较短，只到颈部，后者所垂较长，实则是一种较长的首服，帷帽由幂䍦衍变而来。由于本文主要探讨宋代女子首服"盖头"，因为其与帷帽更加接近，所以笔者只是让读者知道帷帽与幂䍦的关系即可，由于篇幅有限，幂䍦不再赘述。

③ 〔唐〕刘肃撰，许德楠、李鼎霞点校：《大唐新语》（卷十），中华书局1984年版，第151页。

④ 〔宋〕欧阳修、宋祁撰：《新唐书·五行志》，中华书局2000年版，第581页。

⑤ 沈从文：《中国古代服饰研究》，商务印书馆2011年版，第350页。

图1　《明皇幸蜀　　图2　吐鲁番阿斯塔纳唐墓出　　图3　《清明上河图》（局部）
图》（局部）　　　土骑马女俑

层的进一步壮大，社会风尚也随之变化。有宋一代，"盖头"取代了帷帽的地位，它不仅是女子外出时所使用的首服，也是女子日常生活中（诸如婚礼、葬礼）普遍使用的服饰之一，其形制及佩戴方式、用途进一步扩大。

二、"盖头"的形制及佩戴方式

首先，我们参看李嵩《货郎图》（图4）、宋佚名《耕织图》（图5）中的村妇，张择端《清明上河图》中的骑驴女子（图6）及江苏泰州森森庄宋墓出土的木俑贵妇（图7），她们头上所戴的首服均是"盖头"。其形制基本相同，均是把布帛缝制成风兜状，其样式类似风帽，下缀帽裙，佩戴时直接套在头顶，露出脸面，帽裙披搭于背后，下不及腰。图像中的"盖头"形象与文献的记载相一致。由于"盖头"在宋代女子首服中普遍使用，间接地刺激了宋代其他艺术形式在创作中对女子首服"盖头"的借鉴。如宋代湖田窑观音像（图8），活脱脱地像一位头戴"盖头"的宋代女子，佛教中的世俗化色彩大大加强。文化部艺术品评估委员会委员余光仁先生说："宋代湖田窑观音像头部特殊配饰显然亦有这种宋代妇女普遍流行的盖头装饰的特点。宋代女子盖头也成为判断此尊观音像烧造年代的一个佐证。"①由此我们可以断定

---

① 余光仁：《"饶玉"之美：对一尊宋代湖田窑观音像的鉴赏》，载《东方收藏》2011年第1期。

美国纳尔逊–阿特金斯艺术博物馆藏宋佚名《水月观音图》（图9）和四川博物院藏宋佚名《柳枝观音像》（图10）中的观音首服造型的来源也是宋代女子首服"盖头"。

图4　《货郎图》（局部）　　　　　　　图5　《耕织图》（局部）

图6　《清明上河图》（局部）　　图7　江苏泰州森森庄宋　　图8　宋代湖田
　　　　　　　　　　　　　　　墓出土木俑贵妇（局部）　　　窑观音像

图9　《水月观音图》（局部）　　　　图10　《柳枝观音像》（局部）

高承在《事物纪原》中说："永徽之后用帷帽，后又戴皂罗，方五尺，亦谓之幞头，今曰盖头。"①宋代的一尺大约合今31.68 cm，"盖头"方五尺，大约为158.4 cm，其边长约为79.2 cm。根据文献与图像互证可知，"盖头"的帽裙披搭于背后的尺寸长度，大致在腰部位置，符合文献中"方五尺"的记载。

笔者认为，高承所说的"幞头，今曰盖头"，如果把二者等同起来看待，有些语义含糊不清。幞头的形制在宋代发生了很大的变化，沈括《梦溪笔谈》记载："幞头一谓之'四脚'，乃四带也，二带系脑后垂之，折带反系头上，令曲折附顶，故亦谓之'折上巾'……本朝幞头有直脚、局脚、交脚、朝天、顺风、凡五等，唯直脚贵贱通服之。"②可见在宋代，幞头与"盖头"的形制差别很大。很多学者根据宋高承的此条文献将幞头认作"盖头"，实属误会。③

由于宋代画家以高超的技艺，非常写实地描绘了"盖头"的造型，所以笔者根据图像中所呈现的信息，进一步发现其佩戴方式具有多样化，并不是重复单一的（婚礼时所使用的"盖头"佩戴方式除外，笔者将在下文论述）。江苏泰州森森庄宋墓出土木俑贵妇（图7）所戴"盖头"的帽裙下摆制成圆形，下垂至腰部以上，帽裙的下端被割开，形成两个披肩状，下端制成尖角，自然下垂。如果我们仔细观察李嵩《货郎图》（图4）中的两位村妇所戴的"盖头"，便会发现，其佩戴方式也是不同的。左侧一人所戴"盖头"包住了前额的发髻，在耳部位置用绦带结扎起来。倘若想更清楚地看到绦带结扎后"盖头"的具体造型是什么样，可参看美国

图11　《货郎图》（局部）

①　〔宋〕高承撰，〔明〕李果订，金圆、许沛藻点校：《事物纪原》（卷三），中华书局1989年版，第141页。

②　〔宋〕沈括撰，施适校点：《梦溪笔谈》（卷一），上海古籍出版社2015年版，第3页。

③　戏曲史研究专家唐山先生在其文章《江西鄱阳发现宋代戏剧俑》中描述头戴"盖头"的女瓷俑时说："她头戴遮面幞头，身着宽袖袍，腰束丝带，脚穿尖靴。"唐先生把幞头完全等同于"盖头"，有误。实则在宋代，幞头与"盖头"是两种不同的首服样式。参见唐山《江西鄱阳发现宋代戏剧俑》，载《文物》1979年第4期。

大都会博物馆藏李嵩的另一幅《货郎图》（图11）中的女子形象，这幅画清楚地显示出这种"盖头"的佩戴方式确实是用绦带结扎，并且结扎后的绦带两脚自然下垂；右侧一人所戴碎花"盖头"并没有把前额发髻罩住，前面发髻上所斜插的梳子发饰清晰可见，帽裙披搭于后背，自然垂下，并无结扎，其与宋佚名《耕织图》（图5）中的农妇所使用的"盖头"佩戴方式相同。由此，我们可以断定张择端《清明上河图》（图6）中的女子头上所戴之物也应是"盖头"，女子前额发髻上的发饰清晰可见，只是"盖头"的佩戴方式不同罢了。孟元老在《东京梦华录》中说："妓女旧日多乘驴，宣、政间惟乘马，披凉衫，将盖头背系冠子上。"[①]他又为我们提供了一种"盖头"的佩戴方式。由此可见，"盖头"在宋代的形制基本相同，但佩戴方式是多样的，它在宋代女子日常生活中普遍使用，正如沈从文先生所言："'盖头'确实是宋代女子普遍流行的头上应用物。"[②]

三、"盖头"的用途

由上文可知，从上层贵妇到下层妇女，"盖头"在宋代各个阶层的女子首服中普遍使用。上文讨论了宋代女子首服"盖头"的源起、形制及佩戴方式等相关问题，一目了然。除此之外，"盖头"的用途在宋代女子的日常生活中也是多样的。限于篇幅，笔者主要探讨宋代女子首服"盖头"三种"礼制"视域下的用途，即出门蔽面、婚礼、丧礼。

宋代儒、释、道三家思想进一步融合，逐渐完成世俗化。宋人崇尚理学，为了巩固儒家利益和伦理教化至高无上的地位，整个社会对女子礼教的宣传不遗余力。长期以来，在中国古代女子习俗中，流传着蔽面的传统，无论是"金华紫罗面衣"[③]还是"皂縠幪首"[④]，都与社会的礼教有着密不可分的关系。就宋代而言，宋代女子首服"盖头"也是作为"礼"范畴内的首服。如司马光《居家杂仪》记载："妇女有故身出，必拥蔽其面（盖头）。男子夜行以烛。男仆非有缮修，及有大故，不入中门。入中门，妇人必避

---

① 〔宋〕孟元老撰，王永宽注译：《东京梦华录》，中州古籍出版社2010年版，第142页。

② 沈从文：《中国古代服饰研究》，商务印书馆2011年版，第480页。

③ 〔晋〕葛洪撰，周天游校注：《西京杂记》（卷一），三秦出版社2005年版，第62页。

④ 〔晋〕干宝撰：《搜神记》（卷八），中华书局1981年版，第110页。

之。不可避，亦必以袖遮其面。"[①]宋代的女子首服"盖头"多用于室外，室内通常不戴，如洪迈在《夷坚支景》卷八中记载："安定郡王赵德麟，建炎初自京师挈家东下，抵泗州北城，于驿邸憩宿。薄晚，乎索熟水，即有妾应声捧杯以进，而用紫盖头覆其首，赵曰：'汝辈既在室中，何必如是？'"[②]

图12　南宋洪子成夫妇合葬墓出土戏瓷俑

　　除此之外，有宋一代，新娘出嫁，也使用盖头蒙面。[③]"这是具有特定含义的盖头，与妇女平时室外戴的盖头存在差别"[④]，其佩戴方式与上文中提到的不同，它覆盖住整个脸部，长度大致在腰部位置。1975年，江西鄱阳县磨刀石公社殷家大队发掘了南宋洪子成夫妇合葬墓，[⑤]其中出土了一件头戴"盖头"的戏瓷俑（图12），此女瓷俑头戴"盖头"，在宋代南戏表演中扮演结婚女子的角色。因为在宋代南戏剧本中，男女爱情故事占有很大比重[⑥]，我们从宋人津津乐道的

---

① 〔宋〕司马光著：《司马氏书仪》（卷四），中华书局1985年版，第43页。

② 〔宋〕洪迈撰：《夷坚支景》（卷八），大象出版社2008年版，第277–278页。

③ 宋代以前，女子出嫁使用景衣，景衣是否和"盖头"在结婚时的用法相同，仍待考查。笔者认为，《仪礼·士昏礼》记载："妇乘以几，姆加景，乃驱。"郑玄注："景之制盖如明衣，加之以为行道御尘，今衣鲜明也。"也就是说，新娘出嫁时，身披景衣，目的是遮挡尘土，以保持礼服鲜明，显然和宋代结婚时使用的"盖头"不是一回事。段成式《酉阳杂俎》记载："近代婚礼……以蔽膝覆面。"说得也不是很清楚，而且宋以前也没有相关文物出土。直到宋代，我们结合文献与出土文物（图12）互证，清晰表明宋代新娘出嫁时，使用"盖头"蒙面。自宋以后的朝代，大婚时，新娘均头戴"盖头"出嫁。如明刊本《屠赤水批评荆钗记》，吴友如《山海志奇图》等，留存了大量的图像，笔者不在此赘述。

④ 游彪：《宋史：文治昌盛与武功弱势》，三民书局2009年版，第297页。

⑤ 唐山：《江西鄱阳发现宋代戏剧俑》，载《文物》1979年第4期。

⑥ 史仲文主编的《中国艺术史（戏曲卷）》记载："初生的南戏选择了家庭生活与男女爱情关系的角度切入社会生活，这个角度最便于发挥南戏的舞台特长，它所体现的又正是人生最核心的部分，也是人类情感最为关注的部分，因而这种选择给南戏带来了初发生命力。"参见史仲文《中国艺术史（戏曲卷）》，河北人民出版社2006年版，第218页。

廖奔先生认为："鄱阳县南宋景定五年洪子成墓出土瓷俑以生、旦为主，体现了南戏的特色。其中旦色头裹盖头装扮新娘的形象，令人想起《张协状元》末出里的人物扮饰：生旦洞房花烛，旦大装上。（外唱）'盖头试待都揭起'，其中所说的'大装'扮饰，就是与瓷俑类似的形象。"参见史仲文《中国艺术史（戏曲卷）》，河北人民出版社2006年版，第213–214页；张彬《从〈张协状元〉看宋人服饰与人物形象塑造》，载《浙江学刊》2020年第1期。

南戏剧本《张协状元》中就可以看出此类爱情题材的端倪。如《张协状元》第五十三出唱道："【幽花子】盖头试待都揭起。（贴）春胜也不须留住。（合）天生缘分克定，好一对夫妻。"①

伴随着宋代坊市制度的逐渐废除，商品经济贸易发达，"每一交易，动即千万"②，一种崭新的物质文化生活出现，一个新兴的商业社会已经在宋代初露端倪。这种城市商品经济的繁荣，催生了宋代女子服饰的奢侈攀比之风，大婚时女子所使用的"盖头"的奢华程度不言而喻。如吴自牧在《梦粱录》中记载临安婚礼前三日："男家送催妆花髻、销金盖头、五男二女花扇，花粉盝、洗项、画彩钱果之类。"③高春明先生认为此处的"催妆盖头"应为红帛。徐美云也说："从后晋到元朝，盖头在民间流行，并成为新娘不可缺少的喜庆装饰。为了表示喜庆，盖头都选用红色的。"④由此可知，宋代婚礼中所使用的"盖头"应为红色，正好与新娘身上所穿的乾红大袖团花霞帔相匹配。到了大婚当日，新娘被迎娶到新郎家，二人并立堂前，新郎"以称或用机杼挑盖头，方露花容，参拜堂次诸家神及家庙"⑤。在宋元十分流行的小说话本中，也有与其相关的文献记载，如在《张主管志诚脱奇祸》中记载："这小夫人着销金乾红大袖团花霞帔，销金盖头……小夫人揭起盖头，看见员外须眉皓白……花烛夜过了，心下不悦。"⑥这种宋代民间结婚时使用"盖头"的风俗进一步影响到高墙深院中的皇族宗亲，如《宋史·礼志》记载："诸王纳妃。宋朝之制……锦绣绫罗三百匹，果槃、花粉、花幂（花罗"盖头"）……"⑦当然，诸王纳妃所使用的奢华"盖头"与民间结婚时所使用的不能同日而语。宋代以后，女子出嫁戴"盖头"的风俗一直延续不衰，有清一代，上升为礼制规范。⑧

---

① 〔宋〕九山书会编撰，胡雪冈校释：《张协状元校释》（第五十三出），上海社会科学院出版社2006年版，第199页。

② 〔宋〕孟元老，王永宽注释：《东京梦华录》（卷二），中州古籍出版社2010年版，第44页。

③ 〔宋〕吴自牧：《梦粱录》，中国商业出版社1982年版，第173页。

④ 徐美云：《新娘"红盖头"的由来》，载《文史博览》2008年第5期。

⑤ 〔宋〕吴自牧：《梦粱录》，中国商业出版社1982年版，第174页。

⑥ 程毅中辑注：《宋元小说家话本集》，人民文学出版社2016年版，第723页。

⑦ 〔元〕脱脱等：《宋史》，中华书局2000年版，第1841页。文中提及的"花幂"就是以花罗制成的"盖头"。

⑧ 〔清〕赵尔巽等：《清史稿》（上），上海古籍出版社1986年版，第356-358页。

此外，宋元小说话本《快嘴李翠莲记》记载："沙板棺材罗木底，公婆与我烧钱纸。小姑姆姆戴盖头，伯伯替我做孝子。"①吕祖谦《吕氏家范》记载："妇人皆盖头。至影堂前。置柩于床，北首。"②由文献记载可知，"盖头"在宋代的丧礼中也有应用，但是此处的"盖头"不同于女子在室外和婚礼时所使用的，而是对颜色和材质有特别的规定。根据《宋史》中有关凶礼的"服纪"规定："高宗时期御朝浅素，孝宗时出现了白布幞头、白布袍、白绫衬衫，光宗在此基础上又规定士庶于本家素服。"③所以笔者认为，宋代女子在丧礼中所使用的"盖头"应是白色，粗布材质。④宋代的岭南地区地处位置偏远，受到儒家思想影响较小，所以当宋代北方人看到此地区女子头戴白色的"盖头"时，遂讶曰："南瘴疾杀人，殆比屋制服者欤？……当闻昔人有诗云：'萧鼓不分忧乐事，衣冠难辨吉凶人。'"⑤在周辉《清波杂志》中也有相同的记载："广南黎洞，非亲丧亦顶白巾，妇人以白布巾缠头。"⑥如山西长治故漳村宋墓东壁北部壁龛的壁画（图13）中，即有一女子头戴"盖头"，身穿圆领白色长袍的形象。临夏祁家庄宋代砖雕墓（图14）中也有一女子头戴"盖头"，身穿长裙，外罩褙子的形象。这一类题材被考古人员称为"吊孝图"，这些身穿丧服的哀悼女子似乎是对哭丧场景的反映。但目前考古报告中把女子头上所戴之物称为"孝巾"⑦，笔者认为有误，其应为"盖头"，因为"孝巾"一词最早出现在后世明代人的文献记载中，宋代并无此称呼。

---

① 程毅中辑注：《宋元小说家话本集》，人民文学出版社2016年版，第365页。

② 〔宋〕吕祖谦：《吕氏家范》，参见〔宋〕朱熹著，朱杰人编注《朱子家训》，华东师范大学出版2014年版，第186页。

③ 〔元〕脱脱等：《宋史》，中华书局2000年版，第1968–1969页。

④ 〔元〕脱脱等：《宋史》卷一百五十三记载："干道初，礼部侍郎王酽奏：'白衫，有似凶服……于是禁服白衫，白衫只用为凶服矣。'"参见脱脱等《宋史》（卷一百五十三），中华书局2000年版，第2392页。可见由于其色白而成为凶服，所以笔者认为作为凶服的"盖头"也应是白色。

⑤ 〔宋〕周去非撰，查清华整理：《岭外代答》（卷七），大象出版社2008年版，第165–166页。

⑥ 〔宋〕周辉撰，秦克校点：《清波杂志》（卷二），上海古籍出版社2007年版，第5126页。

⑦ 朱晓芳、王进先、李永杰：《山西长治市故漳村宋代砖雕墓》，载《考古》2006年第9期。临夏市博物馆：《临夏祁家庄宋代砖雕墓清理简报》，载《陇右文博》2014年第1期。

图13　山西长治故漳村宋墓东壁北部壁龛的壁画

图14　临夏祁家庄宋代砖雕

综上所述，宋代女子"盖头"的用途被宋人在现实生活中赋予了更多的意义。

小　结

"素脸红眉，时揭盖头微见"[①]，由于宋代思想观念与风俗之变，由唐代女子首服帷帽演变而来的"盖头"成了宋代女子日常生活中普遍使用的首服。有宋一代，"盖头"的形制及佩戴方式、用途特征鲜明，体现出宋代理学思想对女子服饰的普遍影响。此外，在中国古代服饰的发展演变进程中，宋代女子首服处于中国古代女子首服承前启后的转折阶段，具有较强的时代特征，它不仅使"盖头"成为女子群体中普遍使用的首服，也为后世女子首服式样的创新奠定了基础。从某种角度说，今天，我们看到中式婚礼中的女子头戴典雅的"盖头"或乡村中的妇女头戴质朴的"盖头"形象，实际上在宋代女子的首服中已见出端倪。

① 〔宋〕柳永著，孙光贵、徐静校注：《柳永集》，岳麓书社2003年版，第59页。

传统中医文化视域下的宋代儿童服饰研究

赵诗琪[①]

摘要：宋代以前医家撰写的照护小儿健康知识中，专门提到服饰作为保卫初生儿生命健康的意义。中国古代儿童服饰设计，与传统中医文化有着紧密关联，却未能引起学人重视，故而本文以宋代儿童群体为研究对象，考察宋代各类医籍，并结合图像资料和实物资料，分析宋代医学文化影响下的儿童服饰设计。儿童服饰关系着初生儿的健康生长，能够起到养生保健作用，甚至服饰在治疗儿童的疾病过程中也能发挥医学功用。关于古代儿童服饰与传统中医的研究，不仅有助于了解中国医学文化如何影响服饰的演变，而且也能反映服饰在卫生保健与医疗实践过程中扮演的重要角色。

关键词：中医文化　宋代　儿童　服饰

大凡论及服饰的起源，都会联想到三种学说，一是服饰的遮羞说，二是服饰的装饰说，三则是服饰的保护说。早在原始社会，先民就懂得如何制作兽皮保暖，服饰对于人类来说，是驱寒保暖的日常生活物品。随着文明的演进，生产力的不断发展，社会等级制度的不断强化，服饰成为区别上下尊卑和礼仪等级的重要标志，社会的礼仪观念主导了服饰的发展和演变。而进入东汉社会以后，这种礼仪观念悄然发生着改变，例如，《礼记·曲礼》记载："幼子常视毋诳。童子不衣裘、裳。立必正方，不倾听。长者与之提携，则两手奉长者之手。"从这句话的上下文语境来看，童子不穿着裘与裳，是为了与成人的服装礼仪相区别。而透过郑玄的注释，展现出的却是另外一种解读。郑玄说："裘大温，消阴气，使不堪苦，不衣裘、裳便易。"[②]很显然，郑玄从儿童身体层面，对于"童子不衣裘、裳"重新加以释读，而这背后表现出的是一种区别于礼仪的医学身体观。

魏晋南北朝以还，新的医学观念的出现，对于儿童服饰的影响愈发强

---

① 赵诗琪，湖北美术学院艺术人文学院。

② 〔清〕孙希旦撰，沈啸寰、王星贤点校：《礼记集解》（卷一），《曲礼》，中华书局1989年版，第23页。

烈。医学书籍中出现了大量与儿童相关的记载，其中尤为重要的是德贞常所著的《产经》。此书早已亡佚，不过书中的部分内容收录在丹波康赖编纂的《医心方》中。从《医心方》所收条目看，《产经》不但记录妇人产孕期的诸般安全事项，也涵盖小儿初生哺乳、洗浴、断脐、着衣等调护方面的知识，内容详尽。尤其值得注意的是，儿童服饰竟也被纳入医书的书写范围之中。服饰作为日常之物，成为医学知识体系之下调护小儿身体健康的重要组成部分。针对《医心方》卷二十五"小儿初着衣方""小儿调养方"条目中收录的《产经》原文来看，小儿初生时穿着的服饰应遵循几项原则，以达到卫护生命的目的：一是依循出生时辰搭配不同颜色的着装；二是宜选用旧面料，忌穿新衣；三是不可过厚，少着为宜；四是根据天气冷暖，增减衣服。①

衣着卫生是护养小儿的关键，也成为医家思考的问题。进入隋唐时期，巢元方《诸病源候论》卷四十五《小儿杂病诸候》记载了如何护养小儿穿衣着装，以适应天气寒暖变化。②孙思邈编著的《千金要方》卷五《少小婴孺方》"初生出腹第二"中，将"衣儿"标示在卷首的标题目录后，作为小儿初生护养的一个重要步骤。③王焘《外台秘要》卷三十五《小儿诸疾》同样也将小儿服饰作为"小儿初生将护法"中的内容。④这些医书中论述的服饰知识为后代小儿调护与养育提供了参考与指引，也完善了儿科医学的发展内容。

到了宋代，小儿科成为与其他医学分庭抗礼的专科医学。官府与民间社会纷纷为儿童著书立说，北宋至南宋三百余年，由皇帝下敕编撰的医学著作中，均可见小儿医学门类，如《太平圣惠方》《圣济总录》承袭了隋唐以来医籍中关于小儿初生护养与医疗疾病的书写模式，并增添了许多新的护养方式与诊治药方。民间医家钻研发展儿科医学，令儿科作为一种专科，在学理与技术上向前迈进了一大步，《小儿药证直诀》《幼幼新书》《小儿卫生总微论方》等医学专书纷纷涌现。这些官方与民间医籍中详细记录了服饰同儿童生命健康的关联，那么，宋代儿科专业医学知识的形成是如何影响儿童服饰的设计和演化的呢？医家又是如何对儿童的穿着方式予以管控的呢？下

① 〔日〕丹波康赖、赵明山等注释：《医心方》（卷二五），辽宁科学技术出版社1996年版，第980–981页。

② 〔隋〕巢元方撰，南京中医学院校释：《诸病源候论校释》，人民卫生出版社，1980年版，第239页。

③ 〔唐〕孙思邈著，李景荣等校释：《备急千金要方校释》，人民卫生出版社2014年版，第88页。

④ 〔唐〕王焘撰，高文铸校注：《外台秘要方》，华夏出版社1993年版，第702页。

文笔者将基于两宋视觉图像中的儿童形象，配合医学文献史料和服饰实物，站在跨文化、跨学科的视域下，从医学文化这一全新视角对儿童服饰的设计艺术重新解读，透过多个儿童服饰个案，分析服饰与社会医学文化间的密切联系，思考宋代社会文化背景之下，儿童服饰设计背后展露的医学身体观念。

一、童帽

在台北故宫博物院所藏的一幅传为苏汉臣的宋代绘画作品《长春百子图》（图1）中，可以观看到宋代儿童所戴的两种典型的童帽样式。第一种是，图像上部儿童头戴的长至肩膀的蓝色封顶帽子，这种帽子遮挡住了儿童的后脑勺及颈部。宋代专门介绍儿童护养和疾病的医学专书《小儿卫生总微论方》中就对这种首服加以医学化阐述。书中说道，儿童冬月时须穿着"帽项衣"，缘因小儿颈部第七棘突下方为"大椎穴"，全身阳经汇集于此，而后脑部有"风池""风府"两穴，如果不加以保护，很容易感染风寒，所以书中援引社会的俗谚："戒养小儿，慎护风池者是也。"①

图1　《长春百子图》（局部）（苏汉臣，纵30.6 cm，横521.9 cm，宋代，台北故宫博物院藏）

第二种是，图像正中间和图中左下角两小儿头戴的露顶童帽，这种帽式显然与第一种封顶童帽不同。露出小儿头顶的童帽设计，在宋代医籍里同样给予了十分合理的解释，例如宋代大型儿科医籍《幼幼新书》引《婴童宝鉴》论说："孩子春勿覆顶裹足，致阳气亡出，故多发热。衣物夜露，多生天

---

① 〔宋〕佚名：《小儿卫生总微论方》（卷二），载曹炳章编辑《中国医学大成》（第三十二册），上海科学技术出版社1990年版，第11页。

病。"①儿童是纯阳之体，而头部又是六条阳经聚集之处（图2），所以小儿头顶的阳气较成人更为旺盛，露顶童帽的设计是为了配合儿童的生理特点。

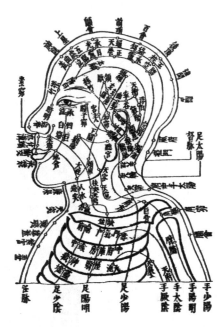

图2 《类经图翼》示意（头为诸阳之会，手、足三阳经交会于大椎）

《长春百子图》图像及宋代医学文献，充分展现出了基于儿童身体观的童帽设计。宋代儿童童帽的设计不仅保护了儿童头、背部的重点穴位，而且满足了中医文化中阴阳理论这一医学要求。

二、"背褡"类服装

除了头部的服装，宋代视觉图像中表现的儿童上衣也较为引人注目。在美国波士顿艺术博物馆收藏的一幅《荷亭婴戏图》（图3）中，画面左侧的母亲正在照顾着一位刚出生的婴儿，婴儿身上穿着了一件红色上衣。这种上衣被称为"背褡"，是宋代儿童服装中较为常见的一种。众多的宋代婴戏图像中均描绘有穿着此种服装的儿童形象。

---

① 〔宋〕刘昉撰，幼幼新书点校组点校：《幼幼新书》，人民卫生出版社1987年版，第88页。

图3　《荷亭婴戏图》（局部）

（佚名，纵23.9 cm，横26.1 cm，绢本，宋代，波士顿艺术博物馆藏）

儿童的背部，可以说，是宋代医家尤其关心的身体部位。医生们认为，儿童的背部需要着重照护。南宋著名的儿科医生陈文中曾经就在他的医学著作中提出了影响后世儿科医学理论的"养子十法"学说，他认为儿童的护理一要保证背暖，二要肚暖，三要足暖，四要头凉，五要心胸凉，六者勿令忽见非常之物，七者脾胃要温，八者儿啼未定勿便饮乳，九者勿服轻朱，十者宜少洗浴。[①]在宋代医生看来，背部是诸阳经所行之处，风寒之气容易从背部的肺俞穴进入人体，引发咳嗽、呕吐等病症，所以保护儿童的背部显得尤其重要。宋代儿科书籍中详细记录了保护儿童背部的服装，其中就有"背褡"。例如《幼幼新书》中征引北宋儿科医家张涣的医学观点：

五脏之中，肺脏最为嫩弱，若有疾亦难调治。盖小儿气血未实，若解脱不畏，风寒伤于皮毛，随气入于肺经，则令咳嗽。凡小儿常令背暖，夏月背褡之类，亦须畏慎。盖肺俞在于背上，若久嗽不止，至伤真气，亦生惊风。如婴儿百晬内咳嗽，十中一二得差，亦非小疾。若膈上痰涎，尤宜随证疗之。[②]

①　〔宋〕陈文中：《陈氏小儿病源方论》，载〔清〕阮元《宛委别藏》，江苏古籍出版社1988年版，第7页。

②　〔宋〕刘昉撰，幼幼新书点校组点校：《幼幼新书》，人民卫生出版社1987年版，第610页。

南宋《小儿卫生总微论方》谈及儿童咳嗽时说：

治嗽大法，盛则下之，久则补之，风则散之。更量大小虚实，以意施治。是以慎护小儿，须常着夹背心。虽夏月热时，于单背心上当背更添衬一重，盖肺俞在背上，恐风寒伤而为嗽。嗽久不止，亦令生惊。若百晬内儿病嗽者，十中一二得全，亦非小疾也。[①]

而书中"慎护论"篇中又言：

凡儿于冬月，须著帽项之衣，夏月须著背褡，及于当脊，更衬缀一重，以防风寒所感，谓诸脏之俞，皆在于背故也。[②]

儿童易患咳嗽，是因为儿童气血未实，风寒侵入身体的肺经，令其受寒而致的。故宋代医家们纷纷指出儿童需穿着背褡、背心、背褡等服装，即使是炎热的夏日，也要在位于衣服背部夹脊处缝缀一条布，以增加保暖效益。

"背褡""背心""背褡"是一类保护儿童背部的服装，但它们在造型设计上稍有差异。"背褡"，即古时"裲裆"。《一切经音义》引《古今正字》云："裆即背褡也。一当背，一当胸。从衣当声也。"[③]《集韵》又云："裆，裲裆，衣名。"[④]《释名》释"裲裆"为："其一当胸，其一当背也，因以名之也"。[⑤]甘肃嘉峪关魏晋壁画墓"采桑"图中描绘了一位女童双手正在采摘桑叶（图4），这位女童身上穿着的正是早期"裲裆"。图中可见，早期的裲裆形似一种贯头衣，由两片布组成，一片挡住胸部，另一片挡住背部，衣服两侧并未缝死，以露出儿童的两臂。到了宋代，背褡延续了早期裲裆的形制，但也发生了一些改变。其衣身前胸不再是一块完整的布，衣襟分开，衣身及至儿童腰部。儿童可露出两臂，衣服两侧并不缝合，仅施加一横

①　〔宋〕佚名：《小儿卫生总微论方》卷十四，载曹炳章编辑《中国医学大成》（第三二册），上海科学技术出版社1990年版，第22页。

②　〔宋〕佚名：《小儿卫生总微论方》卷二，载曹炳章编辑《中国医学大成》（第三二册），上海科学技术出版社1990年版，第12页。

③　徐时仪校注：《一切经音义三种校本合刊》，上海古籍出版社2008年版，第1152页。

④　〔宋〕丁度等编：《集韵》（卷三），上海古籍出版社1985年版，第219页。

⑤　〔汉〕刘熙：《释名》（卷五），中华书局1985年版，第79页。

襕连缀前襟和后裾。通过与前代裲裆的比较，宋代背裆的设计更合乎儿童生理特性，不但对儿童的背部起到医学保护作用，而且前胸衣襟分开的设计，也符合陈文中所说的"心胸要凉"的养护需求。

图4　"采桑"图（魏晋时期，嘉峪关魏晋6号墓前室东壁）

《小儿卫生总微论方》中所说的"背心"与"背裆"应属于同种服饰。《水浒传》中载："那人出来头上一顶破头巾，身穿一领布背心，露着两臂，下面围一条布手巾。"①清代王先谦在《释名》疏证补释说："唐宋时之半背，今俗谓之背心，当背当心，亦两当之义也。"②说明背心也是无袖，当背当心，继承了古时"裲裆"的服装形制，多贴身穿着。而"背褡"，又可写作"背搭""搭背"，最早见于《小儿卫生总微论方》这一文献中。清代《老老恒言》中有一条关于"背搭"的记载：

肺俞穴在背，《内经》曰："肺朝百脉，输精于皮毛，不可失寒暖之节。"今俗有所谓背搭，护其背也，即古之半臂，为妇人服，江淮间谓之绰子。老年人可为乍寒乍暖之需。其式同而制小异，短及腰，前后俱整幅，以前整幅作襟，仍扣右肩下，衬襟须窄，仅使肋下可缀扣，则平匀不堆垛，乃适寒暖之宜。③

---

① 〔元〕施耐庵：《水浒传》（第三十六回），梁山梁吴用举戴宗，明容与堂刻本。

② 〔东汉〕刘熙撰，（清）毕沅疏证，王先谦补，祝敏彻、孙玉文点校：《释名疏证补》，中华书局2008年版，第172页。

③ 〔清〕曹庭栋：《老老恒言》（卷三），上海古籍出版社1990年版，第64页。

"背搭"承继了古之半臂的形制，前后俱整幅，斜领交裾，系带于右肩下。"背搭"与"背裆""背心"造型上略有不同，但保健功能均相同，都能保护儿童背部，预防儿童风寒感冒。

三、开裆裤

儿童有着区别于成人的下衣，"开裆裤"就是儿童特有的一种遮蔽下体的服装。宋以前视觉图像中表现儿童的裤子，皆是合裆裤，很少能寻见穿着开裆裤的儿童形象（图5）。直至宋以后，开裆裤在儿童群体间流行。且不少的绢本设色绘画直接表现了外穿开裆裤的儿童形象，如故宫博物院藏宋代佚名的绘画作品《秋亭婴戏图》（图6），画面右侧一抢着兵器玩具的小儿穿着的正是宋代儿童时兴的开裆童裤。

图5　敦煌莫高窟第138窟东壁南侧壁画（壁画中躺在妇女怀中的儿童穿着绣花合裆裤）

图6　《秋亭婴戏图》（局部）（佚名，纵23.7 cm，横24.2 cm，绢本，宋代，故宫博物院藏）

这种童裤演变与流行的原因，很可能与当时社会医学文化观念有关。南宋末年，金元医家朱丹溪在其著作《格致余论》"慈幼论"中阐述道：

人生十六岁以前，血气俱盛，如日方升，如月将圆。惟阴长不足，肠胃尚脆而窄，养之之道不可不谨。童子不衣裘帛，前哲格言，具在人耳。裳，下体之服。帛，温软甚于布也。盖下体主阴，得寒凉则阴易长，得温暖则阴暗消。是以下体不与帛绢夹厚温暖之服，恐妨阴气，实为确论。①

儿童在十六岁前，阳气过盛，阴气不足，下体不应使用过于温暖厚实的衣服，而应该用柔软舒适的布帛，穿着敞露的裤子，来保护阴气，所以儿童的裤子中间需开裆设计，无须缝合。朱丹溪的儿童养阴理论一直持续到明代，逐渐发展出一套养阴学说，明代儿科医家万密在其《育婴家秘》中也说道："小儿纯阳之气，嫌于无阴，故下体要露，使近地气，以养其阴也。"②同样阐明了儿童下体为何需敞露的原因。

儿童开裆裤的设计是为了配合儿童护养身体、防治疾病的需要。它的流行与宋代医学文化展露出的身体观念有着密切联系。

四、青衣

服饰不仅能起到保健护体的作用，还具有治疗疾病的医学用途。儿童在成长发育期，由于机体抵抗能力差，会遭遇各种疾病侵扰。他们生理、病理的状态多变，导致医治的难度远高于成人。因此，服饰可以参与到儿童治疗疾病的过程中，配合特定中草药物来解决某些疾病问题。

例如，儿童常出现的一种病症——丁奚（又称"鼓槌""鹤膝候"）。《巢氏病源》认为这种病症，是由于儿童哺食过度，脾胃羸弱导致不能消化而引起的疾病。小儿患此病后，会出现腹大消瘦等症状。宋代幼医采用不同的药方对儿童进行治疗，但不管是何种药方，他们均会使用一种名为"青衣"的服饰来配合治病。《太平圣惠方》中记载了治疗小儿丁奚腹大干瘦的方子："以生熟水浴儿，拭干，以青衣覆之。令睡良久，有虫出即效。"《幼幼新书》中援引诸家药方，他们认为用生熟水洗浴儿童后，需将青衣覆盖在儿童身上。待出汗后，儿童体内的疳虫也会随着汗液排出，从而减轻病症。

那么，这种能够治疗疾病的"青衣"究竟是一种什么样的服装呢？透过一些本草类文献，或许能寻求到答案。宋人唐慎微编修的大型本草著作《证

---

① 〔元〕朱震亨、毛俊同点注：《格致余论》，江苏科学技术出版社1985年版，第11—12页。

② 〔明〕万密、姚昌绶校注：《育婴家秘》，载傅沛藩主编《万密斋医学全书》，中国中医药出版社1999年版，第469页。

类本草》卷七《草部》上品之下的五十三种品类的植物中，有一种名为"蓝实"的植物，唐慎微记录了这种草药的主治功能：

> 味苦，寒，无毒。主解诸毒，杀虫蚑，（音其，小儿鬼也。）痃鬼，螫毒。久服头不白，轻身。其叶汁，杀百药毒，解野狼毒、射罔毒。其茎叶，可以染青。生河内平泽。[①]

唐慎微认为"蓝实"有除小儿虫毒的功效，其茎叶也可作为一种青色染料。随后，他在后文又征引了唐人陈藏器《本草拾遗》原文中一种名为"青布"的本草药，说道：

> 又云青布，味咸，寒。主解诸物毒，天行烦毒，小儿寒热，丹毒，并水渍取汁饮。烧作黑灰，敷恶疮，经年不瘥者，及灸疮止血，令不中风水。和蜡熏恶疮，入水不烂，熏嗽杀虫，熏虎野狼咬疮，出水毒。又于器中烧令烟出，以器口熏人中风水恶露等疮，行下得恶汁知痛痒，瘥。又入诸膏药，疗疔肿，狐刺等恶疮，又浸汁和生姜煮服，止霍乱。真者入用，假者不中。[②]

"青布"可清热解毒。明人李时珍撰写的本草巨著《本草纲目》卷三十八《服器部》"布"条中也收录了"青布"，并且同样摘录了陈藏器的表述。[③]因而，我们有理由推测，"青衣"很可能就是用"蓝实"类的中草药植物染织而成的衣物，从而使得这种服装具有了治疗疾病的药用价值，这也解释了宋代医方中说"青衣"能去除小儿体内毒虫，治疗丁奚等疾病的原因。

结　　语

儿童服饰，本是古代儿童日常生活的组成部分，因传统医学的介入而被

---

①　〔宋〕唐慎微：《重修政和经史证类备用本草》（影印本），人民卫生出版社1957年版，第173页。

②　〔宋〕唐慎微：《重修政和经史证类备用本草》（影印本），人民卫生出版社1957年版，第173页。

③　〔明〕李时珍：《本草纲目》（校点本），人民卫生出版社1975年版，第2183页。

归为健康或疾病。宋代儿童首服、背褡等造型的演变发展，反映了中医疾病与身体观对于儿童服饰设计的影响，从而使得宋代儿童的服饰设计趋于医学化方向发展。

儿童服饰不仅能温养儿童身体，预防疾病，还能治疗儿童的疾病。宋代医者依凭本草药物染色方式，将服饰用于治疗儿童的不同病证。从传统中医文化视角来看，一方面，儿童服饰能够与本草药物配合，发挥药物的药性，疗愈儿童身体所感患的病候；另一方面，医家基于传统中医的思维观念，赋予了服饰医学象征意义，使之能够在时代疾病观念的指引下，为疗治儿童疾病而服务。

综上可观，从传统中医文化的视角去探究中国古代服饰，可以拓宽服饰文化研究面向。当我们在思考传统服饰的结构与形制，以及服饰与政治权力、与时尚风俗的关系时，是否忽略了中医的文化观念对于服饰设计与制作的影响，又是否忽略了古人衣着行为背后基于生命健康的思维理念？因而，本文希冀从中医养护与医疗实践两个侧面来审视宋代儿童服饰与中国医学文化间的联系，同时也希望为现代服饰设计提供一些启示与思考，从而有效发挥服饰的医用和文化价值，辅助医疗，卫护生命。古为今用，或许对于现、当代服饰的设计与研究大有裨益。

平江明代钟粉真墓出土纺织品研究

王树金　董鲜艳　陈寒蕾[①]

提要： 湖南平江明朝钟粉真墓出土了比较完整的衣物30余件，出土方位信息明确。本文打破传统纺织品按照种类整理的方法，重新按照墓葬原摆放下葬位置与顺序梳理，旨在清晰、准确、完整地反映墓中衣物组合、上衣下裳敛服搭配关系，不仅为研究明朝中期织物种类、纺织工艺提供真实资料，更为研究明朝平民丧葬习俗与衣物陪葬情况提供依据，弥补正史记载之不足。

关键词： 明墓　平民　纺织品　葬俗

一、墓主人身份考证

2008年10月11日，湖南省岳阳市平江县天岳经济开发区三阳村姚家组村民拆房时无意中在距地面仅有二十多厘米的地方挖到了一块石质墓碑，继而挖出一完整棺木。该墓葬用约8 cm厚的糯米浆、石灰、沙子的混合土夯实的外椁，就是人们常说的浇浆墓，这种埋葬方式流行于明朝中期至清朝中期。[②]浇浆使得整个棺木一直处于良好的密封状态，较好地保护了内棺，使其没有受到外界破坏，不仅木质棺材得以保存相对完好，而且使得墓主人尸体上的衣物历400余年得以完整保存，实为一大幸事。可惜被衣物包裹的尸体已经彻底腐朽。

墓中保存一块相对比较完整的墓碑（图1），为我们认知墓葬时代、墓主身份与相关文物研究提供了直接的时代证据。

图1　墓碑

墓志铭释文：

明黄母钟氏夫人墓志铭

---

①　王树金、陈寒蕾，深圳技术大学；董鲜艳，湖南博物院。

②　解立新：《江苏泰州出土明朝服饰综述》，载《艺术设计研究》2015年第1期，第40~48页。

孺人钟氏讳粉真诞于成华丙申十月二十日□
今甲子九月十有三日登古享年八十有九遽□
长样类出上一都处士钟玉京之女也姆教素□
以弘治丙辰岁承事君子石溪翁黄【濂】勉以书【史】
果领丙子乡荐祇载厥舅东旸公孟元姑王氏【凤】
清勤俭孝敬多所愉允和妯娌睦乡邻逮群下□
士推之岁至壬午孺人待死而冰霜清苦弥远【弥】
坚夫有母弟曰渤不仕曰洁例省祭曰潜为太【学】
生并礼遇焉长子曰良爵娶南街余氏春真孺人
出也次女曰祥真适南街民余廷光次子曰锡爵
娶传氏莲真补庠员先孺人卒副室辜氏出也孙
男五曰汝楫娶北街陈氏秀真曰汝梅娶三都李
氏莲真良爵子也曰汝器娶一都陈氏继南街谈
氏陈舆谈亦先卒无出曰汝为娶下一都刘氏宝
真次黄学书学礼梅男黄学韶聘北街彭氏娇真
次黄【辛】保方保甲保玄孙孝保学诗子也以是年
十月一十七日申时葬于附近地名姚家塝扦作
寅山申□生有高寿死【有】高风因勒铭以葳德云
铭曰兰有遗香不见其芳菊有晚节春夺其光天
地老矣鸢斾扬扬【木】沉渊海王瘱崐岗
加（嘉）靖四十三年十月二十七日孝子黄良爵立①

孺人，古时为命妇称号，不同时期所指身份有所不同。西周时大夫之妻称"孺人"，如《礼记·曲礼下》记载："天子之妃曰后，诸侯曰夫人，大夫曰孺人，士曰妇人，庶人曰妻。"唐朝时封王之妾称"孺人"，如《旧唐书·后妃传下·睿宗肃明皇后刘氏》："仪凤中，睿宗居藩，纳后为孺人，寻立为妃。"《资治通鉴·唐玄宗天宝十一载》："棣王琰有二孺人，争宠。"胡三省注："唐制，县王有孺人二人，视正五品。"宋朝通直郎至承议郎官之妻封号称"孺人"，明清时七品官的母亲或妻子封号也称"孺人"。明《太子少保兵部尚书节寰袁公（袁可立）神道碑》："而于刑时劝公多宽恤，壬辰上积得上考，宋母先封孺人。"《初刻拍案惊奇》卷二七：

---

① 注：□表示缺一字；【 】表示笔画不清推测字；（ ）表示通假字。

"崔县尉事查得十有七八了，不久当使他夫妇团圆，但只是慧圆还是个削发尼僧，他日如何相见，好去做孺人？"清冯桂芬《陈君传》："陈君讳场字子瑂，江宁人……母邹孺人，生母汪孺人。"

根据文献记载，孺人还可通用为妇人的尊称。例如南朝梁江淹《恨赋》："左对孺人，顾弄稚子。"唐储光羲《田家杂兴》诗之八："孺人喜逢迎，稚子解趋走。"宋梅尧臣《岁日旅泊家人相与为寿》诗："孺人相庆拜，共坐列杯盘。"《京本通俗小说·冯玉梅团圆》："冯公又问道：'令孺人何姓？是结发还是再娶？'"南宋以后在湖南、广东一带，还有对死后的妇人通称"孺人"之俗。

根据墓志铭内容可知，墓主人钟粉真，生于明成化丙申年（1476年），嫁到黄姓家族，卒于明嘉靖四十三年（1564年），享年89岁。钟粉真正好生活在明朝中期。根据黄氏第18代后裔提供的族谱和墓志铭结合来看，墓主人当时属于家境稍殷实的平民，而非官宦之家。

二、出土纺织品概况

经过纺织品保护专家的细心处理修复，比较完整地揭取出了36件（套）衣物，包含从头到脚所有服饰种类，且大部分保存较完整。对纺织品中各种不同种类的纤维进行取样分析，根据检测结果得知，该批纺织品材料以丝和棉为主，组织结构主要有纱5件、绫6件（含提花绫、斜纹绫各3件）、罗1件、提花缎4件（主要为五枚三飞经面缎），其余为绢、平纹棉布和经丝纬棉的丝布。"明朝服饰无论是传世品还是实物资料的出土，均以达官贵人服饰较为多见，很少有平民服饰的出土和研究。该墓葬出土了种类比较齐全的平民服饰文物，且大部分文物保存较完整，填补了明朝平民服饰考古出土的空白，为研究明朝平民服饰种类、款式、丧葬习俗提供了不可缺少的实物资料，有助于人们对明朝平民服饰细部、织造方法、裁缝技法、纹样和审美等有更加深入具体的了解，对研究明朝纺织科技史和服装史以及明朝历史等有着非常重要的意义。"①

这36件（套）衣物种类包括：①衾被7件；②单衣3件，其中身穿单衣1件，陪葬黄褐色纱单衣1件、白色棉单衣1件；③夹衣5件，其中身穿4件，陪

---

① 董鲜艳、王树金：《湖南省平江县明朝古墓出土纺织品文物研究》，载《湖南省博物馆馆刊》（第十六辑），第485–493页。

葬白色棉夹衣1件；④棉衣1件，身穿；⑤裙子8件，其中身穿夹裙1件、单裙5件，陪葬棉单裙2件；⑥裤子1件，身穿。另外有夹帽1件、抹额1件、巾帕2件、牙袋1件、冥途路引袋1件、裹脚布1双、膝裤1双、单鞋1双、垫脚枕1件、服饰面料1件。按照出土方位从头到脚、从外及内的顺序统计排列见表1。

表1　36件（套）衣物

序号	名称	出土位置	尺寸（cm）	经纬密度（根/平方厘米）	组织结构	纹样
1	棉被	第一层				
2	褐色棉被	第二层	长170、宽120		绢	
3	褐色棉被	第三层	长175、宽133	66×22	绫	
4	土黄色绢夹被	第四层	长169、宽140	24×21	绢	
5	土黄色绢夹被	第五层	长168、宽112	27×14	绢	
6	单被	第六层	长227、宽56	21×20	纱	
7	垫褥	垫在尸体下				
	以上为覆盖在遗体上的六层衾被与下面的一层垫褥					
8	土黄色斜纹绫夹帽	头部戴	高26、宽15	78×46	三上一下斜纹绫	
9	抹额	额部	长73、宽63	19×18	纱	
	以上二件为头部衣物					
10	黄褐色云纹缎夹衣	穿在第1层	通袖长198、衣长86、领高7、起翘6、衣摆96、袖口22	100×70	五枚三飞经面提花缎	小云纹、小花卉纹、几何纹
11	黄褐色素缎单裙	穿在第1层	裙高86、腰高8、裙围118	130×50	素缎	
	以上二件为穿在最外面的一层敛服					
12	黄褐色蝴蝶花卉纹缎夹衣	穿在第2层	通袖长198、衣长76、领高11、起翘10、衣摆90、袖口22	130×45	五枚三飞缎	蝴蝶花卉、云鹤纹

（续表）

序号	名称	出土位置	尺寸（cm）	经纬密度（根/平方厘米）	组织结构	纹样
13	土黄色缠枝牡丹纹绫单裙	穿在第2层	裙高84、腰高10、裙围113	100×45	三上一下提花绫	缠枝牡丹、麒麟海水纹
以上二件为第二层敛服						
14	深褐色绢单衣	穿在第3层	通袖长202、衣长84、领高10、起翘8、衣摆94、袖口22	40×24	绢	
15	褐色罗单裙	穿在第3层	裙高82、腰高7、裙围118	110×28	四经绞罗	花卉纹
以上二件为第三层敛服						
16	黄褐色云纹缎夹衣	穿在第4层	通袖长182、衣长71、领高10、起翘8、衣摆80、袖口21	110×45	缎	大小四合如意云纹
17	黄褐色素绢单裙	穿在第4层	裙长82、腰高7.5、裙围117	22×21	素绢	
以上二件为第四层敛服						
18	黄褐色绫面棉衣	穿在第5层	通袖长202、衣长75、领高9、起翘7、衣摆89、袖口21	40×24	斜纹绫	
19	土黄色绢单裙	穿在第5层	裙高80、腰高7、裙围113	24×22	绢	
以上二件为第五层敛服						
20	土黄色绢夹衣	穿在第6层	通袖长198、衣长84、领高9、起翘7、衣摆91、袖口21	22×21	绢	

（续 表）

序号	名称	出土位置	尺寸（cm）	经纬密度（根/平方厘米）	组织结构	纹样
21	土黄色绢合裆单裤	贴身	腰围86、腰高6、裤长89、裤腿宽32、裤裆深49	22×21	素绢	
22	土黄色绢夹裙	穿在第6层	裙高79、腰高6、裙围121	30×20	绢	
以上二件为第六层敛服						
23	土黄色小花卉纹绫夹膝裤	膝盖至脚	上宽40、下宽48、高36	66×38	三上一下斜纹绫	
24	土黄色绢裹脚布	裹脚	长240、宽20	22×17	绢	
25	土黄色缠枝花卉纹绫单鞋	脚穿	鞋长22、鞋底最宽处6、鞋帮高5	110×45	五枚二飞提花缎	串枝花卉
26	白色棉垫脚枕	垫脚	长34、高21	13×12	棉布，两档头斜纹绫	
以上四件为脚部衣物						
27	棕色提花绫丝巾	头旁陪葬	长74、宽51	80×40	三上一下提花绫	小花卉纹
28	烟色纱帕	左腋下	长59、宽48	20×17	纱	
29	土黄色纱牙袋	左腋下	长7.5、宽6.5	22×18	纱	
30	土黄色纱"冥途路引"袋	胸口	长25、宽21	22×21	纱	
31	黄褐色纱单衣	头旁陪葬	通袖长186、衣长67、领高9、起翘6、衣摆94、袖口19	20×15	纱	

（续表）

序号	名称	出土位置	尺寸（cm）	经纬密度（根/平方厘米）	组织结构	纹样
32	白色棉夹衣	身旁陪葬	通袖长172、衣长77、领高10、起翘7、衣摆89、袖口23	17×14	平纹棉布	
33	白色棉单衣	身旁陪葬			平纹棉布	
34	白色棉单裙	身旁陪葬	裙长73、腰高6、裙围104	17×15	棉	
35	深褐色花卉纹绫面料残片	身旁陪葬	长143、宽127	56×44	三上一下提花绫	小花卉纹
36	褐色棉单裙	足部陪葬	裙长70、腰高5、裙为105	22×16	平纹棉布	
以上十件为陪葬衣物						

三、从殓服组合看明朝平民葬俗

从棺内下葬使用的殓服来看，除了直接穿戴、包裹在遗体上的敛服，还有部分用来填塞的陪葬衣物，基本包括以下五类。

（一）衾被类

墓中出土衾被共7床，包括4床棉被、2床夹被和1床单被，从外到内依次为棉被（外1）、褐色棉被（外2）、褐色棉被（外3）、绢夹被（外4）、绢夹被（外5）、单被、棉垫被（外6）。当年新闻报道村民挖地基意外发现该墓后打开棺椁，看到里面有雪白的绢，还可以看到人形轮廓、翘起的脚尖等。①这不仅说明浇浆墓的确密封性好，同时也告诉我们，这些覆盖在最上面的棉被当时都是白色的绢本色，受到外界影响才变成了我们今天看到的褐色。

---

① 《湖南平江出土一明朝古墓　传闻女尸400多年不朽》，载《今日关注》《湖南在线》《华声在线》，https://hunan.voc.com.cn/article/200810/200810160840215459.html。

第一床棉被（外1），覆盖在最上层，受外界影响最大，比较残破，已不成形。

第二床褐色棉被（外2，图2），由三幅竖向拼接缝合而成，形制基本完整，多处残破，露出棉絮，被面缝有一块绢面补丁、两块补丁。整体长170 cm，宽120 cm，绢面，棉布里。

图2　褐色棉被

第三床褐色棉被（外3，图3），整体由六幅竖向拼接缝合而成，上部横向缝接一幅。长175 cm，宽133 cm，被里为棉布，被面是丝线为经、棉线为纬的丝布。丝布采用经线三上一下右斜组织，经线为纤细的丝线，密度为66根/平方厘米；纬线采用较粗的棉线，密度为22根/平方厘米。

丝布，属于丝与麻、葛、棉等交织的织物。在考古发掘中实物较为少见，文献中多有记载，如《周书·武帝纪下》记载：建德六年"初令民庶以上，唯听衣绸、绵绸、丝布、园绫、纱、绢、绡、葛、布等九种，余悉停断"。《全后周文》卷十引北周庾信在《谢赵山赉丝布启》文中提到"奉教垂赉杂色丝布三十段"。根据新疆地区出土汉晋时期的棉质服装来看，极有可能在南北朝时期就有丝布面料的出现，到了宋元以后，非洲棉传入中国后，有可能又出现了新的棉线与丝线交织的新丝布。《格致镜原》卷二十七记载："以丝作经，而纬以棉纱，旧志谓之丝布，即俗所称云布也。"可见蚕丝与其他植物纤维交织的织物，均可称之为丝布或云布，这种面料兼具丝和棉的特性。这件棉被的经线密度为纬线密度的三倍，正是为了满足兼具丝的温润光泽和棉的柔软特性。

图3　褐色棉被

图4　土黄色绢夹被

第四床土黄色绢夹被（外4，图4），三幅拼接，长169 cm，宽140 cm，被面为绢面，经纬密度为24×21根/平方厘米，被里为棉布。

第五床土黄色绢夹被（外5，图5），长168 cm，宽112 cm，被面为绢，经纬密度为27×14根/平方厘米，被里为棉布。

图5　土黄色绢夹被

第六床单被（图6），俗称盖尸布，出土时覆盖在墓主遗体面部至脚部，纱质，打开长227 cm，宽56 cm，经纬密度为21×20根/平方厘米。泰州徐蕃夫妇墓[①]、刘湘夫妇墓[②]中可见类似单被，称之为寝单。

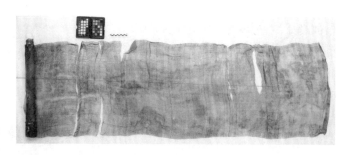

图6　棕色纱单被

第七床为一件垫褥，现场发掘时可以观察到它铺在尸体之下，形制也较残破，出土时可见从低向上包裹，未见捆扎索带。

在明定陵中出土了被褥"34条。其中被14条，褥20条，分别出于万历帝、孝端后和孝靖后棺内。出土时褥都铺在尸体下，被既有盖在尸体上的，也有铺在尸体下的。……被14条。包括绵被4条，夹被10条。出土时有3条绵被和4条夹被铺在尸体下。其余均盖在帝后尸体上。……被面为织金缎者4条，织金妆花者1条，织金妆花缎织成被2条，妆花缎1条，本色花缎4条，素缎2条；被里，用绢者9条，用缎者5条"[③]，3条内絮丝绵，1条内絮棉花。

通过二者简单对比可见，丝质衣物依旧比棉质衣物贵重，所以平民陪葬被褥还是以棉质为主，而棉质被褥的优势是更加柔软、保暖与价廉。诚如明朝王祯《农书》所言："（棉布）其幅匹之作，特为长阔，茸密轻暖，可抵缯帛；……且比之桑蚕，无采养之劳，有必收之效，比之苎麻，免缉绩之工，得御寒之益。可谓不麻而布，不茧而絮。虽曰南产，言其适用，则北方多寒，或茧纩不足，而裘褐之费，比最省便。"元代时棉花种植在长江流域大面积推广，棉纺织技术逐渐提高，部分丝织品逐渐为棉布所替代，棉花也

① 泰州市博物馆：《江苏泰州明朝徐蕃夫妇墓葬清理简报》，载《文物》1986年第9期，第1–14页。

② 泰州市博物馆：《江苏泰州明朝刘湘夫妇合葬墓清理简报》，载《文物》1992年8期，第66–77页。

③ 中国社会科学院考古研究所、定陵博物馆、北京市文物工作队：《定陵》，文物出版社1990年版，第124页。

逐渐替代丝绵为絮。到了明朝，棉花种植更是受到统治者的重视，《明史》卷七十八记载："太祖初立国即下令，凡民田五亩至十亩者，栽桑、麻、木棉各半亩，十亩以上倍之。"明朝时棉花种植推广到了黄河流域，全国各地植棉、织布盛况空前。正似宋应星《天工开物》所云："十室之内必有一机"，"棉布寸土皆有"。棉布取代麻、葛成为广大平民衣物的主要原料。

（二）头部衣物

1. 夹帽

尸体头戴土黄色夹帽一顶（图7），保存形制完整，高26 cm，宽15 cm，面料为三上一下斜纹绫，经纬密度为78×46根/平方厘米。帽后中下部开叉，两侧分别缝订一根系带，其中一系带断。多处有黑色及白色污染物。

目前考古资料与文献资料多见男子头戴布帛类软质巾帽，尚不见女子头戴软帽者。历代一般士人常用的软帽很多，明朝还新创了儒巾、软巾、诸葛巾、东坡巾、山谷巾、方巾、纯阳巾、老人巾、将巾、结巾、两仪巾、万字巾、凿子巾、凌云巾等。江苏泰州明朝徐蕃夫妇墓葬中发现了男女墓主人均头戴方帽[1]；泰州明朝刘湘夫妇合葬墓中，男女墓主分别头戴素缎四方巾、素缎帽；[2]江苏泰州森森庄明墓男棺出土了绸帽，同样是顶部缝合翻转，脑后有一副简易绳索当作系带，而女棺出土了一件风帽。[3]这几座明墓出土的女墓主帽，给我们改变传统认知提供了新资料，笔者推测其应当属于敛服性质，用于包裹住墓主人的头发防止散乱，也有可能女子生前戴巾帽或以布帕包裹发髻。

图7　黄色斜纹绫夹帽

---

① 泰州市博物馆：《江苏泰州明朝徐蕃夫妇墓葬清理简报》，载《文物》1986年第9期，第1–14页。

② 泰州市博物馆：《江苏泰州明朝刘湘夫妇合葬墓清理简报》，载《文物》1992年8期，第66–77页。

③ 泰州市博物馆：《江苏泰州森森庄明墓发掘简报》，载《文物》2013年第11期，第36–48页。

2. 抹额

抹额一件（图8），出土时戴于头部，保存形制完整。拆开后为一条黑色纱巾（图9），长73 cm，宽63 cm，经纬密度为19×18根/平方厘米，对折成长条形戴在头上。

图8 抹额

图9 抹额拆开

抹额，又名额帕、额带、额子、抹头、头箍、发箍、眉勒、脑包、包头、抹等，起源有商朝、秦朝、汉朝、唐宋等之说，又有男子或女子传统头饰观点。红巾抹额或红巾帕首由来已久，秦始皇时已是军容之服。唐韩愈《送幽州李端公序》："司徒公红抹首、裤靴、握刀。"又《送郑尚书序》："府帅必戎服，左握刀，右属弓矢，帕首裤靴迎郊。"其中所说武士戎装，与唐代壁画中所见略同。[1]在宋代的仪卫中，如教官服幞头红绣抹额，招箭班的皆长脚幞头，紫绣抹额，就是用红紫等色的纱绢，裹在头上的抹额。[2]宋代时"对于妇女而言，抹额也不再是一种男性的装饰物，而是作为女性的头饰被广泛使用。这一时期的男子更崇尚系裹头巾，女子则更偏爱抹额……元代贵妇用抹额者不多，只有士庶之家的女子才喜欢作这样装束。……明清是抹额的盛行时期，这一时期抹额已完全失去标识作用，男女老少不分尊卑，不论主仆，额间都可系有这种饰物"[3]。

总体看来，抹额的形制、材质随着社会的变化一直在不断演变，然学界可以达成共识的是其为明清时期女子广泛流行使用的一种头饰，制作材质多为绢、纱、罗、绡、绫等。官宦之门、万贯之家女子，抹额材质多采用金银装饰，镏金点翠更显尊贵。平民之家，基本还是丝帛制作为多。

---

① 季羡林：《敦煌学大辞典》，上海辞书出版社1998年版，第212页。

② 吴山：《中国工艺美术大辞典》，江苏美术出版社1999年版，第177页。

③ 杨晓萌：《曾是男子专属的抹额如何变成古代白富美"标配"？》，载《意林文汇》2016年第12期，第99-103页。

（三）敛服类

敛服，即直接穿或包裹在死者遗体上的成套服装。在这座明墓中，墓主人身上穿着6件上衣，同时相应搭配了6条裙子、1条裤子，基本属于6套完整的上衣下裳组合。

6件上衣从外到内依次为云纹缎夹衣、花卉绫夹衣、绢单衣、云纹缎夹衣、绫面棉衣和绢夹衣；6件裙子从外到内依次为黄褐色素缎单裙、土黄色缠枝牡丹纹绫单裙、褐色四经绞罗花卉纹罗单裙、黄褐色素绢单裙、土黄色绢单裙、土黄色绢夹裙，贴身穿一条土黄色绢合裆单裤。下面按照由外及内搭配顺序分别介绍。

1. 第一套敛服

穿在最外面第一层的上衣为黄褐色云纹缎夹衣，下面搭配黄褐色素缎单裙。其中黄褐色云纹缎夹衣（图10），通袖长198 cm，衣长86 cm，领高7 cm，起翘6 cm，衣摆96 cm，袖口22 cm，经纬密度为100×70根/平方厘米，衣面为五枚三飞经提花缎，绢里。衣面纹饰包括四合云纹（图11），右领部与其下右侧补丁有花卉纹、几何纹。

黄褐色素缎单裙（图12），裙高86 cm，腰高8 cm，裙围118 cm，经纬密度为130×50根/平方厘米。

图10　夹衣

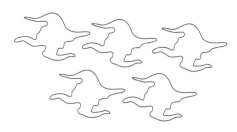

图11　四合云纹

图12　黄褐色素缎单裙

2. 第二套敛服

上衣为黄褐色蝴蝶花卉纹缎夹衣，下面搭配土黄色缠枝牡丹纹绫单裙。其中，黄褐色蝴蝶花卉纹缎夹衣（图13），整体由多块布料拼接缝纫而成，通袖长198 cm，衣长76 cm，领高11 cm，起翘10 cm，衣摆90 cm，袖口22 cm，经纬密度为130×45根/平方厘米，五枚三飞缎，补子饰蝴蝶花卉（图14）、云鹤纹（图15）。前后补子均由左右两部分拼接成方形，补子图案前后一上一下，方向相对。

土黄色缠枝牡丹麒麟海水纹绫单裙（图16），裙高84 cm，腰高10 cm，裙围113 cm，经纬密度为100×45根/平方厘米，采用妆花绫，绫织物分为经线三上一下斜纹素绫和地组织经线三上一下，均属于四枚斜纹组织，装饰纹饰有缠枝牡丹（图17）和麒麟纹（图18）。这类提花绫看起来类似于正反缎，以经面绫为地组织，光泽较佳。

图13　黄褐色蝴蝶花卉纹缎夹衣　　　　图14　蝶恋花纹样　　　　图15　云鹤纹

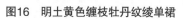

图16　明土黄色缠枝牡丹纹绫单裙　　图17　缠枝牡丹纹　　　图18　麒麟海水纹

此墓出土的这一批纺织品中，从织造技术来说，采用的妆花技术是最具鲜明特色的工艺。在全国明朝考古发现的丝织品文物中，妆花织物经常出现，在明定陵中就出土了很多件妆花工艺的纺织品陪葬。妆花工艺，虽然早在唐代就已使用，但大范围的应用是在元末明初，明末清初发展到高峰。因此，妆花是明朝十分盛行、深受不同阶层喜爱的高级丝织品。墓主身上第二层上衣的补子采用织金妆花缎，由于黄金的制作成本比较高，该件织金妆花缎的织金部分采用捻金线，捻金线的线芯采用丝线捻合。

补子，是一种绣于文武官员常服胸、背的彩绣花样，文官补子以禽鸟为图案纹样，以彰显其贤德；武官补子以猛兽为图案纹样，以彰显其威仪。明朝补子均为方形。《明史·舆服志三》记载："用杂色纻、丝、绫、罗彩绣花样：公、侯、驸马、伯服，绣麒麟、白泽；文官一品仙鹤，二品锦鸡，三品孔雀，四品云雁，五品白鹇，六品鹭鸶，七品鸂鶒，八品黄鹂，九品鹌鹑，杂职练鹊，风宪官獬豸；武官一品、二品狮子，三品、四品虎豹，五品熊罴，六品、七品彪，八品犀牛，九品海马。"明朝官员封赠制度规定，官员去世后品级追加一级。至明朝中后期，随着经济的发展，加上统治者控制力的削弱，出现了品官僭越补子纹样的现象。[①]在经济发展、思想开放、视野变得开阔的情况下，加之政治的衰败、法制的松弛，出现服饰的僭越之举也就可以理解了。

3. 第三套敛服

上衣为深褐色绢单衣，下面搭配褐色罗单裙。其中，深褐色绢单衣（图19），通袖长202 cm，衣长84 cm，领高10 cm，起翘8 cm，衣摆94 cm，袖口22 cm，经纬密度为40×24根/平方厘米。

褐色罗单裙（图20），裙高82 cm，腰高7 cm，裙围118 cm，经纬密度为110×28根/平方厘米，四经绞罗。妆花罗，裙中部织有花卉纹。妆花缎和妆花罗是分别在四经绞罗和提花缎面上回纬织造而成。

图19　深褐色绢单衣　　　　　　　图20　褐色罗单裙

---

① 刘冬红：《从出土文物看明朝服饰演变》，载《南方文物》2013年第4期，第83–93页。徐志明、王为刚：《从明朝墓葬出土服饰看明朝服饰制度的僭越》，载《丝绸之路》2013年第2期，第82–83页。

4. 第四套敛服

上衣为黄褐色云纹缎夹衣，下面搭配黄褐色素绢单裙。其中，黄褐色云纹缎夹衣（图21），整体由多块缎料拼接缝纫而成。衣身饰有大四合如意云纹，衣袖饰有大小两种四合如意云纹（图22），袖部小如意云纹一正一反排列组合。通袖长182 cm，衣长71 cm，领高10 cm，起翘8 cm，衣摆80 cm，袖口21 cm，经纬密度为110×45根/平方厘米，云纹缎面，绢里。

图21　黄褐色云纹缎夹衣

黄褐色素绢单裙（图23），裙长82 cm，腰高7.5 cm，裙围117 cm，经纬密度为22×21根/平方厘米。

图22　四合如意云纹

图23　黄褐色绢单裙

5. 第五套敛服

第五层上衣为黄褐色绫面棉衣，下面搭配土黄色绢单裙。其中，黄褐色绫面棉衣（图24），通袖长202 cm，衣长75 cm，领高9 cm，起翘7 cm，衣摆89 cm，袖口21 cm，经纬密度为40×24根/平方厘米，内絮棉花，斜纹绫面棉布里。土黄色绢单裙（图25），裙高80 cm，腰高7 cm，裙围113 cm，经纬密度为24×22根/平方厘米。

图24　黄褐色绫面棉衣

图25　土黄色绢单裙

此墓中出土的9件上衣共有2种形制：一种是大袖笼，一般为外穿衣；另一种是直袖子，出土2件，一般为内穿衣。交领式衣衫，为按照古礼继承的传统形式，多用于祭服、朝服、燕服及中单内衣。民间的劳动者所穿短衣，也多为交领式服装。

从以上5套敛服来看，上衣形制基本相同，右衽系带，都属于大袖形制，其主体裁剪方法一致，裁剪过程中尽可能地节约面料，有些衣服缺内襟衣片，有些衣服在局部用边角余料拼接而成。这种形制的上衣，不同考古发掘报告定名不甚统一，如定陵出土的八件大袖衬道袍①，江苏泰州明朝徐蕃夫妇出土的八宝花缎补服、素绸棉袄、素绸单衫、白布裤等②，森森庄明墓出土的素缎单袍、花缎夹衫、素绸夹衫等③，刘湘夫妇墓出土的花罗夹袍、素缎绵袍、织麒麟补服、素绸绵袄、花缎绵袄、素绸夹袄等④，这说明无论是身份最为尊贵的皇帝、皇后，还是官宦之家、平民百姓，其墓葬之中均流行此种上衣陪葬，日常生活之中此类上衣也应比较受欢迎。此类服装十分类似于男性穿的道袍。道袍，交领大袖，衣身两侧开衩，有内摆，前后有中缝直通其下，腰部系带。元代以后士庶闲居常着此服，明朝中晚期更加流行，主要是因为穿着比较休闲舒适。⑤

6. 第六套敛服

上衣为土黄色绢夹衣，下面搭配烟色绢合裆单裤与土黄色绢夹裙。其中，土黄色绢夹衣（图26），通袖长198 cm，衣长84 cm，领高9 cm，起翘7 cm，衣摆91 cm，袖口21 cm，经纬密度为22×21根/平方厘米，贴身穿，衣里衣面均为素绢。

土黄色绢夹裙（图27），裙高79 cm，腰高6 cm，裙围121 cm，绢面，经

---

① 中国社会科学院考古研究所、定陵博物馆、北京市文物工作队：《定陵》，文物出版社1990年版，第43–90页。

② 泰州市博物馆：《江苏泰州明朝徐蕃夫妇墓葬清理简报》，载《文物》1986年第9期，第1–14页。

③ 泰州市博物馆：《江苏泰州森森庄明墓发掘简报》，载《文物》2013年第11期，第36–48页。

④ 泰州市博物馆：《江苏泰州明朝刘湘夫妇合葬墓清理简报》，载《文物》1992年8期，第66–77页。

⑤ 刘冬红：《从出土文物看明朝服饰演变》，载《南方文物》2013年第4期，第83–93页。

纬密度为30×20根/平方厘米，棉布里。

　　夹裙内穿烟色绢合裆单裤，贴身穿，侧边开叉，裤长89 cm，腰围86 cm，腰高6 cm，裤腿宽32 cm，裤裆深49 cm，素绢，经纬密度为22×21根/平方厘米，其形制和裁剪工艺如图28所示。

图26　土黄色绢夹衣

图27　土黄色绢夹裙

图28　烟色绢合裆单裤

　　第六套上衣款式为窄直袖夹衣，其裁剪方法除袖子处稍有不同外，其余与上文所述大袖袍相同。这种窄袖一般属于贴身穿着内衣性质的服装。而这种窄袖上衣不见于定陵、徐藩夫妇墓、刘湘夫妇墓和森森庄明墓之中，看来还是身份等级有所区别所致。

　　该墓出土的褶裥裙均由两个裙片构成，每片均由三到四个幅宽构成，每片根据宽度的不同有5～6个省道形成的大摆，裙腰和系带均是棉质。这种式样的裙子也见于定陵、徐藩夫妇墓、刘湘夫妇墓和森森庄明墓之中，看来属于明朝常见款式。

　　关于合裆裤，其形制也是明墓中常见款式。无论是定陵还是徐藩夫妇墓、刘湘夫妇墓、森森庄明墓等，均有同款式合裆裤出土。例如，在刘湘遗体上穿一条米黄色暗花缎面绵裤，素绸里，中纳绵絮。[1]

（四）脚部衣物

1. 单鞋

逝者脚上穿着一双土黄色尖头单鞋（图29），尖足，平底，弓形，鞋长
22 cm，鞋底最宽处6 cm，鞋帮高5 cm，鞋面为
五枚二飞提花缎，饰缠枝花卉纹样，绢里，经纬
密度110×45根/平方厘米。弓鞋为古代缠足女子
所穿。妇人缠足有起源南朝、五代、宋代之说。
元明清时期常见于文献记载与考古发掘。从定
陵、徐藩夫妇墓、刘湘夫妇墓和森森庄明墓等来
看，缠足着弓鞋之俗在富贵阶层已经十分流行。

图29 缠枝花卉纹绫单鞋

2. 膝裤

在逝者的遗体上从膝盖至脚套着一双土黄色小花卉纹绫夹膝裤（图
30），形制基本完整，上宽40 cm，下长48 cm，高36 cm，绫面，三上一下斜
纹绫，经纬密度为66×38根/平方厘米，绢里，上下两端均有镶边，上端钉两
根扎带。

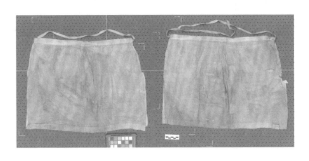

图30 土黄色小花卉纹绫夹膝裤

膝裤，主要用于防寒保暖之作用。从目前已发掘明墓和文学史料记载可
知，上至皇帝皇后下至富裕的平民，无论身份，都有生前穿戴、逝后陪葬膝
袜、膝裤、护膝的习惯。这是受到早期蒙元服饰的影响沿袭下来的，一直流

---

① 泰州市博物馆：《江苏泰州明朝刘湘夫妇合葬墓清理简报》，载《文物》1992年
8期，第66–77页。

传到清朝。例如，在定陵中出土了形制与此相似的膝裤，上由两个系带缚系牢固[1]。在江苏泰州明朝刘湘之墓出土了一对内絮棉絮的直筒形花缎膝裤，上饰四合如意云暗花[2]；徐蕃墓墓主人膝盖扎了一对内絮棉絮的直筒形四合云花缎棉膝裤[3]；四川新都明墓出土三双筒形上大下小绸面布里的夹膝裤；江西德安明熊氏墓腿上套了一对内絮棉絮的褐色提花罗膝裤。[4]明胡应麟《少室山房笔丛》卷十二："然今妇人缠足，其上亦有半袜罩之，谓之膝裤，恐古罗袜或此类。"《醒世姻缘传》有："龙氏穿着月白湖罗裙、白纱花膝裤"；"素姐起来梳洗完备，穿了一件白秋罗素裙，白洒线秋罗膝裤"。宋杂剧人像又见膝裤缚扎于裤者，说明此间女子所穿膝裤多配裙亦配裤，而卷绑也必定配裤，裤外罩裙。[5]

3. 裹脚布

墓中出土了一双土黄色绢裹脚布（图31），形制基本完整，长240 cm，宽20 cm，绢质，经纬密度为22×17根/平方厘米。裹脚布不见于定陵、徐蕃夫妇墓、刘湘夫妇墓和森森庄明墓等。

图31　土黄色绢裹脚布

这一时期，因女子缠足，脚上缠了裹脚布，可以不穿袜子，在胫部裹扎膝裤，再用带系结，就很严实了。

---

① 中国社会科学院考古研究所、定陵博物馆、北京市文物工作队：《定陵》，文物出版社1990年版，第43–90页。

② 泰州市博物馆：《江苏泰州明朝刘湘夫妇合葬墓清理简报》，载《文物》1992年8期，第66–77页。

③ 泰州市博物馆：《江苏泰州明朝徐蕃夫妇墓葬清理简报》，载《文物》1986年第9期，第1–14页。

④ 陈晨：《明朝女子"膝裤"研究》，北京服装学院2015年硕士研究生毕业论文，第29–39页。

⑤ 张竞琼：《"卷绑"叙考》，载《丝绸》2005年第5期，第47–49页。

4. 脚枕

墓主人脚下垫着一个椭圆体白色棉脚枕（图32），长34 cm，高21 cm，经纬密度13×12根/平方厘米，整体棉布，两档头斜纹绫。垫脚枕不见于定陵、徐藩夫妇墓、刘湘夫妇墓和森森庄明墓等。

图32　白色棉垫脚枕

（五）陪葬衣物

1. 巾帕

在墓主人的头旁陪葬着一件棕色提花绫丝巾（图33），黑蓝色污染严重，经过清洗保护整理后，长74 cm，宽51 cm，经纬密度为80×40根/平方厘米，三上一下提花绫，一角有系带，饰有小花卉纹。

墓主人左腋下放了一件烟色纱帕（图34），保存形制完整，长59 cm，宽48 cm，经纬密度为20×17根/平方厘米。

在明朝墓葬中，陪葬巾帕也是一种常见的葬俗。例如，在泰州明朝徐蕃夫妇墓陪葬2条绢方巾、8条花绫巾，刘湘夫妇合葬墓有纱帕、花缎帕出土，森森庄明墓陪葬2件花绫巾。可见，明朝墓葬无论身份贵贱，均有巾帕陪葬。从明朝诸多文学作品与史书中我们都可以知道，明朝时期巾帕是人们日常生活中必不可少的随身使用物品。

图33　棕色提花绫丝巾

图34　左腋下烟色纱帕

2. 牙袋

土黄色纱牙袋（图35）一件，出土时放在左腋下，形制保存完整，高6.5 cm，宽7.5 cm，一面有3 cm长的破裂口，袋内装有牙齿，袋口用白色棉线束口。

图35　土黄色纱牙袋

3. 冥途路引

土黄色"冥途路引"纱袋（图36）一件，长25 cm，宽21 cm，经纬密度为22×21根/平方厘米，出土时放在死者胸口，内有冥币，已碳化。正面楷书文字，右边竖写墨书"冥途"，左边墨书"路引"，中间竖写墨书"给付钟氏粉真随身执照"。"路引"被借用到丧葬仪式中，即为冥间的通行凭证。汉代就有告地下官吏书，说明"冥间文书"早在汉代丧葬习俗中就已经广为使用了。"冥途路引"是为了让死者能够顺利抵达阴间或前往天国的凭证，在明朝墓葬中有少量出土，有"道教路引"和"佛教路引"两种。1956年4月，在扬州市城北乡禅智寺故址之东发现一座明朝三椁三棺并葬墓，墓主分为盛仪及夫人彭淑洁、盛□氏（疑是盛仪之女）。其中，彭淑洁棺内出土纸质道教"冥途路引"一张，文字清楚、印鉴清晰，给研究"冥途路引"增添了新材料，对研究道教文化和明朝文书制度有不小的帮助。[①]其功能类似于铭旌，森森庄明墓中有之。1978年，在常熟虞山林场明墓中出土了一件明朝木刻朱印路引即由道教所填发。万历帝木棺盖上原放有织锦铭旌，仅见残迹金书"大行皇帝梓宫"字迹。孝端皇后棺上放有织锦铭旌，金书"□行皇后王氏梓□"。[②]

图36　土黄色"冥途路引"纱袋

4. 上衣

墓主人遗体周边陪葬了一件白色棉布单衣（图37）、一件白色棉布夹衣（图38）和一件深褐色纱单衣（图39）。陪葬的三件上衣中，棉布夹衣和棉布单衣有使用过的痕迹，应为墓主生前所穿。其中，深褐色纱单衣为头旁陪葬，通袖长186 cm，衣长67 cm，领高9 cm，起翘6 cm，衣摆94 cm，袖口19 cm，经纬密度为20×15根/平方厘米。

棉夹衣，形制残破，通袖长172 cm，衣长77 cm，领高10 cm，起翘7 cm，衣摆89 cm，袖口23 cm，经纬密度为17×14根/平方厘米，平纹棉布，里面均

① 夏维凯：《扬州出土明朝道教冥途路引研究》，载《中国道教》2020年第3期，第22-23页。

② 中国社会科学院考古研究所、定陵博物馆、北京市文物工作队：《定陵》，文物出版社1990年版，第43-90页。

为白色棉布。

另外，在尸体身旁还陪葬了深褐色花卉纹绫面料残片，小花卉，长143 cm，宽127 cm，经纬密度为56×44根/平方厘米，三上一下提花绫。关于其功能不甚清晰，从其性质来看，可能属于床单之类。

图37　白色棉布单衣

图38　白色棉布夹衣

图39　深褐色纱单衣

5. 单裙

陪葬单裙共计两件，其中一件白色棉布单裙（图40），出土时为身旁陪葬，裙长73 cm、腰高6 cm、裙围104 cm，经纬密度为17×15根/平方厘米；另一件褐色棉布单裙（图41）陪葬位置在足部，裙长70 cm、腰高5 cm、裙围105 cm，经纬密度为22×16根/平方厘米，平纹棉布。

图40　白色棉布单裙

图41　褐色棉布单裙

小　　结

从钟粉真墓出土衣物与陪葬位置来看葬俗，与明朝中后期墓葬相比，可以得出以下认知。

一是相同或相似点有二：

1）从以上出土服饰可以看出，下葬敛服、身体周边填塞衣物之俗，与国内其他明朝贵族墓葬基本一致，无论身份等级贵贱，葬俗大体一致。

2）明中期妇女服饰穿着基本为上襦下裙，这在墓葬中六套敛服中体现得十分直接明显。出土的上衣在明朝又称为袄，均右衽，采用系带绑合，衣长稍短，仅掩至腰部，盖住裙腰。下裙多为褶裥裙，下至足部。上襦下裙，较之以往长袍服装，穿着更为舒适，行动更为方便。

二是存在较大差异之处，有以下四点：

1）上衣服装款式种类比较单一，均为交领右衽衣，与明朝贵族墓葬出土殓服、传世服装相比，缺少了圆领、直领、竖领、方领等款式。

2）从衣袖形制来看，只有大袖、窄袖两种，无琵琶袖等。

3）从织造工艺、印染工艺、材质种类、刺绣工艺等方面来看，与定陵、刘湘夫妇墓、徐蕃夫妇墓、森森庄明墓等相比偏少。

4）从衣物面料材质看，该墓出土36件衣物中，以丝为材质的衣物有30件，以棉为主要材料制作的衣物有12件（包括6件棉被、3件棉衣、2件棉裙、1件垫脚枕），以棉为次要部件或构件的有7件（包括6件裙腰与系带、1件牙袋穿绳）。与定陵、刘湘夫妇墓、徐蕃夫妇墓、森森庄明墓等相比，虽然可以看出丝织品仍为主要材料，但棉也占据不小比例，比前者明显偏多。这也直接反映了身份等级贵贱不同，财力不同，陪葬衣物材料也有不小差异。

依据文献记载与考古发掘资料，如新疆民丰尼雅遗址出土的汉代蓝地印花棉布、于田屋于来克古城遗址出土的北朝蓝色印花棉织品、巴楚脱库孜萨来遗址出土的唐代织花棉织品、吐鲁番阿斯塔那唐墓出土的棉布袜等来看，我们可以判断棉布面料衣物早已出现在中国西部地区，汉唐时期中原尚未出现。有学者指出："在公元前2世纪或更早一些，棉花及棉纺织品已经传入中国。但是在宋代以前，大约有一千多年之久，棉花的种植始终是局限于边疆的少数民族之间，而未在中原地区广泛传播。……差不多直到宋末元初，才有突破性的技术进展。"[①]

总体来说，钟粉真墓出土纺织品，真实反映了明朝中期平民葬俗与敛服组合搭配的情况，为我们研究明朝服装款式与穿着搭配提供了直接真实的依据。

---

① 赵冈、陈钟毅：《中国棉纺织史》，中国农业出版社1997年版，第1页。

明吴氏墓压金云霞翟纹霞帔织物的复织研究

杭航[1]

摘要： 罗是中国传统丝织物，是我国历史悠久和高度文明的产物。明王夫人吴氏墓出土的压金云霞翟纹霞帔，经专家认定，是迄今为止经密度最高的八经循环四经链式绞罗。该面料制作工艺十分复杂，代表了明代超高的丝织技艺水平。苏州市锦达丝绸有限公司对该霞帔织物进行分析研究，从制作工艺、组织结构以及上机装造等方面进行复制。经过三年多的反复实践，该霞帔面料终于复织成功，对于探索古代纱罗组织结构范畴和完善纱罗组织系统的研究有着重大意义。

关键词： 吴氏墓压金云霞翟纹霞帔　新型高密度四经绞罗　绞综工艺复织

一、明吴氏墓压金云霞翟纹霞帔出土背景

压金云霞翟纹霞帔出土于江西南昌宁靖王夫人吴氏墓，2001年12月由江西省文物考古研究所主持发掘。该墓出土纺织品40多件套，因埋藏环境较好，且发掘现场保护到位，棺内墓主身上及陪葬的服饰基本保存了较完整的外形，穿叠次序未受扰乱。吴氏身穿明代皇室女眷礼服，是迄今发现的明代最完整的后妃系列礼服。特别是其中出土的一套参加册封庆典活动的织金云凤纹冠服及素缎大衫和霞帔，是我国现存最早、保存最好的后妃礼服。明代衣冠服制中霞帔实为命妇礼服，有其固定的组合与搭配，并通过质料、色彩与纹饰区分等级。

吴氏墓出土的霞帔由2条长245 cm、宽13 cm的罗带制成[2]，前端制成尖角，并对合拼缝在一起，上缝3条2 cm的细罗襻，用于挂霞帔坠子，霞帔末端平直。在距离霞帔尖端120.5 cm处，罗带内侧各有1个纽扣，用于与素缎大衫

① 杭航，北京服装学院。

② 徐长青、樊昌生：《南昌明代宁靖王夫人吴氏墓发掘简报》，载《文物》2003年第2期，第19—34页。

领侧的纽襻扣合；距尾端90 cm处，内侧各缝有一长20 cm、宽0.6 cm的系带，霞帔绕过领肩后，系带系合固定（图1、图2）。

图1　压金云霞翟纹霞帔实物

（单位：cm）

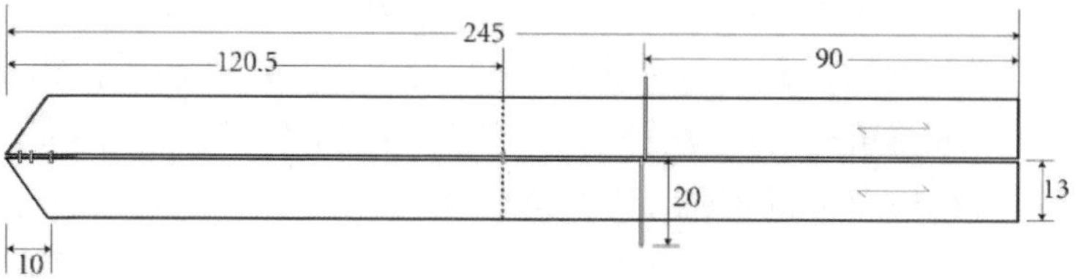

图2　压金云霞翟纹霞帔结构尺寸

吴氏墓素缎大衫与霞帔穿着于墓主衣身最外层，于2013年送至中国社会科学院纺织考古部进行第二次专业清理与修复保护。[①] 2014年苏州市锦达丝绸有限公司受纺织考古部委托，对压金云霞翟纹霞帔进行复制。

二、常见纱罗组织分析

1984年，河南郑州考古所在河南省荥阳县青台村仰韶文化遗址中发掘了一块距今已有5600多年历史的浅绛色罗织物[②]，这是迄今为止全世界发现的最早的丝织物。据考古研究发现，商周时代已出现两经相绞和四经相绞的素罗织法。秦汉时期出现了提花罗织物。隋唐时期，织罗技术与印花相结合，产品美观且富有新意，衣轻罗成为贵族女性的传统。宋代福州南宋黄昇墓、德安南宋周氏墓等出土了大量经典纱罗织物，标志着罗织造技艺达到鼎盛。元代工匠在纱罗中织入金线，出现了极其奢华名贵的销金绫罗、金纱罗等。明清时期纱罗品种更加丰富，达50多种。

根据组织学定义，凡经线起绞、纬线平行交织的织物均可称为纱罗织

① 高丹丹、王亚蓉：《明宁靖王夫人吴氏墓出土素缎大衫与霞帔之再考》，载《南方文物》2019年第2期，第248–258页。

② 张松林、高汉玉：《荥阳青台遗址出土丝麻织品观察与研究》，载《中原文物》1999年第3期，第10–16页。

物，其组织即为纱罗组织。纱罗的主要品种分为无固定绞组和有固定绞组两大类。无固定绞组的罗组织又称为链式罗，最常见的为四经绞罗。有固定绞组的主要分为两经绞纱罗、三经绞纱罗两大类。

（一）两经绞纱罗

两经绞纱罗组织的绞地经比为1：1，其最简单的是一纬一绞的方孔纱，又称为单丝罗（图3）。到了明清时期，由这种绞纱组织和平纹组织变化而成的两经绞纱品种繁多，如实地纱、亮地纱、芝麻纱等。

两经绞罗是指每隔三、五、七等奇数纬后经线绞转一次的罗。目前流传下来的两经绞罗有横罗（图4）、直罗等。

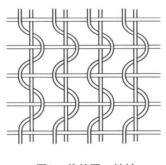 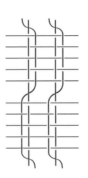

图3　单丝罗、绞纱　　　　　　　　图4　五梭横罗

（二）三经绞罗物

三经绞罗织物的绞经和地经之比一般为一绞二。根据其组织结构的不同，可又分为三经绞平纹花罗、三经绞斜纹花罗、三经绞隐纹花罗等（图5）。

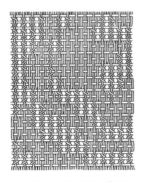 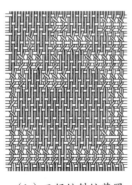 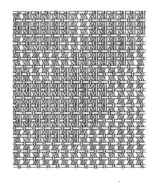

（a）三经绞平纹花罗　　　　（b）三经绞斜纹花罗　　　　（c）三经绞隐纹花罗

图5　三经绞罗

（三）四经绞罗

在最常见的四经绞罗中，地经和绞经之比为1∶1，地经和绞经相间排列，绞组之间交错打乱，故称无固定绞组，又称为链式罗（图6）。不同于固定绞组罗已实现机织量产，四经链式绞罗至今只能木织机手工织造，无法量产。

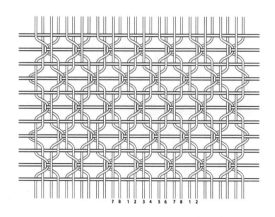

图6　常见四经链式绞罗结构

三、霞帔原件测试分析及复制织物规格的确定

为了求证和复原，由中国社会科学院考古纺织品考古专家王亚蓉老师指导，我们共同对其进行实践性研究和求证，还原历史上压金云霞翟纹霞帔制作工艺。通过实验考古学的研究方法，对霞帔实物进行研究，发现单条霞帔罗带使用整幅罗料，为八经循环四经链式绞罗，是迄今为止发现经密度最高的八经循环四经链式绞罗（图7、图8）。

图7　霞帔面料实物

图8　霞帔面料实物放大

根据实物原件，借助显微镜、经纬密度仪分析，对吴氏墓压金云霞翟纹霞帔进行科学复制，采用最传统的方式来基本还原明代纱罗织造的高超繁复的技艺，在规格上达到与原件最为接近的要求。综合整理后制定织物的规格如下。

（一）门幅

根据实物测定，织物门幅幅宽32 cm，长度270.5 cm。

（二）经纬原料

织物为100%桑蚕丝材质，经纬线加工按所测数据进行分析，经线约为31dtex×2生丝，捻度约1.5 T/s，纬线约为46.6dtex×7熟丝。

（三）经纬密度

依据实测，经密92根/厘米，纬密15～17根/厘米（手工木机打纬差异）。

（四）织物组织

压金云霞翟纹霞帔面料织物组织为八根经循环四经链式绞罗，纬线循环为四根。绞经和地经之间的经排列为1：1，即1根绞经与1根地经相间排列，由2根绞经和2根地经（单根相间）排列在一组中相互扭绞，在结构图中可以看出，吴氏墓出土的霞帔面料组织结构也是四经链式绞（图9），这种高密度四经绞素罗，其装造构成非常复杂。

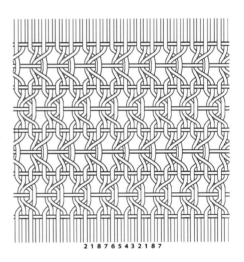

图9 霞帔面料组织结构

查阅历史资料，这种四经链式绞目前未查到，此次是首次出现这样的链式绞结构，这是一种新型四经链式绞罗。组织结构在八根经线循环中由绞经13、57同地经24、68向下扭绞，相隔一根纬线后由绞经35、71同地经46、82交叉两根经线后再向下绞扭，同样每四根纬线形成两个交叉绞组，从而形成横条罗纹链式绞条纹的外观，绸面有凸起的横条纹，质地密致厚实，手感挺括，厚度适中。

四、明吴氏墓压金云霞翟纹霞帔复织过程

（一）原料的加工工艺

经反复试验，最后确定了原料加工工艺流程。

经线：挑剔→泡丝→络丝→并丝→加捻→定型→成筒→牵经。

纬线：挑剔→络丝→并丝→成筒→脱胶→摇纤→加湿。

（二）机织与绞综的选择

基于纱罗组织，通常有两种常见绞综选择（图10）。一种是金属绞综，一般用于织经纬密度比较稀疏的织物。另一种是线制半综绞综，相对于金属绞综的优点是综框数少，装造简便，织物的经纬密度高低都能使用。

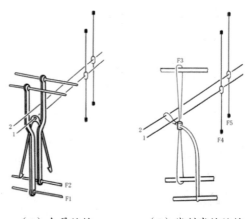

（1）金属绞综　　　（2）线制半综绞综

图10　常见的两种绞综

以上两种绞综的方法虽然被织造工厂广泛使用，但是吴氏墓出土的霞帔面料组织结构是四经链式罗，显然都无法使用，必须采用古代纱罗全手工的织造方法，选用传统木织机，自制线软综，无固定式的综框装置，开放式的绞法（图11）。

因为织物的经密度很高，比以往普通的四经绞罗要高出一倍以上，所以首先要考虑的绞综（软综）也要至少细一半，并符合以下条件：细、光滑、耐磨、强力和适当的柔软度。经过反复的试验，最后确定用了3根100D锦纶丝，初捻1200 T/s，复捻700 T/z。

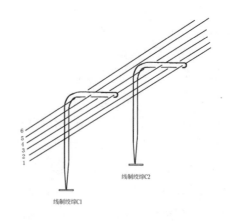

图11　无固定开放式线制绞综

（三）穿综工艺

根据明王夫人吴氏墓出土的压金云霞翟纹霞帔多实物组织结构，设计了相应的穿综工艺（图12）。经线每八根循环以单数为绞经，分前后两组软绞综C1、C2，C1为前绞软综，每个经线循环中有两根软绞综，分别穿入各两根绞经（7、1）和（3、5）。C2为后绞软综，每个经线循环中有两根软绞综，分别穿入各两根绞经（1、3）（5、7），即两组绞综C1、C2分别交叉两根入绞，C为基综，L为地综（地经偶数2、4、6、8）。纬每循环为四根。设计运动开口为下向单开口织造，四根纬线循环程序如下：

① C1向下，形成开口，引纬—平综—打纬；② C向下，形成开口，引纬—平综—打纬；③ C2向下，形成开口，引纬—平综—打纬；④ C向下，形成开口，引纬—平综—打纬。

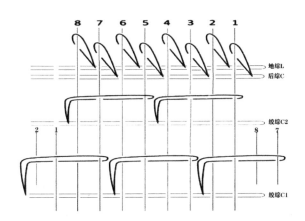

图12　霞帔穿综工艺

（四）已复制成功的霞帔面料

现已成功复制高密四经链式绞罗霞帔面料（图13），织物组织既紧密又清晰，绸面平挺、手感好，对照霞帔实物（图14），保持了织物原有的风格特征，成品外幅32 cm，长度270.5 cm，每件用料2个长度共510 cm。织物质量为21姆米。

图13　霞帔胚料复制

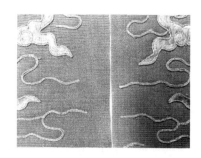

图14　霞帔实物面料

五、织造操作难点

该高密四经链式绞霞帔面料复制需交替采用三种梭口织造，顺序为绞转梭口C1→开放梭口C→绞转梭口C2→开放梭口C，共四梭循环。织机选择全木织机（图13），手工织造操作，且四次循环梭口的成型都是不清晰梭口，所以操作难度非常大。

（1）全木织机

（2）梭子

（3）梭板

（4）幅撑

图15　织机及使用工具

面料织造过程中，室内湿度低于45%以下容易起毛，需将湿度保持在

60%～75%。织造时开口都需用梭板架起后才形成梭口，用这种引纬—平综—打纬的手工技法的同时，也增加了经线与纬线之间的摩擦，避免了纬线的回弹。

结　论

明王夫人吴氏墓高密四经链式绞罗霞帔的出土是历史留给我们的宝贵财富，代表了当时丝绸织造技艺的最高水平。四经绞罗在我国古代丝绸中独树一帜，不同于常见四经绞罗组织结构，吴氏墓高密四经链式绞罗的特殊链式绞法是考古学中的首次发现，工艺繁复，技艺高超，是我国古代劳动人民的智慧结晶。高密四经链式绞罗的复制成功，使得濒临失传的链式绞罗织造技艺得到良好的传承和保护，意义重大，也推动了纺织考古对纱罗织物新课题的研究。接下来我们可以探究如何进一步传承和保护这项古代织造技术，让世人对其有所了解，我们必须努力摸索更多的织造线索，发掘和完善这一古老的技术成就。

清代马面裙的款式结构及服饰风格探析

张义 　王莹 ①

摘要：马面裙是我国汉族女子的典型服饰之一，其发源于宋代，兴盛于明清，在中华传统上衣下裳的服饰形制中具有非同一般的意义。清代马面裙在融合了宋代旋裙及明代马面裙传统制式的基础上，创新出鱼鳞式、凤尾式、襕干式等样式，独具特色。本文以张义多年收藏的马面裙为实物资料，通过对其历史、纹饰、色彩等方面的研究，探析清代马面裙的款式结构及服饰风格。

关键词：马面裙　款式结构　服饰风格

一、马面裙的历史溯源

（一）雏形初现——宋代

马面裙的起源最早可以追溯到宋代，其形制目前被认为脱胎自宋代的旋裙。旋裙是一种两片式围合裙，这种围合拼接成衣的服饰形式，事实上还可以追溯到更早的年代。可以说，这种围合裙的形式本身早已融入中华传统服饰文化的基因当中，到了宋代，具有真正马面形制的裙子就已初现雏形。

（二）奠基发展——明代

宋代的旋裙在明代逐渐发展成为马面裙。裙子两侧是褶裥，中间有一部分是光面，俗称"马面"。马面裙在明代基本形成了固定的形制，奠定了其在中华传统服饰之林中的地位。

（三）全盛时期——清代

清代是马面裙的全盛时期。清代马面裙很大程度上沿袭了明代马面裙的制式，并在此基础上进一步创新。经过一段时间的发展与演变，马面裙愈加

---

① 张义、王莹，西安市高家大院古典服饰博物馆。

流行，成为清代汉族女子的日常着装，更是清代女子标志性的裙样。

（四）融合交流——民国

民国是马面裙的融合交流期。这一时期的马面裙一方面继续沿袭清代马面裙的宽松款式、绚丽色彩和繁复工艺，同时也开始与外来服饰元素相结合，融汇出新的文化符号。

二、清代马面裙的款式结构

（一）清代马面裙的结构

马面裙为两片式共腰的四裙门结构，主要包括裙片、裙腰头、裙袡、裙门、裙胁和襕干等部位。清代马面裙的两个裙片彼此独立，互不相连；裙腰头端束于腰部之处，其两端有袡以系绳或系扣；中央的裙门也称马面，构成了马面裙前后开衩的形式；两侧为裙胁，其上可装饰绸缎裁成的细条，这种装饰称为"襕干"。

（二）清代马面裙的款式

清代马面裙主要可分为侧裥式马面裙、襕干式马面裙、鱼鳞式马面裙、凤尾式马面裙和月华式马面裙等，满足不同场景的应用需求，做到了功能性与美感的有机统一。

马面裙两侧施以褶裥时为侧裥式（图1），褶裥对称、排列有序，其大小和细密程度不尽相同，少则几十，多则成百，故也俗称"百褶裙"。

图1　侧裥式马面裙

马面裙两侧装饰襕干条时则为襕干式（图2），这是清代马面裙特有的一种款式。裙身两侧打大褶，每褶间镶深色绸缎裁制成的细条（即襕干边），裙门及裙下摆镶大边，颜色与襕干边相同。按照襕干之间的距离相等与否，可

图2　襕干式马面裙

以分成等距型襕干和非等距型襕干两种。①

鱼鳞式马面裙（图3）与其他款式的马面裙相比，褶裥数量更多、宽度更小，且褶与褶之间以各种丝线交叉缝合成网状，使裙身褶裥得以定型，展开后形似鱼鳞，因此得名。

图3　鱼鳞式马面裙

月华式马面裙（图4），两侧打大褶，每褶各用一色，色彩丰富。明末清初叶梦珠在《阅世编》中便提到了这种马面裙款式："有十幅者，腰间各褶用一色，色皆淡雅，前后正幅，轻描细绘，风动色如月华，飘扬绚烂，因以为名。然守礼之家，亦不基效之。"

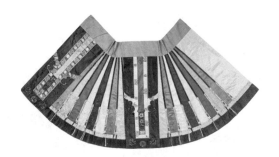

图4　月华式马面裙

凤尾裙（图5）以各色绸缎裁剪成条，上端接于裙腰而成，这些布条末端裁成尖角，通常饰以流苏、铃铛等，因为造型与凤尾相似，故得此名。清李斗《扬州画舫录》提道："裙式以缎裁剪作条，每条绣花，两畔镶以金线，碎逗成裙，谓之凤尾。"凤尾裙并不能算完整的裙，其两侧裙胁和前后裙门

---

① 李红梅：《明清马面裙的形制结构与制作工艺》，载《纺织导报》2016年第11期，第119–121页。

都不是完整的面料，间隙较大，不能蔽体，需系于马面裙之上作为装饰，这种穿法较为烦琐，故清末出现了将凤尾缝饰于马面裙之外，把两者合二为一的凤尾式马面裙（图6）。

图5　凤尾裙

图6　凤尾式马面裙

三、清代马面裙的装饰纹样

清代马面裙的纹样与前朝历代纹样一脉相承，分为面料本身因织造形成的纹样和后期刺绣形成的纹样两个大类。马面裙上的装饰纹样大多取材于具象的植物、动物、人物、器物等，这些图案经过不断重组与变化，会衍生出更为丰富多彩的纹样，同时蕴含了健康长寿、安居乐业、五谷丰登、步步高升、荣华富贵、爱情美满、夫妻和睦、子孙昌盛等美好寓意。为了整体裙身的美观与和谐，马面裙在裁制时通常会在裙子上部留出一定空间，把各种刺绣纹样装饰在前后裙门及裙两胁的中下部。

（一）植物纹

植物类纹样（图7）是马面裙上出现较多的纹样之一，也是最受当时女子喜欢的纹样之一。植物纹样包括玉兰纹、海棠纹、茶花纹、牡丹纹、荷花纹、桃花纹、梅花纹、兰花纹、菊花纹等花卉题材，芝草纹、水草纹、麦穗纹、竹纹、松柏纹等草木题材，以及瓜藤纹、葫芦纹、葡萄纹、石榴纹、桃子纹、佛手瓜纹等瓜果题材。每种植物因其特征不同，都有各自的

图7　植物纹

品质象征，从而也被赋予了美好的寓意，在刺绣中也经常借用植物的特点来展现穿戴者的性格。

在植物纹样中，"梅兰竹菊四君子"纹最为常见。梅花被赞为"初生为元、开花如亨、结子为利、成熟为贞"，因其花有五瓣，也有"梅开五福"的说法；兰花象征着高洁和典雅；竹代表正直不屈、坚韧不拔的品质；菊花则被赋予平安、长寿的寓意，被称为"四君子之首"。

此外，不同时节也对应着不同的植物纹样，立春着海棠纹、入夏着荷花纹、立秋着桂花纹、寒冬着梅花纹，日复一日，年复一年，与大自然相合相应，这便是古人对"天人合一"的追求。

（二）动物纹

动物类纹样（图8）一般不会单独地出现在马面裙上，通常会搭配植物纹样一起出现。动物纹主要以飞鸟鱼虫为主题，包括龙纹、凤纹、仙鹤纹、孔雀纹、锦鸡纹、喜鹊纹、鸳鸯纹、蝙蝠纹、蝴蝶纹等。其中龙纹与凤纹在我国传统文化中具有特殊的地位，龙从古代人们的想象中来，"上通天、下连地、广结人"连接三界，在我国传统文化中代表了帝王的"九五之尊"，是祥瑞的象征；凤最初产生于古人对天空、太阳和翱翔天际的鸟类的图腾崇拜，由古代神话传说中的朱雀演化而来，为百鸟之王，在明清时期发展至顶峰，成为权贵的象征。这两种纹样在应用中，常以一龙一凤、双龙、四龙八凤、八龙八凤的组合形式出现。

图8　动物纹

（三）人物纹

人物纹样（图9）与前两类纹样相比，出现的数量较少，常见的有百子图、婴戏图、仕女图等。百子图源于文王百子的传说，是代表子孙满堂、家族兴旺的传统吉祥纹样。百子图通常呈现孩童舞龙灯、放风筝、骑竹马、下围棋、荡秋千、斗蟋蟀、采

图9　人物纹

莲蓬等嬉戏打闹玩乐的场景，四周还会装饰亭台楼阁、小桥流水、花草树木等纹样，令人目不暇接。人物纹图案的组成和题材的选用多源于我国典故，由此可知，我国传统的装饰纹样与底蕴深厚的传统文化有着密不可分的关联。①

（四）器物纹

器物类纹样（图10）包括杂宝纹、暗八仙纹、八吉祥纹、四艺纹、花瓶纹、清供纹、宫灯纹等。宫灯是规格最高的传统照明用具，最初只在宫廷内使用，后传入民间。宫灯的盛行与古人在正月十五元宵节点花灯的习俗息息相关。宫灯至清代发展至鼎盛时期，集历代工艺之大成，装饰富丽堂皇。宫灯纹

图10　器物纹

以灯笼造型为整体框架，包括灯提、灯盖、笼身、坠饰等部分，常配万寿无疆、天下太平、福禄寿、双喜等文字或祥云、花卉藤蔓等图案，借灯的长明和各种吉祥文字寄托人们福寿延年、点灯添丁等美好祈愿。杂宝纹作为器物类纹饰最早出现在元代，因宝物种类繁杂，无固定的样式，可以随意搭配使用，故名为杂宝纹，是清代宫廷服饰中独具特色的一种纹样。八吉祥纹由法轮、法螺、宝伞、白盖、盘长、莲花、宝瓶、宝鱼八件法器组成，源自佛教文化，也常装饰在马面裙上。

（五）文字纹

在装饰纹样中，文字纹（图11）也占据一席之地。此类纹样以带有吉祥寓意的变形文字为主，如万字纹、寿字纹、双喜纹等。"万字纹"的"卍"在梵文中意为"吉祥之所集"，早期是宗教标志，后期逐渐引申为吉祥符号，寓意时光永恒、万福万寿、消灾驱害。在马面裙裙门或裙摆边缘处常见有"寿"

图11　文字纹

① 周亚茹：《明代马面裙的文化研究及创新设计应用》，北京服装学院，2021年。

字纹，按其形态可分为圆寿、长寿和花寿，圆寿的线条环绕不断，寓意生命延绵不断，长寿是借助寿字长条的形式表达生命的长久；花寿是指以寿为主体，周围搭配各种吉祥装饰纹样，都寄托了人们对生命的敬畏和对长寿安康的追求。此外，文字瓦当纹饰也颇具代表性，常见有"长乐未央""延年益寿""与华无极"等字样。

四、清代马面裙的装饰风格

（一）清代马面裙的装饰材质

清代马面裙在面料选材上十分考究，根据马面裙款式、穿着季节以及各部位不同的功能所需，所选材料也不相同。例如：褶裥式马面裙和鱼鳞式马面裙因两侧裙胁处打褶的需要，常选用色泽鲜艳，手感滑爽，质地细腻柔软的暗花绸类面料；襕干式马面裙、凤尾式马面裙等褶裥之间距离较宽或无褶裥的款式则多用质地厚密、正面平滑而富有光泽的缎料制成。秋冬所穿的马面裙可选用以绒为经、以丝为纬的漳绒一类较厚面料或夹棉制成；春夏之际则多选罗、纱等轻薄面料。此外，裙腰因其围系功能所需，常选用柔软舒适、耐磨结实的棉布；作为装饰的襕干部位多选顺滑、有光泽的素缎、织锦缎等。

（二）清代马面裙的装饰工艺

清代马面裙与明代马面裙最大的不同点在于其褶裥更细密繁多，更加注重刺绣装饰工艺。此外，还常用镶、滚、嵌、钉珠等工艺。部位不同，工艺也不同，例如：镶多用于外裙门、襕干边和裙子下摆等边缘处；滚的装饰面积通常没有镶的面积大，主要用于裙门、裙摆边缘处；嵌是指将条状织物饰于两块面料之间，多用于裙胁处[①]；三蓝绣、三红绣、打籽绣、钉线绣、挖花、贴补、堆绫等刺绣工艺运用部位最广，裙门、裙胁、襕干处都可运用；钉珠工艺多用于凤尾式马面裙的凤尾末端。

（三）清代马面裙的装饰色彩

清代马面裙的配色多以红色或蓝色为主，倾向于以一个颜色作为裙子的

---

① 李霞：《清末民初马面裙的实物研究》，东华大学，2006年。

主色，辅色与主色在一个色调之内。[①]不同的年龄和场合，女子所着用的马面裙服色亦有所不同。年轻女子常着色彩靓丽的马面裙，以展现其青春之美，通过鲜艳的颜色强调生命力；年长者往往着用绛色等淡雅的暗色调马面裙，通过色彩凸显长者的沉稳与庄重；婚嫁及节日等特殊场合，一般穿象征吉祥喜庆的红色马面裙。此外，马面裙不同的部位所选色彩也有区别。裙腰常用白色，借白头偕老之意[②]，其次采用红、黑、蓝等色；裙片最常选用红色调，其次是蓝色调、绿色调、紫色调及褐色调等，裙腰用色与裙片用色之间一般没有固定的搭配要求与讲究。

结　语

马面裙自宋代起源，到清代繁盛，期间衍化出丰富多彩的款式结构与装饰纹样，在工艺上也由简至繁、日趋华丽。与过往历代相比，清代马面裙褶裥更细密繁多，也更加注重刺绣工艺与纹样选择。清代马面裙图案纹样取材广泛，门类丰富，且以植物纹与动物纹居多，真正做到了"图必有意，意必吉祥"。在色彩运用上，清代马面裙倾向于以一种颜色作为裙子的主色调，体现出古代服饰"以单色为尚"的色彩审美取向。总的来看，清代马面裙无论在款式、材质还是工艺、纹饰上，都具有极高的历史意义和美学价值，也为中国传统服饰文化添上了浓墨重彩的一笔。

---

① 任婧媛：《清代马面裙形制及应用探究》，载《淮北师范大学学报（哲学社会科学版）》，2017年。

② 曹雪、王群山：《从开衩旋裳到罗裙撷芳——马面裙的发展历程》，载《艺术与设计（理论）》2016年第10期，第108–110页。

咫尺图织千年景，一点红寄无边春

——清宫花卉纹绦带研究

梁科 [①]

提要： 绦带在中国古代服饰中应用广泛，在清代满汉女装中更是运用到极致。故宫作为清代织绣品的宝库，其中的两万多件绦带，大部分以花卉纹为主。本文以清宫所藏的典型花卉纹绦带为例，分析其构图和色彩，探讨其在便服中的运用，读者可在赏析它们的艺术特色中品味其深刻内涵。

关键词： 绦带　清宫　花卉

一、绦带概说

绦带，又称为花边、花绦、绦子、阑干、栏杆、狗牙儿和绦汗（满语），是一种用丝线织造或编织而成的窄幅织物（带子），是呈狭带状的服饰品，在中国古代服饰中应用较为广泛。绦带缘饰是我国服饰重要的组成部分，上至先秦，下至明清，一直贯穿于服饰历史之中。无论是三皇五帝之衣裳，先秦之交领深衣，汉之续衽曲裾"三重衣"，隋唐之襕衫、半臂、裥裙，晚唐宋初之大袖，宋之褙子，元之质孙服和辫线装，明之比甲，清之便服。所有服装均为平面结构与缘饰的不同搭配，无一例外。[②]

清代女装以"重装饰，轻人体"为特色，无论是满女旗袍，还是汉女袄裙，都以装点各色不同类型的缘饰为尚，其精美及丰富程度堪称历史之最。满族有名的"大镶大沿""大镶大滚"或"宽镶密滚"，与他们在关外时喜用小幅皮革等材料拼接衣物有关。清代服装多用轻薄柔软的料子制成，一无骨架，二不耐穿，尤其是领袖襟裾等部位，更容易磨损，因此必须用比较厚实的料子镶边。制作袍服时利用拼接机会将另色布或花绦子加入，既满足拼

---

①　梁科，故宫博物院。

②　王晨：《应用于古代服饰的绦带及其研究》，载《服装历史文化技艺与发展——中国博物馆协会第六届会员代表大会暨服装博物馆专业委员会学术会议论文集》，2014年，第62–67页。

接需要，又继承了祖先的拼接工艺，成为特殊的装饰手段。由于镶边面积大，地位显著，人们常在上面织绣上各种纹样，既实用又美观。

清初的女装绦带缘饰沉稳庄重，古典质朴，仍带有明代清新秀丽之美感。最高统治者上层妇女的家常装束，窄袖长袍，绦带施于领、襟、袖口，配合一道细细的绳边，清新典雅，线条流畅。康乾盛世带来的物质经济富足，刺激了绦带的发展。此时期绦带的宽度较前期也有所增加，面料更趋精细，纹饰巧妙，构图疏朗，密而不繁，装饰趣味浓厚。长期的满汉文化交融，使得满族服装在潜移默化间效仿汉族风格，艺术审美取向逐渐背离古朴典雅，最终形成了繁缛奢华的服饰风尚。清中叶时镶嵌繁褥之风盛行，嘉庆道光年间，京城妇女流行用青色的倭缎或漳绒作为衣服的镶边。咸丰同治时，后宫服饰逐渐时尚起来。同治光绪以后，镶边已不再是原有的朴素的皮边饰或简单的一二道绦边，而是愈演愈烈，从三镶三滚、五镶五滚，发展到十三或十八镶滚。"七分绦三分地"，花绦压满了地色，以致最后连衣服的原色都看不见了。到19世纪末20世纪初，女装上的宽滚又渐过时，这时扁的韭菜边和圆的灯果边等极窄花边又成时髦。

二、清宫绦带的题材

故宫所藏清代绦带约有21290件，其时代除入关后的顺治和雍正外皆有余存。其纹饰，文字几何符号纹有波浪、鳞、麟、鱼网、三角、方格、菱形、牙、孔、栏杆、绳、辫形、回纹、小圆点、十字、胡椒眼、万字、长圆寿、八卦和双喜等，动物纹有十二生肖、鹿、狮、象、凤、鹤、鹊、雀、金鱼、蝠、蝶、蜻蜓和蝈蝈等，器物纹有暗八仙、八宝、杂宝、琴棋书画、博古、璎珞、汉瓦和花篮等；人物纹有英雄和逸士等。因满族崇尚并依赖于自然，以植物为神明，故绦带图案以花卉纹为最多。绦带上的花卉有牡丹、梅花、菊、荷花、水仙、桃、杏花、海棠、丁香、桂花、月季、竹、玉兰、墩兰、栀子、蜀葵、牵牛花、灵霄花、梨花、虞美人、大洋花、绣球花、天竹、藤萝、灵芝和萱草等，这些人格化的花卉，给人们以无比丰富的视觉体验。

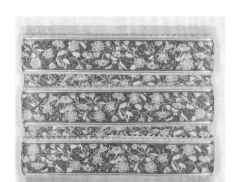

图1　品月色缎地织金水墨杏花纹绦

如品月色缎地织金水墨杏花纹绦（图1），这件绦带在品月色经线与黄色圆金线交织的八枚缎纹地上，杏花粉色的花瓣娇嫩欲滴，深藕荷色的叶子和金色的叶脉衬托出它的富贵之气。

还有元青色织金浅彩牡丹桂花纹绦（图2），这件绦带在元青色经线与黄色圆金线交织的八枚缎纹地上，雪灰色的牡丹和月白色的桂花丹桂飘香，交相辉映十分素朴耐看。

图2　元青色织金浅彩牡丹桂花纹绦

图3　品月色缎地织金水墨浅彩葵花纹绦

再有品月色缎地织金水墨浅彩葵花纹绦（图3），这件绦带在品月色经线与黄色圆金线交织的八枚缎纹地上，黄瓣藕荷色蕊的秋葵花因黑色的叶子而稳重，因金色的叶脉而熠熠生辉。

三、花卉纹绦带的艺术特色

（一）包装

绦带围绕纸板，缠成卷状或板状，再加以包装。卷状的纸筒两边糊有包装纸，如宝蓝色缎地雪青色竹梅菊纹绦（图4）。有的还有商行名称，如"天津瑞丰洋行"等，外面贴有西洋女子的包装，这是各国洋行在华商号经营的产品。此外，也有缠在纸板上，纸板上写有商行的名字，如"晋孚号拣选"；还有写着"粤东裕和号加重本机造"的，如元青色缎地湖色净芝兰花纹绦（图5），大多是广州附近地区所织，风格素朴。

图4　宝蓝色缎地雪青色竹梅菊纹绦　　　　图5　元青色缎地湖色净芝兰花纹绦

板状包有黄封的提花绦子，有可能是江南苏杭等地所织。它们外面纸板的包装纸通常印画的是双龙戏珠图样，中间方框写的是里面包装绦带的尺寸名称。如缎地织金云头时花纹绦，外包装写的是"壹寸宽金线浅五彩时花云头缎地提花绦子壹板"；雪白色缎地织金竹子纹绦，外包装写的是"壹寸五分宽雪白缎地五彩竹子金线提花绦子壹板"；金地三蓝牡丹纹绦，外包装写的是"贰寸宽金线提三蓝牡丹金地提花绦子壹板"（图6）。

图6　金地三蓝牡丹纹绦

（二）组织

绦带的工艺，基本有机织、针织、编织和刺绣类四种。中国宋元至明清时期出现的绦带大多以刺绣或缂丝见多，而少数民族地区却有类似织锦特征的绦带。以黎族、苗族、土家族等的绦带为代表，又称为民族花边，喜用窄条的色织带或是在素色的织带上刺绣花纹用于服饰品的装饰，通常以几何变形图案来表现动植物和神话宗教内容，色彩对比强烈。

机织绦带是指由织机的提花机构控制经线与纬线相互垂直交织的花边，通常以蚕丝、棉丝和金银线等为原料，采用平纹、斜纹、缎纹和小提花等组织在有梭或无梭织机上用色织工艺织制而成，可多条独幅织制后用电热切割分条制成。机织花边在我国出现较晚，但引领了当时风潮。清政府洋务运动，中国向西方学习，甲午战争之后，清政府对民间资本机械工业的放松，大大刺激了当时机器纺织业的发展，这为后来的机织花边提供了必要的基础条件。国外的机制花边技术亦由西方传教士带入我国，使得我国原本的传统花边制造业发生了巨大的变化。机制花边开始大量出现在我国市场内，有铁机亦有木机，繁荣景象前所未有。

中外贸易交流后，花边技术吸收国外工艺，历经百余年交流结合，在我国产生了独具特色的品类：带有意大利风格的青州府花边，亦称为"阑干"和"大套"；师承威尼斯工艺的万缕丝（萧山花边）；还有既吸收了西式装饰纹样，又融合了中国传统吉祥纹样的雕平等。其中的蕾丝花边更是反映出了晚清服饰与外来文化的融合。蕾丝花边的大量使用，更加凸显出中西方文化碰撞的时代特点。蕾丝花边由欧洲传入清代的中国，由于其生产效率高，而形态又温婉细腻，所以受到了清代末年女性的青睐，宫中的后妃也在便袍上大量使用精细的蕾丝花边。[①]

故宫藏品，大部分是机织绦带。清宫机织绦带的主体多数是经面缎纹，表经线以一种主色经线为底，三到四种辅色经线显花；里经线按1∶2或1∶3比例相隔表经线出现，固结显花的纬线（金银线或彩纬）；绦带两边采用的是另一种不同于主体的组织，多数是白色或黄色经线以平纹和纬线相交以固结锁边。这种织法类似于经锦，以经线显花，纬线多数情况只有一种，也有用金银两种的，固定背后不显花而抛浮经线的是另一种丝线，多以"S"形方式织入。

（三）构图

张彦远认为画之总要在经营位置，因此任何艺术作品之构图，是各部分形象的合理布局，关乎主题展现、意境创造及审美趣味构成。好的构图注重虚实结合留白，各形象排列的紧密疏松也处理恰当，能很好地体现时代特征和艺术风格，展现作品的生命力。绦带图案的章法，如中国画一般讲究立意定景，远取势近取质。绦带上下两边用几何纹或者器物纹为饰，花卉一般在

---

① 陶晓珊：《相逢不相识——蕾丝与清宫》，载《明清论丛》2016年第十六辑，第533–542页。

主体画面中采取朵花、折枝花和串枝花等形式。花朵根据结构的需要，宾主呼应、开合藏露、繁简疏密、虚实参差，皆成妙境。如银地三蓝九花纹绦（图7），这件绦带采用折枝中的"S"形构图，菊花生动地左旋右转，这种起承转合的布势手法，在视觉和心理上让观者产生婉转流畅的节奏律动感，彰显出了自然生命的勃勃生机。再如三色缎地织金淡彩松竹梅纹绦（图8），这件绦带的竹梅松分别织在品月、品蓝和宝蓝地上，触目仿佛千万朵横展，实际上又能让人在两三枝中悦目赏心，构思很是精巧。绦带中的花卉在横向延伸的画面中展现，花与花交错而生，左顾右盼，相互配合而揖让有情，任取一段皆可单独为美，延绵不绝又情韵不断，观者会有走过四季穿越花园的独特心理体验。

图7　银地三蓝九花纹绦

图8　三色缎地织金淡彩松竹梅纹绦

（四）色彩

色彩是一切视觉元素中最活跃、最具冲击力的因素。不同花卉具有不同色彩，同一种花卉内不同品种在不同的时间，亦是万紫千红。清宫不少绦带成批买进，同一纹样，采用不同配色，织以不同宽度，从而变化多端。绦边的流行各有其时代的潮流风尚，宫廷的拣选体现的是统治者审美的喜好。绦带的主题虽是花，但最具个性化特征的是色彩，其中尤其重要的是底色。花卉绦带常用的底色有如下几种。

1. 元青色

古代青含有绿、黑、蓝等色，清代袍服大量用青，远超他色。元青即浓重之黑色，最深之青色，元原为玄，因避康熙讳而改之。元青沉着庄重，最适合托显金彩，如元青色缎地淡彩石榴桃梅竹纹绦（图9）。

图9　元青色缎地淡彩石榴桃梅竹纹绦

2. 湖色

湖色通常是浅绿或浅蓝，太阳光照到湖水后所呈现的颜色，如湖色缎地水墨菊牡丹纹绦（图10），其色常如春水初生日，恬淡清爽。

图10　湖色缎地水墨菊牡丹纹绦

3. 月白色

《通雅》称月白色为玉色，即青白，月夜中反光之淡蓝，温润明亮，明代已流行，清代除皇帝祭月朝服喜用此色外，其常服便服以及后妃之服亦多见之，如月白色缎地水墨枝梅花纹绦（图11）。

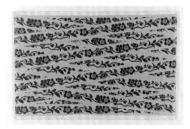

图11　月白色缎地水墨枝梅花纹绦

4. 品月色

中国传统染料以植染为主，矿物、生物为辅。1856年，化工的合成染料问世，大约在1886年后进入中国，因使用方便、成本低，很快流行。[①]这些进口颜料所染之色，习惯称之为品色，如品红、品黄、品蓝、品绿和品紫等。人工合成的苯胺洋彩，新奇亮眼，不同于传统植物染色的沉稳朴素。品月是比较鲜艳的蓝色，如品月色缎地织金梅兰竹菊纹绦（图12），十分明澈。

图12　品月色缎地织金梅兰竹菊纹绦

5. 品蓝色

品字冠以色名，据何进丰等学者研究，有可能出自早期英国颜料公司标注的产品牌号，如"一品蓝""一品红"等，品色多是由德国或英国公司进口的染料。[②]品蓝色作

图13　品蓝色缎地梅竹纹绦

---

①　杜燕孙：《国产植物染料染色法》，载《工学小丛书》，商务印书馆1948年版，第233页。

②　何进丰等：《中国近代进口染料史研究之一》，载《丝绸》2019年10月，第109-114页。

为一种内涵丰富的深蓝色，十分沉稳，如品蓝色缎地梅竹纹绦（图13）。

6. 宝蓝色

在古代制作工艺中，纯正色彩染料价格昂贵，深蓝为一般色，而只有发亮之蓝才是高贵色。宝蓝幽澈纯净，微有光芒如宝石，如宝蓝色缎地菊牡丹纹绦（图14），十分贵气。

图14　宝蓝色缎地菊牡丹纹绦

7. 藕荷色

藕荷色又称为藕色，即淡紫色。有说是浅紫中带灰的深紫绿色，清宫绦带的藕荷色域广泛，楝、紫藤、黛紫、绀紫和青莲等皆可称之，不同朝代时而淡雅时而亮丽。如藕荷色缎地桃石榴牡丹纹绦（图15），底色神秘高贵。

图15　藕荷色缎地桃石榴牡丹纹绦

8. 雪青色

有说雪青色是淡紫中含蓝之色，清宫绦带的雪青更像是紫红色，它是清末之流行色。如雪青色缎地淡彩时花牡丹莲纹绦（图16），含蓄温婉。

9. 雪灰色

绦带上的雪灰类似于比较浓的粉红色，雪灰和雪青常会混淆，但前者更为浅淡，是加了灰度的雪青色。如雪灰色缎地淡彩三多牡丹纹绦（图17），典雅优美。

图16　雪青色缎地淡彩时花牡丹莲纹绦

10. 红灰色

绦带上的红灰色常会和雪灰色混淆，但它比雪灰更亮一些，是加了灰度的浅红色。

图17　雪灰色缎地淡彩三多牡丹纹绦

如红灰色缎地织金枝梅纹绦（图18），十分娇艳。

图18 红灰色缎地织金枝梅纹绦

从主色的选择可以看出，绦带的地色多是蓝色系和紫色系。深黑如天的元青、高贵的宝蓝、明亮的品蓝品月、沉稳的深浅月白和清湛的湖色，蓝色系是满族最喜欢的色彩。紫中的藕荷、雪青、雪灰，直至接近红色的红灰，皇家的高贵与民间的生活气息融合其中。其他如黄色系中的香色和米色等，也在绦带的地色中常见。

《尚书》中有"以五采彰施于五色作服"之句，郑玄释义"性曰采，施曰色"。所以若绦带的地称"色"，则上面的花纹即可称为"彩"。主色选好后，花纹的色彩常会采用一定规律去组合，产生出活色生香的效果，充满了独特的艺术生机。根据清宫绦带的包装，可以知道当时帝后所喜欢的配色模式，有淡五彩（又称为淡彩）、五彩、三蓝、水墨、织金织银或织金银这几种。清宫运用金银线编织绦带，色彩上达到了错彩镂金的宫廷富丽奢华，三蓝和水墨的运用又透出空旷虚灵和出水芙蓉之雅。色与墨，丽与雅，看似对立的风格结合于绦带之中，正是有浓脂艳粉而不伤于雅，有淡墨数笔而无解于俗者。地与花的色彩搭配，争奇斗艳，试举有代表的介绍如下。

1. 金银色

金银线的使用可使丰富的色彩调和统一，既华彩辉煌又熠熠生光。绦带中如品蓝色缎地织金银牡丹纹绦，金银皆用；缎地织金四季时花纹绦，使用金线；银地时花牡丹纹绦（图19），使用银线，配上蓝白色调，总体显得十分庄重肃穆。

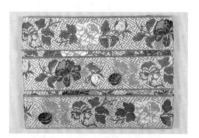

图19 银地时花牡丹纹绦

2. 淡彩

中国审美史上有错彩镂金和芙蓉出水两种不同美感，这两种审美自魏晋六朝以来颉颃并置，各成体系。反映在绦带上，金碧绚烂之后归于平淡质朴的用色，也是一种返璞归真的人生追求。外包装标有淡彩和浅五彩的花卉绦带，朴素而不落俗套，秀美而不艳俗。淡与彩的结合，以淡之雅加上彩之丽，更能体现花卉本身的水性美感。如元青色缎地淡彩菊花牡丹纹绦（图

20），牡丹清澈灵动，菊花亮丽秀雅。

图20　元青色缎地淡彩菊花牡丹纹绦

3. 三蓝

作为三原色中之冷色调的蓝色，常给人凝重安详之感，清代后宫对蓝色十分偏爱，纹饰采用不同深浅之蓝色作为晕色，三蓝成为当时织绣服装的特色装饰风格。如宝蓝色缎地三蓝三多牡丹纹绦（图21），十分雅致。

4. 水墨

中国水墨画是一种除墨色外不施加任何其他颜色的传统绘画作品。水墨既是一种绘画的表现形式，亦是一种审美意识范畴。清宫有不少绦带画面整个基调以水墨为主，图案通过水墨而非色彩来完成，只在适当位置上调和运用少量色彩，形成水墨淡彩的效果。它们常以黑色、灰色、驼色或褐色丝线来表现花卉，如品绿色缎地水墨梅竹菊纹绦（图22），淡雅中蕴蓄清逸，表现出了唐岱所言的"墨中有色、色中有墨"的意境。

图21　宝蓝色缎地三蓝三多牡丹纹绦

图22　品绿色缎地水墨梅竹菊纹绦

四、花卉纹绦带在便服中的应用

绦带作用于帷幕、桌围、椅披或床沿等处，镶滚衣服的边缘一般多为领口袖端、襟边及下摆等。其组合形式大致可分为以下四种：①双镶，在汉族女装中最为常见，通常表现为深色宽边或贴边搭配机织花边的组合形式，简称一素一花。②三镶，在满族女装中最为常见，通常为中间一条宽边与两侧较窄边饰的组合。外侧绲边通常以深色为主，勾勒出边缘的线条，衬托出衣料的色彩。中间镶边的装饰相对较复杂，多采用精美刺绣贴边。内侧缘饰多为机织花边，也可见到使用素缎滚条的情况。③多道镶边，常见的有五镶、七镶等，这是在双镶和三镶的基础上发展的组合形式，通常表现为在内侧有序地平行排列更多机织花边或滚条，从而在视觉上产生更加繁复更多节奏的装饰效果。④如意，如意本是古人玩赏的器物，宫廷女装常将绦带如意化缀在衣服上，一方面表现其吉祥，一方面增加其美感。装在领子、胸前、开叉、下摆、袖口、肩部等地方的如意有单如意、双环如意、兰花如意、蝴蝶如意、云肩如意、双连环如意等，位置不同可选择不同的图案。如意是绲边中工艺质量要求最高的一种，其工艺质量的高低能体现工艺师技艺的好坏。一般要求是花形圆顺流畅、不出棱角。

清宫绦带主要镶饰于便服中领襟摆袖这些部位。晚清太后垂帘，所以太后所穿氅衣、衬衣和坎肩等便服，衣料华美，它们所装饰的绦边亦是繁缛。便服镶饰大体采取三镶的组合方式，外道绲边多是织金，保护衣缘；中间最阔的竖边，纹样与主料相同，但色彩相异；最里边则是绦带或者蕾丝边，这是最多姿多彩体现个性情趣的地方。

地球上生长植物种类繁多，约有35万种，中国植物种类有3万多种，庞大的数量不能全部成为艺术品选用之纹样。花即是人，人亦是花，梅花冰肌玉骨、牡丹花开富贵、菊花人寿年丰、海棠神仙婀娜、玉兰捧心带刚，这些传统的人格化的名花常被选用于绦带，并配合运用于清宫服饰当中。

（一）梅

梅属蔷薇科落叶乔木，其形瘦漏透，暗香疏影中带幽冷艳丽。它先群芳而艳，四德五福寄寓众多吉祥意义，有人间美人所有优点而无嗔疾怨怒之缺陷，民国时曾为国花，新中国成立后评选十大名花时被选居首位。清宫藏的品蓝色缎地织金枝梅纹绦（图23），镶在雪灰色缎绣三蓝菊花金团寿字纹衬衣（图24）上，这件衬衣拆片领襟摆袖边饰三道，从里到外分别是宝蓝色折枝梅纹绦、元青色缎绣三蓝菊花金团寿字纹边和元青色斜万字纹织金缎绲边。品蓝色梅花绦在雪灰色地上，冷香外露，端庄尽显。

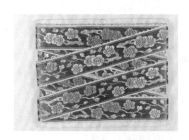

图23　品蓝色缎地织金枝梅纹绦

图24　雪灰色缎绣三蓝菊花金团寿字纹衬衣拆片

（二）牡丹

老梅花，少牡丹。牡丹之富丽象征着生命之勃发和生机之无限，它端庄妩媚华贵雍容，兼香、色、韵三美，清宫藏的品蓝色缎地织金银牡丹纹绦（图25），镶在绛色缎绣牡丹蝶纹夹氅衣（图26）上，这件氅衣领襟摆边饰三道，从里到外分别是品蓝色缎地织金银牡丹纹绦、元青色缎绣牡丹蝶纹边和月白色斜万字纹织金缎。主料绛色地上缎绣牡丹，绦带金银的闪色，照影迎日，更显出牡丹的美肤腻体。

图25　品蓝色缎地织金银牡丹纹绦

图26　绛色缎绣牡丹蝶纹夹氅衣

（三）菊

多年生草本植物的菊，清华其外，澹泊其中，常常开在林涧后，不作媚俗之态。清宫藏的品月色缎地织金淡彩菊花纹绦（图27），镶在宝蓝色罗平金绣团寿字纹单氅衣（图28）上，这件氅衣领襟摆边饰三道，从里到外分别是品月色缎地织金淡彩菊花纹绦、元青色罗平金绣团寿字纹边和浅月白色斜万字纹织金缎。主料在罗地上绣散点团寿字，菊花绦在宝蓝地上，更显霜气十足。

图27　品月色缎地织金淡彩菊花纹绦

图28　宝蓝色罗平金绣团寿字纹单氅衣

（四）海棠

海棠白里透红，极具美人相，它未开时如胭脂点点，开后则粉红渐变，如晓天明霞、杨妃醉酒。且棠堂同音，古人祈盼家族繁盛、数世同堂常喜用之，寓意金玉满堂、富贵迎春。清宫藏的雪灰色缎地织金三蓝海棠纹绦（图29），镶在品月色缎绣球纹棉衬衣（图30）上，这件衬衣边饰三道，从里到外依次为雪灰色海棠纹绦，元青色缎绣海棠纹边和元青色斜万字纹织金缎，袖口加饰品蓝色边和元青色斜万字织金缎边。整件衬衣雪灰色海棠纹绦，它不浓不疏的纹样，不艳不淡之色恰到好处。

图29　雪灰色缎地织金三蓝海棠纹绦

图30　品月色缎绣球纹棉衬衣

（五）玉兰

玉兰色似玉，香似兰，古代常包括白紫玉兰等花形似、花期近的木兰科植物，作为庭院八品之首，皇家及寺庙皆喜种之。其玉雪霓裳常被用来暗喻幽幽长恨的杨玉环，清宫藏的湖色缎地织金水墨朵兰纹绦（图31），镶在明黄色缎绣藤萝纹夹衬衣（图32）上。这件衬衣边饰三道，从里到外依次为湖色玉兰纹绦、元青色藤萝蝴蝶纹边和雪灰色斜万字纹织金缎。主料藤萝间饰彩蝶，青春鲜活，镶上玉兰纹绦更添素雅。

图31　湖色缎地织金水墨朵兰纹绦

图32　明黄色缎绣藤萝纹夹衬衣

小　结

织绣品是一种看似平面，实为立体的工艺品种。织绣服饰的工艺效果，在动态的空间移动和多变的光线环境中，方能体现出其美丽。清代是我国传统服饰文化发展的鼎盛时期，在巨大的社会变革与满汉两族的交流融合中，清代服饰形成了独具特色的魅力。其女装中的绦带缘饰融汇历代之精髓，以独特的艺术特点、精湛的装饰技艺及丰富的内涵寓意，构成了醒目的文化元素。故宫所藏绦带一方面展现了古代织造技艺的臻熟，另一方面也反映了统治阶级贵族服饰上所维护的等级制度及尊卑标志，体现着穿戴者的权利和地位。清代的花绦是清末民初风尚风俗的展现，是古与今、宫廷与民间、满与汉、中与外不同文化互动的结果。由于绦带加工耗时耗力，又具有独特的艺术风格，历来都是中外贵族竞相追捧的对象，因此，它也有"织物贵族"之称，大文豪拉斯金称颂它是"超越时间和劳力的最高手工艺品"。绦带小简精，其幅宽虽不大，但艺术价值很高，小尺幅中表现大空间，以小见大；其简亦非简单而是简练，通过花卉精练的布置，个中所表现的艺术世界达到以少胜多的效果；精心织造的只花片叶，恰到好处地传达了无限的情思。

【参考文献】

姜今. 中国花鸟画发展史［M］. 南宁：广西美术出版社，2001.

梁科. 花团锦绣——故宫后妃衬衣藏品赏析［M］. 北京：中国轻工业出版社，2023.

孙云. 清代女装缘饰装饰艺术研究［D］. 太原：太原理工大学，2015.

殷安妮. 清宫后妃氅衣图典［M］. 北京：故宫出版社，2014.

章新. 清末宫廷女服绦边镶饰配色观［D］. 2022中国传统色彩学术年会论文集，北京：文化艺术出版社，2023.

周武忠. 中国花卉文化［M］. 广州：花城出版社，1992.

清华大学艺术博物馆藏"连生贵子"纹绣品研究

倪葭 [①]

提要：吉祥纹样历史悠久，普遍运用象征性的手法，将祈福纳祥、驱恶辟邪的愿望，借助图形呈现出来。"连生贵子"纹也称为"莲生贵子"纹，深受大众喜爱，顾名思义，该纹样表达出民众期盼多子的愿望。清华大学艺术博物馆藏"连生贵子"纹绣品，将古人对于绵延子嗣的追求，借助娃娃、莲花与莲叶的组合表达出来。"连生贵子"纹应用领域极广，除服饰外，在年画、剪纸、陶瓷、玉器等艺术品中均可见到。本研究旨在探讨这种深为大众所喜爱的纹饰，其多方来源与含义演变。

关键词：莲花 莲叶 童子 鱼 连生贵子 吉祥纹样

一、"连生贵子"主题藏品的介绍

吉祥纹样历史悠久，普遍运用象征性的手法，将祈福纳祥、驱恶辟邪的愿望，借助图形呈现出来。"连生贵子"纹也称为"莲生贵子"纹，深受大众喜爱，顾名思义，该纹样表达出民众期盼多子的愿望。清华大学艺术博物馆藏"连生贵子"纹绣品，将古人对于绵延子嗣的追求，借助娃娃、莲花与莲叶的组合表达出来。清华大学艺术博物馆收藏有数件"连生贵子"纹绣品，既有肚兜和坎肩等服装，也有方形与圆形的绣片，下面一一进行介绍。

"连生贵子"纹肚兜（图1）正面使用黑色缎，背面为蓝色绸地。肚兜为方形对角设计，上角裁去成浅凹状，无系

图1 "连生贵子"纹肚兜（晚清，丝，宽54 cm、长49 cm，清华大学艺术博物馆藏）

---

① 倪葭，北京城市学院。

带。肚兜中心圆形图案的主题为"连生贵子"。图案上方镶有一条黄地红花的机织花边。圆形图案居中位置有一白胖男童，头梳双辫，着蓝围涎、红肚兜、绿裤子，手持花枝立于莲花之上。他身边围绕着莲花、莲藕、鲤鱼、石榴、茨菰等，莲花下的三道弧线象征水纹，也暗示着莲花来自水中。细观肚兜中的莲花，可发现为莲花和石榴的结合体（或牡丹与石榴的结合体）。石榴多子，牡丹富贵，将石榴与莲花或牡丹结合，体现出对子嗣绵延、发家致富的强烈期盼。肚兜主要采用齐针绣法，娃娃、水纹、大部分花和叶以斜平针齐整绣出，丝线排布细密均匀，花卉花瓣和水纹之间留有水路，使之成为轮廓线。少部分花瓣和叶片以双色套针绣法绣出，展现出花与叶色彩层次的自然过渡。使用斜平绣法表现花茎，线条利落，表现出枝蔓的曼妙变化。

图2　"连生贵子"纹方绣片（晚清，丝，55 cm×55 cm，清华大学艺术博物馆藏）

　　"连生贵子"纹方绣片（图2）正面使用黑色缎，背面为蓝色菊纹暗花绸。黄地蓝花的机织花边围镶出圆光形，圆光下方四层水波上现出莲藕，其上生发出莲花、莲叶和杂花。盛开的莲花中端坐着红肚兜男童，四周祥云缭绕，仙鹤飞翔。绣片整体采用斜平针法齐整绣出，花朵、荷叶、祥云用多色彩线绣成，色调丰富。

　　纳纱绣吉祥纹一字襟坎肩背片（图3）正面镶边为黑色缎地，背面为蓝色绸地。这种坎肩又称为"巴图鲁坎肩"[①]，一字襟[②]，坎肩四周镶边，一字襟上钉有七个扣祥，左右腋下各钉三个扣祥，合为十三粒，也就是俗称的"十三太保"。遗憾的是，此件纳纱

图3　纳纱绣吉祥纹一字襟坎肩背片（晚清，丝，肩宽34 cm、下摆宽43 cm、身长55 cm，清华大学艺术博物馆藏）

----

　　① 据说最早穿这种坎肩的为清代的武士，"巴图鲁"即满语"勇士"的意思。坎肩后来在民间流行，也叫作马甲、背心，为满族便服，无袖，穿着方便。坎肩套在长袍外面，有明显的装饰作用，先为男子穿着，后不论男女均可穿着。此件坎肩，从纹饰图案及径围推测当为女性服饰。

　　② 一字襟，指服饰前片在胸前上方横开，外观呈"一"字形。

绣一字襟坎肩仅留存背片，纱绣以罗纱为地，黑缎暗线绲边，依照罗纱的经纬格局施针，用彩丝戳纳而成。其中既有大块的色彩对比，如较大的花朵，又有细巧精致的部分，如连生贵子、狮子滚绣球、花卉佛手、螽斯柿子、黑兔等吉祥纹样，特别是在背片的中心位置，有一男童立于莲叶之上。

三蓝绣"连生贵子"纹圆绣片（图4）正面使用红色缎，背面为黑色缎。此件绣片由外向内有四圈装饰，分别为黑色缎包边、镶黑地黄蓝色花卉纹机织花边、蓝色缎子绲边、镶白地蓝色花卉纹机织花边。中心为"连生贵子"主题图案。图案下方是四节莲藕，上有莲花与叶。男童站在莲花中心，一手持石榴，一手抓住身边鲤鱼吐出的云气。此圆绣片以三蓝绣为主。三蓝绣即使用蓝色系中的深、中、浅色丝线绣出装饰纹样。虽然名为"三蓝"，其实从

图4　三蓝绣"连生贵子"纹圆绣片（晚清，丝，直径31 cm，清华大学艺术博物馆藏）

白至深蓝的过渡色阶可以不只有三种，过渡色越丰富，渐变效果越自然。此圆绣片除三蓝之外，莲藕和男童的身体使用了浅米色丝线，男童所持的石榴使用了由红至粉白的"三红"绣法，男童头上的圆月使用了金色。

从形制方面看，"连生贵子"纹肚兜、"连生贵子"纹方绣片与三蓝绣"连生贵子"纹圆绣片，三件绣品不论纹样的载体是方是圆，"连生贵子"纹均居中呈现，也就是图案纹饰在中间位置，在"连生贵子"纹的整体布局中，中心的男童突出醒目，饱含寓意的莲、藕、鱼、鹤及杂花环绕周围，分布对称，主题突出。

在色彩运用上，前三件藏品用色丰富，既有高纯度的硬色，也有色彩变化微妙的软色。配色方面最具巧思的是三蓝绣"连生贵子"纹圆绣片，以三蓝绣为主，使用浓艳的红色缎为地，形成强烈的红蓝对比。在纹样的中心部位，也就是男童的手中还有一枚石榴。我们一般会将目光投射在人体中心偏上的位置，也就是头部到前胸的位置，男童本身就是此图案的中心，男童手托的石榴正好是在胸前，是中心中的中心，重中之重。这颗三红绣法的石榴就被安排在这个"核心"位置，中和了以三蓝为主的单调色彩，起到了"万蓝丛中一点红"的吸睛效果。"榴开百子"是多子的象征，造型饱满、色彩艳丽的石榴一直是艺术家钟爱的题材。将红石榴放于男童手心，无疑是再次加强"连生男子"的祝福。这件绣片虽然刺绣针法并不高超，甚至人物、花、果的造型都不十分准确，但如此匠心的设计，确实令人拍案叫绝。

上述绣品均来自民间，色彩明快，构图简练，造型质朴。虽刺绣针法较为单一，但憨态可掬的形象还是能让观者会心一笑。反复出现的"连生贵子"纹样，其表现形式基本是娃娃立于莲花之中或者手持莲花，有的还伴有鲤鱼。此纹样应用极广，在年画、剪纸、织绣、陶瓷、玉器等艺术品中均可见到，那么这种广受欢迎的纹样，究竟来自何方呢？

二、题材来源

目前，多将描绘儿童嬉戏场景的画作称为婴戏图或戏婴图。在传统绘画和工艺美术品中，此题材屡见不鲜。上述刺绣品中的儿童天真活泼、充满活力。"连生贵子"属于"婴戏图"的一种。一般借用男童形象传达求子的心意。如三蓝绣"连生贵子"纹圆绣片中的男童，性别特征鲜明，将承继香火的渴望表露无遗。在资料收集过程中，笔者发现此纹样中的童、莲、鱼三元素来源多方，下面一一进行解读。

（一）童子

1957年，河南洛阳西郊小屯村出土了两件战国玉人骑兽佩，均为孩童屈膝骑于兽背之上的样式。[1]另外，1978年河北省平山县中山国墓葬出土的玉器中有妇女和儿童形象的小玉人。[2]山东临沂金雀山9号汉墓中出土的帛画，其结构分为天上、人间、地下三部分，人间部分自上而下共分五组，其中的第四组表现了纺织场面。[3]围绕着纺车，一位妇女一手举引线一手挽车，一名小童立于纺车之下，童子身高仅有纺车的一半，暗示其年龄之幼。《贞观公私画史》载南朝时顾景秀有"《小儿戏鹅图》，云昭明太子像"[4]，顾景秀所画的戏鹅小儿有可能就是昭明太子。同书中还记录了刘瑱的《少年行乐图》，江僧宝的"《小儿戏鸭图》一卷"[5]。至唐，在张萱《捣练图》《虢国夫人游

---

① 中国国家博物馆：《中国国家博物馆馆藏文物研究丛书》（玉器卷），上海古籍出版社2007年版，第167–168页。

② 张守中、郑名桢、刘来成：《河北省平山县战国时期中山国墓葬发掘简报》，载《文物》1979年第1期，第13页。

③ 山东省地方史志编纂委员会：《山东省志·文物志》，山东人民出版社1996年版，第592页。

④ 裴孝源：《贞观公私画史》，载《画学集成（六朝—元）》，河北美术出版社2002年版，第37页。

⑤ 裴孝源：《贞观公私画史》，载《画学集成（六朝—元）》，河北美术出版社2002年版，第43页。

春图》中可见活泼可爱的女童形象。1972年阿斯塔纳TAM187号墓出土的绢画《双童图》画有穿条纹裤怀抱猧子的男童，可看作唐代婴戏图的实物代表。《宣和画谱》《图绘宝鉴》《画继》中均记载有包含婴戏题材的作品。我们回想一下晚清任伯年的《神婴图》，图绘姜石农孙儿，其灵秀之气跃然纸上。上题"仿桃花庵主《神婴图》，为石农老兄令孙写，伯年任颐"。任伯年提及桃花庵主即清代书法家郎葆辰有"神婴"主题的作品。任伯年的《神婴图》上并有杨伯润题识"姜家有神婴，远过识之无。任子见之喜，为画神婴图。……"此种"神童崇拜"的情结，古已有之，芳贾、甘罗、周瑜，均少年得志，甚至有未卜先知之才。家长无不希望自己的孩子在孩童时代就能展现出与众不同的才华，因此，图像中的儿童们大多是一幅"聪明像"，并且被艺术家不断塑造表现。

日本正仓院收藏有《人胜》剪纸。[1]日本齐衡三年（856年）《杂财物实录》载："人胜两枚，一枚有金薄字十六，一枚押彩绘女形等，边缘有金薄截物，纳斑蔺箱一合，右天平宝字元年闰八月二十四日献物。"两枚《人胜》中的一枚，画面今残存一棵小树、一个小女孩和一只小动物（可能是宠物狗）。这类图像也可看作小童与宠物在一起的婴戏图。人胜的含义在东晋董勋《问礼俗》中有说明："剪彩人者，人入新年，形容改从新。"《荆楚岁时记》："正月七日为人日。以七种菜为羹，剪彩为人，或镂金箔为人，以贴屏风，亦戴之头鬓。又造华胜以相遗。"[2]清人富察敦崇《燕京岁时记》"人日"条写道："初七日谓之人日。是日天气清明者则人生繁衍。"[3]最初的人胜，以新人（儿童）期望新年一切从新、繁衍新人。

（二）鱼

1984年安徽省马鞍山市雨山乡（现雨山区）朱然墓出土的季札挂剑图漆盘内圈绘莲蓬、鲤鱼、鳜鱼、白鹤、童子等。[4]图案中鱼、鹤的含义值得思考。《山海经·大荒西经》载："有鱼偏枯，名曰鱼妇，颛顼死即复苏。风

① 王伯敏：《对正仓院藏〈人胜〉剪纸的探索》，载《王伯敏美术史研究文汇（第1编）》，中国美术学院出版社2013年版，第453页。

② 宗懔、杜公瞻、姜彦推：《荆楚岁时记》，中华书局2018年版，第11页。

③ 潘荣陛、富察敦崇：《帝京岁时纪胜　燕京岁时记》，北京古籍出版社1981年版，第46页。

④ 安徽省文物考古研究所、马鞍山市文化局：《安徽马鞍山东吴朱然墓发掘简报》，载《文物》，1986年第3期，第4页。

道北来，天乃大水泉，蛇乃化为鱼，是为鱼妇。颛顼死即复苏。"①《山海经》中鱼妇是颛顼死后的化身。还有战国《人物御龙图》，男子站于龙身，龙尾上立一鹤，身下有游鱼，表现墓主在鹤与鱼的引导下乘龙升天的情景。1989年发掘的山西夏县王村壁画墓为东汉时期墓葬，横前室墓顶南段壁画有乘鱼仙人。仙人肩生双翼，着交领长袍，鹤展翅振翩，鱼巨首修鳞。②古人对飞翔天空、遨游大海的生物满怀羡慕与敬畏，认为它们可以带领自己达到云端天界或幽冥仙境。那么追逐着鱼与鹤的小童，也就不是凡人，而是通过死而复生的通道，返老还童到达永生境界的仙人。

三蓝绣"连生贵子"纹圆绣片中的男童，一手持石榴，另一手握鱼嘴中吐出的曲线。这个"曲线"的原形在哪里？笔者认为是由鱼须演变而来。自然界中的鲤鱼生有长须。比如甘肃河西高台骆驼城乡苦水口1号墓仙人骑鱼壁画（图5）中仙人所骑的巨大鲤鱼，口部的两根鱼须清晰可见。在后世不断摹写过程中，鲤鱼口部的长须演变为长气纹。

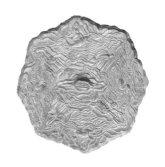

图5　甘肃高台骆驼城苦水口1号墓仙人骑鱼画像砖　　图6　山海神人八角镜③（唐）

山海神人八角镜（图6）呈八角形，山钮，钮座为山纹，从钮座向镜缘伸出四座高山，两两高山之间有水波起伏的海浪，海中有水鸟、瑞兽、骑鱼童子，童子所骑之鱼，头部硕大威猛。此童子应不是普通的孩童，正如郭璞《游仙诗》中所写："奇龄迈五龙，千岁方婴孩。"④能在浩瀚大海中驰骋的

---

① 袁珂：《山海经校注》，巴蜀书社1993年版，第476页。

② 高彤流、刘永生：《山西夏县王村东汉壁画墓》，载《文物》1994年第8期，第38页。

③ 《中国青铜器全集·铜镜》，文物出版社1998年版，第175页。

④ 郭璞：《游仙诗》，转引自王钟陵《古诗词鉴赏》，四川辞书出版社2017年版，第128页。

骑鱼男童，似是寻觅仙山求得不死之药后，千岁童颜的仙人。

从朱然墓出土的"季札挂剑图漆盘"到"山海神人八角镜"，童子与鱼的结合，似乎象征着返老还童、长生不死的主题。

（三）莲

现今不论是立于莲花上的童子，还是手持莲花与叶的童子，均可归入"连生贵子"主题，但经过溯源可发现，立莲童子起源于"莲花化生"，持莲童子效法自"摩睺罗"习俗。

1. 由莲花化生到莲上童子

研究者指出"连生贵子"纹乃是由佛教"莲花化生"演变而来。①

有学者对十六国至宋代的全国范围内莲花化生图像进行系统整理后，提出以下化生图像分类：佛类化生像、菩萨类化生像、天龙八部类化生像、佛弟子类化生像、童子类化生像。② "化生"，指无所依托、借业力而忽然现出者。如《妙法华经·提婆达多品》："若在佛前，莲花化生。"佛教经典指出，在佛国净土中，众生均由莲花化生而出。敦煌S.6551《佛说阿弥陀经讲经文》写道："今言无量寿国，或言净土，或称极乐世界……无有胎生、卵生、湿生，皆是化生……即是无量寿佛为国王，观音势至为宰相，药上药王作梅录，化生童子是百姓。"③也就是普罗大众是从莲花中化生的。同时《佛说无量清净平等觉经》提到，信众在西方净土佛国莲花化生后，还要"自然长大"。正如《无量寿佛西方净土唐卡》（图7）莲花中即有诞生童子的图像。

图7　无量寿佛西方净土唐卡（清，布面，清华大学艺术博物馆藏）

① 魏亚丽：《从"莲花化生"到"连生贵子"论西夏"婴戏莲印花绢"童子纹样的文化内涵》，载《装饰》2019年第8期，第70–73页。

② 高金玉：《中国古代莲花化生图像的演变与发展》，载《中国美术研究》2017年第24期，第21–30页。

③ 周绍良：《全唐文新编（第5册）》，吉林文史出版社2000年版，第12053页。

如现藏于法国吉美博物馆的《莲上化生童子图》，童子均立于硕大的莲花之上，图自下而上分为三层，底层为三个童子，中间的童子双臂向两侧伸开，左右两个童子分别拉着他的胳膊，似在唤醒这名刚刚从莲花中诞生的新伙伴。中层为三个伎乐童子，上层为一个童子，左右两侧为莲花，似还未化生出童子。"莲花化生是往生净土的必经途径，它的出现不但能揭示娑婆众生往生净土的愿望，体现佛教修行的阶位，还能勾勒出信众对自己在净土世界所属阶层的心理定位。"[1] "从唐前期开始，西方净土世界中的化生童子就逐渐突破化生的宗教含义，变成现实生活中的儿童形象。"[2]化生好似生命的孕育及出生，相较于其他化生出现成年人形象，公众似乎更乐于接受化生童子的形象，童子形象也日益世俗化。

《杂宝藏经》"鹿女夫人缘"条写道，鹿女生千叶莲花，"一叶有一小儿"。[3]莲花童子纹唐镜中一派祥和欢乐的气象，活泼的儿童立于莲上，手舞足蹈。方勺《泊宅编》卷六载："吏部尚书曾楙初取吴氏，生子辄不育。异人劝勿食子物。如鸡鸭子、鱐子、腊子之类，公信之，既久不食。后取李氏，李氏尝梦上帝诏与语，指殿前莲花三叶赐之，曰：'与汝三子。'已而果然。"[4]可见，宋时莲与叶具有赐子的法力。北宋耀州窑青釉模印婴戏莲花图碗（图8），表达的很可能是宋代语境下的"求子"主题。

图8　耀州窑青釉模印婴戏莲花图碗（北宋）

2. 由摩睺罗到持莲童子

长沙窑青釉彩绘婴戏图壶，腹部用褐色线条以类似于白描的手法绘持莲男童，男童肩扛长茎莲花，扭项奔跑，身上的披帛随风飘摆。有学者认为此壶"是中国古代瓷器上寓意'连生贵子'的最早佳作"[5]。但将此壶放归原时空中，当时持莲童子的含义也许并不是"连生贵子"。

①　高金玉：《阿弥陀佛五十菩萨图与莲华化生像的关联》，载《艺术探索》2019年第33卷第5期，第41页。

②　杨秀清：《敦煌——另类的解读》，甘肃人民出版社2020年版，第155页。

③　吉迦夜、昙曜、陈引驰：《杂宝藏经》，花城出版社1998年版，第43页。

④　方勺：《泊宅编》，中华书局1983年版，第34页。

⑤　黄静：《浅析长沙窑艺术瓷器的美学意义》，载《中国古陶瓷研究》2009年第15期，第387页。

正如前文所述，玉童子在战国时偶见，至宋时成为深受工匠与消费者喜爱的题材。"一种造型生动活泼、富有生活情趣的玉雕童子是宋代世俗化玉雕艺术品的产物，当时深受广大市民的喜爱，亦为上层社会所欣赏，它不仅流行于宋代，明清时期仍持续发展。"①从出土和传世玉童来看，持荷玉童在宋代的玉雕中占有一定比例。童子与莲的源头有可能与宋代民间儿童在七夕持荷叶效法摩睺罗的习俗有关。据《东京梦华录·七夕》记载："七夕前三五日，车马盈市，罗绮满街，旋折未开荷花，都人善假作双头莲，取玩一时，提携而归，路人往往嗟爱。又小儿须买新荷叶执之，盖效颦磨喝乐。……磨喝乐本佛经摩睺罗，今通俗而书之。"②吴自牧《梦粱录》卷四"七夕"载："市井儿童，手执新荷叶，效摩睺罗之状。此东都流传，至今不改，不知出何文记也。"③周密《武林旧事》卷三"乞巧"载："小儿女多衣荷叶半臂，手持荷叶，效颦摩睺罗，大抵皆中原旧俗也。"④

如吴自牧《梦粱录》载："此东都流传，至今不改，不知出何文记也。"⑤再如周密《武林旧事》载："大抵皆中原旧俗也。"⑥由北宋汴京而传至南宋的效颦摩睺罗习俗，至南宋时已不知所出。⑦笔者推测，摩睺罗题材借助在宋代风行的"七夕节"逐渐推广，伴随模仿摩睺罗习俗的渐渐褪色，而持莲童子作为传统纹样在玉雕中延续下去，但是其本意已经被遗忘，在后世亦成为"连生贵子"系列纹样元素之一。

小　　结

纳纱绣吉祥纹一字襟坎肩中男童是坐于莲叶之上，手持两朵莲花，这与前文所说的宋代民间儿童在七夕持荷叶，喜双头莲的习俗有关。"连生贵子"纹方绣片中男童身形没有完全展现，而是表现为从莲花中诞生童子的过

①　朱淑仪：《上海博物馆藏玉童研究》，载《学人文集：上海博物馆六十周年论文精选（工艺卷）》，上海书画出版社2012年版，第53页。

②　孟元老：《东京梦华录》，文化艺术出版社1998年版，第54页。

③　吴自牧：《梦粱录》，浙江人民出版社1980年版，第25页。

④　周密：《武林旧事》，光明日报出版社2016年版，第63页。

⑤　周密：《武林旧事》，光明日报出版社2016年版，第27页。

⑥　孟元老：《东京梦华录》，文化艺术出版社1998年版，第28页。

⑦　傅芸子：《宋元时代的"磨喝乐"之一考察》，载《正仓院考古记·白川集》，辽宁教育出版社2000年版，第106页。

程，这与《无量寿佛西方净土唐卡》（图7）和《莲上化生童子图》中从莲花中诞生童子的图像相似度极高。细观"连生贵子"纹肚兜，男童立于莲花之上并手持莲花，这好像是将莲花化生与持莲风俗融合在了一起，并且在童子身边有一尾红色鲤鱼，这又是来源于道教中童子与鱼的组合。童子所坐的莲花下还有一节节的莲藕，以莲结藕暗示人类的繁育。婴戏图可能是起源于"神童崇拜"的情结，返老还童的信仰，一切从新的愿望，更大的可能性是在漫长的历史进程中，由诸多因素交织在一起，虽缘起多方，但层累堆积，不断演变，最终杂糅为"连生贵子"纹样现在的样貌。综上所述，最初这些图像或纹样都是在较小范围内使用和传播。人类文明的演进需要依靠一代代人不断推进，对于繁衍的渴望是全社会的共同意愿，这些在小范围内的图像或纹样被不断扩大使用，并成为一种习惯性的重复，渐趋程式化，大众对于其内涵也达成了共识。

浅析中国古代丝织品纹样风格的融合与流变

——以"和合中国"展览为例

袁芳 ①

提要： 2022年10月，辽宁省博物馆举办了"和合中国——和文化主题文物展"，展览中以多种类文物诠释了"和合"文化的内涵。其中选用大量馆藏纺织品文物展现了"和合中国"的主题策展精神。展览第四部分"与古为新　美美与共"中力图以丝织品纹样风格的发展与变化诠释"和合"的精神文化。本文通过梳理丝织品艺术风格的发展史，解析图案风格的融合与流变所反映的政治文化关系，体现丝织物作为中华优秀传统文化的载体在历史中的意义与作用。

关键词： 丝织品　纹样风格　融合和流变

人与自然共生，在人类社会进化过程中，自然物演化为艺术家笔下具有美好寓意的图像。与此同时，人类也借用动物、植物的形态特征、生活习性及生长规律来表达对美好生活的向往及对人类行为的反思。远古时期的先民们以自己的巧手养桑纺线，通过人类的智慧在自然界中汲取材料，制成精美实用的纺织品。自古至今，中国作为世界范围的丝织业大国，以"丝绸"为载体将华夏文明传播至世界各地。

中国古代先秦思想认为，"和合"是宇宙万物的本质、天地万物生存的基础。与天地参，认知自然。智慧的先民们在生产、生活中追求与自然和谐共生，将自然物作为素材，提炼成艺术作品，并在其中寻求"天人合一""物我协同"的精神归宿。中国古人追求"格物致知，知行合一"的精神境界，从"周虽旧邦，其命维新"，到"天行健，君子以自强不息"，在人与人、人与社会的相融中，形成具有中国传统文化特质的世界观与价值观，进而提炼出"和而不同"的社会观，这是中华传统文化的经典理念之一。在"和而不同""兼容并包"观念的引领下，中华文脉不断，历久弥新。

---

① 袁芳，辽宁省博物馆。

"协和万邦"的宇宙观，蕴含着中华民族天下大同的国家观和民族观。中华文明以开放包容闻名于世，与其他文明各美其美、美美与共、交流互鉴、四海一家，伴随着"丝路"文明，在"和合"的理念中，不断衍生发展，传承以和为贵、和而不同的思想传统，追求亲仁善邻、协和万邦的世界大同。

一、丝绸起源

丝绸是中国人为人类贡献的重大发明之一。根据河南荥阳青台村仰韶文化遗址出土的丝织物残片和浙江湖州钱山漾良渚文化遗址出土丝织物推断，约在5000年前，黄河流域和长江流域已出现了丝织物。丝绸的出现，不仅是技术手段的发明，也起到了装饰人类生活的作用。它自诞生起就与中国古代其他艺术形式相互促进。丝绸也被作为艺术品的重要载体使用，它的发展对众多艺术形式产生了影响。

蚕的一生令人类感到惊奇，它从蚕卵演变到幼虫，衰老之后又吐丝结茧成蛹，最后蜕变成娥。它的一生经历了四次形态变化，这由动到静的转化历程，引发了远古先民们对天地、生死等人生重大问题的思考。卵是蚕生命的开始，孵化成幼虫如同生命的诞生，几起几眠犹如人类生命的各个阶段，蛹可看作原生命的死亡，而蛹化成蝶，则引发人类思索死后灵魂的去向。因此，中国古代文学、艺术作品中常以蚕化成蝶作为题材。

根据考古发掘资料，中国丝绸发展的轨迹可追溯到新石器时代的遗址中，出土物中常见陶、石、玉制的蛹形、蚕形、蛾形雕刻品。浙江余姚河姆渡遗址（距今5000～7000年）出土象牙雕蚕纹，江苏吴县梅堰（约公元前3000—公元前2500年）出土蚕纹雕刻黑陶等器物，记载了丝绸出现的时间和轨迹。

二、丝织品纹样风格的融合与流变

（一）丝织纹样的产生与发展

"中国有礼仪之大故称夏，有服章之美谓之华。"礼仪与服饰并列成就华夏，文化遗存是先人为我们留下的远古印记，勤劳智慧的中国古人织造出美丽的织物，不仅受华夏民族人们的喜爱，也带动了市场需求和与西方世界的贸易往来。在中华文明成长史中，这些织物已渗透到中国文化中，成为华夏民族重要的文化符号之一。丝织品的历史几乎与中华文明起源同步。织物纹样的演化和发展是中国古人智慧的结晶，也是中华文明兼容并蓄的缩影。联珠纹与团窠纹见证了民族融合和文化交融的历史，自魏晋时期从西域传入并迅速在我国境内流行开来，吸收了中原本土元素后，融合成新的图案样式。它们也是东西方贸易往来与文化交流的实物见证之一。从出土物可见其形式借鉴了萨珊风格或沿袭中原风格，发展演变后的联珠纹被中国工匠用传统云纹代替，衍生出"中国化"的纹样，出现了逐渐本土化的联珠纹与团窠纹（图1）。

图1　新疆博物馆藏五星出东方利中国锦

根据出土物来看，我国境内早期的纺织品出土物多为丝、麻、棉、毛等材料织造出的布帛。布帛通过先民们巧手裁剪缝制为衣，起到御寒保暖的作用，最早的服饰也应运而生。在满足遮体保暖的实用功能之外，服饰亦具有约束个体行为、标识身份阶级、巩固文化认同的社会功能。先秦时期，丝织品和服饰起到了辅助社会礼制和建立审美规范的作用，也从生活上参与到中国历史上第一次民族融合的过程中。

《易·系辞传》记载古人"仰则观象于天，俯则观法于地，观鸟兽之文与地之宜"。在观察中将自然界万物形态作为纹样的创作题材，周代《尚书·益稷》云："予欲观古人之象，日月星辰山龙华虫作会，宗彝、藻火、粉米、黼黻、绨绣，以五采彰施于五色作服。"以五服十二章纹作为封建社会的服饰制度（日月星三章施于旗，故衣有九章），古人以此隐喻天子贵族的风操品行，如日月星般照耀，如山般稳重，象征天子镇抚四方，龙取应变之意，华虫（雉鸟）取其文彩和本性耿介，喻示王者有文章之德，宗彝由虎、蜼二兽组合，虎取其勇猛之意，蜼取其智孝之意，藻（水草）象征洁净，火象征光明，粉米有济美之德，黼寓意决断，黻寓意去恶扬善。将自然物体形象，经过提炼，作为概括化的纹样应用于服饰中，体现了在中国古代和合思想和等级制度的影响下产生的服饰纹样设计方法。

（二）丝织品纹样风格的融合

"中国丝绸上的早期联珠纹图案虽包含西方因素，但由于文化传统的差异，中国的联珠纹只是借用波斯艺术的形式，融入了自身的文化理解。"[①]联珠纹与对兽团窠纹的组合源于异域的波斯、粟特地区，团窠纹中常见有牛、马、羊、鹿、狮、象、猪、鸾鸟、格里芬等波斯地区的神兽动物。联珠纹与动物团窠纹都带有神秘的色彩，它们与古老的星相、神话传说等相关联，借纹样的形式来表达人与自然、天体宇宙的关系。"表示天的圆圈是设计的主角，其星相学寓意通过沿圈排列的众多小圆珠来表现。如此形成的联珠纹有神圣之光的含义……内填的各种主纹也都与天、神的语义相关，如翼马表示天，进而特指日神密特拉。野猪、骆驼、山羊是征战和胜利之神韦雷特拉格纳的化身……动物脖颈、腿足上飘扬的绶带源于王室专用的披帛，借以强调其神圣的属性。凡置于珠圈中的动物都具有神话的含义，并非唯美的装饰。"[②]

中国古代工匠将这种带有神秘色彩的设计风格沿袭下来，制作出中国化的联珠动物纹样织物。在融入本土化元素时，工匠将原本的波斯神兽替换成最具华夏文明代表性的图腾——龙，巧妙地将异域传来的联珠纹与团窠纹，融入到中华文化的语境当中去（图2）。

将联珠纹与团窠纹进行本土化改造的代表人物为唐太宗时期的窦师纶。[③]他擅长吸取中亚、西亚地区的织造工艺精髓，将中国传统文

图2 美国克利夫兰美术馆藏团窠狮牛纹缂织物残片

① 陈彦姝：《六世纪中后期的中国连珠纹织物》，载《故宫博物院院刊》2007年第1期，第95页。

② 陈彦姝：《六世纪中后期的中国连珠纹织物》，载《故宫博物院院刊》2007年第1期，第78—80页。

③ 王子芸：《唐代窦师纶暨妻尉氏墓志考释》，载《文存阅刊》2020年第17期，第151—153页。

化中的祥瑞寓意与人们的喜好结合起来，创造出新的图案样式，因其官职为陵阳公，后人将其所创造的纹样称为"陵阳公样"。^①结合史料记载和出土物的情况来看，"陵阳公样"是以花卉作团窠外环，内以动物为主题组成的本土化纹样。以当时盛行的宝相花纹或卷草环纹来替代异域联珠纹构成的外环框架，将西域动物团窠纹改为对称的具有中国传统文化寓意的瑞兽纹样（图3）。"陵阳公样"是中国本土工匠智慧与异域文化结合的典型范例，它的形成和演化反映出了唐代本土文化与异域文化融会贯通的进程。

图3　大唐西市博物馆藏红地团窠对雉纹锦残片

（三）丝织品纹样的流变

1. 唐宋时期

唐代丝织品艺术风格影响深远，五代后的丝织品艺术风格沿用了自唐代兴起的花鸟纹样。7世纪中叶，宝相花图案用作装饰纹样出现，成为唐代织物的花卉主题纹样之一。8世纪中叶的宝相花纹锦琵琶囊图案中，宝相花形体饱满而繁丽，配色艳丽丰富、气势宏大、华美精致，呈现出唐代织物的华丽风格（图4）。宝相花作为装饰题材，样式丰富，变化自不同花朵。其元素早期是莲花，后为牡丹花。宝相花以不同的样式一直流传，也常装饰在建筑物、铜镜、器物中，宋代以后，随着写实性花卉题材的盛行而逐渐减少（图5）。

---

①　张彦远：《历代名画记》（卷十），辽宁教育出版社2001年版，第88页。

图4　正仓院藏唐琵琶宝相花纹锦琴囊

图5　美国弗利尔美术馆藏唐鎏金背花鸟菱花镜

宋、辽、金、西夏时期，花卉，山水等自然物纹样成为多民族共通的纹样。从装饰性的角度来看，反映出当时尽管政治呈现南北对峙的局势，但无法阻挡民族融合的历史潮流。在民族融合过程中，南北民族的生活习俗、审美风格差异也使丝织品纹样呈现出异彩纷呈的特色（图6）。两宋时期，整体风格偏向雅致、清丽，呈现出以文人士大夫审美为主导的形式，偏向于写实性的纹样图案（图7）（图8）。

含绶鸟是丝织品中较常见的禽鸟之一，常与生命树、棕榈座、联珠台座等图案搭配组合，通常指嘴部衔有璎珞、联珠等饰物，颈后系有绶带或飘带的立鸟图案。其来源最早可追溯到希腊化时代，后被波斯文化继承，象征着王权神授的等级制度，在向东方传播的过程中又受到了来自佛教的影响，增添了再

图6　辽宁省博物馆藏　图7　辽宁省博物馆藏
辽缂金山水龙纹尸衾　宋缂丝紫鸾鹊谱图轴

图8　美国克利夫兰博物馆藏辽代缂丝靴

生和永生的含义。[①]进入中国被本土工匠改造后，图案中鸟的形象越来越突出，而绶带、衔珠、宝座等带有宗教和君权意味的元素弱化后逐渐消失（图9）。含绶鸟进而成为寓意繁荣昌盛、富贵好运的吉祥动物纹样。绶鸟图案沿着丝路文明流入我国中原地区，异域文化中的教义寓意被淡化，逐渐演变成百姓日常熟悉的动物图案，成为生活化的吉祥纹样（图10）。

图9　美国克利夫兰博物馆藏吐蕃锦童衣

2. 元代时期

元代再次建立起政权后，通过西征的军事活动将东西方的联系重新建立起来，沿袭了宋代的审美风格，当时西亚、中亚地区为统治阶级提供织造工匠，因统治者的喜好，将宋代几乎消失的西方织金锦复兴，呈现出精丽华贵的艺术风格。中国古代的捻金线技术从波斯传来，唐代织物中已有用金的痕迹，唐文宗时期宫廷贵族妇女中将织金锦运用到服饰中，唐晚期捻金线广泛运用到刺绣上。此后，历

图10　辽宁省博物馆藏明缂丝梅花绶带图轴

代贵族用捻金线或金片制作高级衣饰和纺织品来彰显地位。女真族在北方建立了金代政权后，因其民族喜爱用金，促进了织金锦的广泛运用，并逐渐形成社会风气，发展出多种加金技术。元代沿袭旧制，宫廷设立了金锦局，织金服饰增多。后世继续沿用此传统，宫廷大量使用金线加工服饰和纺织品，随着捻金技术的提升，金线由粗变细，除了织造服饰用面料，也出现了定制的艺术性的作品。如元织锦百鸟朝凤图卷（图11）使用了金线和孔雀羽线织

---

① 许新国：《都兰吐蕃墓出土含绶鸟织锦研究》，载《中国藏学》1996年第1期，第3-26页。

造，构图巧妙，以凤鸟为主体，其他鸟类、花卉呈散点式分布，共有两组连续图案。鸟类造型优美，配色华丽，可看出元代的织锦技术水平。因使用的金线较细，织造手法细腻，推测应为元代末期制作，其精美程度亦体现了制作者的独具匠心。

图11 元织锦百鸟朝凤图卷

　　随着元代政权的统一和重建，以及与西域地区的贸易往来，边疆地区的纺织工艺向内陆传播。由此推动了纺织业的发展，也使结实耐用的棉麻织物走入广大百姓人家。元代统治者在推崇蒙古文化的同时采用相对宽松的多元文化政策，推动了市民文化的发展，使元代文化呈现向通俗化过渡的趋势。生产技术的进步为百姓生活提供了物质基础，朝廷两次停办科举考试也让知识分子流向民间，元曲、白话小说等通俗文化开始流行，自下而上地影响着元代主流文化的导向，呈现出世俗化、多元化审美趋势。此时的丝织品艺术风格基本沿袭了宋代的样式，多取材花卉纹样。受"紫鸾鹊谱"等典范的影响，花卉纹样一般具有吉祥寓意，较之宋代，元代的丝织品纹样题材更广泛、图案的装饰性更强，吉祥的寓意表现得更加直白（图12、图13）。

图12　辽宁省博物馆藏元缂丝群仙拱寿图轴

图13　辽宁省博物馆藏元–明缂丝牡丹图扇面

从元代开始流行池塘小景图案"满池娇",百姓以此表达对美好生活的憧憬。这一图案因受元文宗的喜爱而盛行一时,宫廷服饰、瓷器、玉器上都装饰有"满池娇"纹样。[①]后来该纹样被西域工匠学习,产品远销海外,在东欧、西亚地区出土的伊斯兰陶器上可见到此类纹样。元代民族文化融合碰撞,市井文化繁荣,丝织品呈现出多元化、生活化的风格特点。

3. 明清时期

明清时期是中国封建社会的最后高峰,经济发达,城镇繁华,贸易畅通,文化兴盛,使得纺织工艺技术日趋精湛,纺织品品种增多。在物质生活丰富的时代,手工业生产的专业化和城镇商业贸易的兴盛,促使城市孕育了市民阶层文化,世俗之风盛行。丝织品的风格和品种在明代发生了转变,高档的丝织品由织锦变为缎,棉布替代丝绸成为产量最多的织物。

清康熙时人沈寓说:"东南财赋,姑苏最重;东南水利,姑苏最要;东南人士,姑苏最盛。"又说苏州"山海所产之珍奇,外国所通之货贝,四方往来,千万里之商贾,骈肩辐辏"。[②]明清时期丝织品双向的供求补给关系,使得往来贸易更加频繁化、常规化、固定化,在长期的商业贩运中强化了江南的经济中心地位与商品中转功能。明清的资本主义萌芽对纺织业发展起到了深刻的影响与推动作用。求奢风潮的兴起也助力了商品经济的出现。高档的工艺品逐渐走入民间,织物纹样上可见民俗审美文化。此时盛行实用、功利、超脱宗教的审美风格。在严格的封建等级制度下,为皇室贵族专有的装饰纹样仍然不能用于平常百姓人家,但物质丰富条件下的人们必然会对更美好的生活充满向往。于是,自宋代成型的吉祥纹样在明清两代尤为盛行,形成了"有图必有意,有意必吉祥"的风格特征。

"礼之用和为贵"指的是以等级制度为基础的礼,要恪守尊卑贵贱不同等级的"和合"。清代宫廷服饰的制作先由礼部拟定选料(包括图案、质地、颜色、数量),计算制作工时,奏请皇帝批准,由如意馆的宫廷画师绘制带尺寸彩色服装款式效果图,再由内务府将图发往江宁(今南京)、苏州和杭州三处皇家御用制造机构,即"江南三织造"。

自明代起,织造业分为官办与民办两类。清朝初期,内务府在北京、江

---

① 尚刚:《故事:满池娇》,载《书城》2013年11期,第55-60页。

② 沈寓:《白华庄藏稿钞》卷4《治苏》,《清代诗文集汇编》第154册,上海古籍出版社2010年版,第59页。

宁、苏州、杭州设立织造局，由皇帝亲派督造官员。织造局除管理下属机构外，还负责采买织物面料供宫廷使用。皇帝、皇后专用服饰由北京、江宁织造局制作。赏赐王公大臣服饰在苏州、杭州制作。由"江南三织造"督造制作、采购的纺织品质量要求较高，从传世品看，可以代表当时纺织品制作的最高水准。据清宫《内务府奏销档》《内务府造办处各作成做活计清档》记载，清

图14　辽宁省博物馆藏清品蓝地织金万字纹缎料

代历任帝王多次要求官局所织面料"务要经纬均匀，阔长合适，花样精巧，色泽鲜明"。现存"江南三织造"织物，多在面料织造机头处织有产地、督造官员及机构文字，如此标注利于宫廷监督面料生产质量（图14、图15、图16）。

图15　辽宁省博物馆藏清大红地织金勾莲纹缎料

图16　辽宁省博物馆藏清石青地织金冰梅纹缎料

小　结

回首中华五千年的文明史，在多元一体民族融合的历史进程中，各民族的织染技术、审美文化不断交融，逐渐形成中国纺织品特有的民族风格。汉代人们将"五星出东方利中国"文字织在锦上，使我们看到古代中国人面对世界的博大胸襟。国家强盛，丝路畅通。在中华各民族团结下，世界文明于此处交汇互鉴，中国丝绸扬名远播，并吸收了不同国家、民族的文化和技

术，融入开放包容的中华文化中，创造出新的纺织技术与审美风格。

通过分析纺织品纹样风格的融合与流变，可以试图以文物之美诠释"和合"精神，解读古代中国人面对世界的博大胸襟。通过回顾纺织品纹样的发展史，亦可印证关于民族融合和文化交融的视觉史，进而体现中华民族独具特色的人文精神与观念。通过解读流传下来的纺织品文物，可知其中蕴含着中国古代"贵和尚中""天人合一"的智慧，这既是中华文明博大精深的体现，也寄托了人们共同的梦想。

【参考文献】

欧文琼斯. 装饰的法则［M］. 南京：江苏凤凰文艺出版社，2020.

首都博物馆. 锦绣中华——古代丝织品文化展［M］. 北京：科学出版社，2020.

王亚蓉. 中国刺绣［M］. 沈阳：万卷出版公司，2018.

赵丰. 中国丝绸通史［M］. 苏州：苏州大学出版社，2005.

赵丰，屈志仁. 中国丝绸艺术［M］. 北京：外文出版社，2012.

赵丰，尚刚. 丝绸之路与元代艺术［M］. 香港：艺纱堂出版社，2005.